음악 본능

# 음악 본능

### 우리는 왜 음악에 빠져들까?

크리스토프 드뢰서 지음 | 전대호 옮김

해나무

음악에 관한 글쓰기는 만만한 작업이 아니다. 라디오 방송으로 미술 전시회를 보도하는 것과 비슷하다. 나는 연주회나 음반을 말로 설명해서 듣는 이로 하여금 그 음악을 직접 들은 것과 진배없는 느낌을 갖게 하는 음악 평론가들에게 늘 감탄해왔다. 물론 그런 평론에 끌려 음반을 사고 나서 쓰라리게 후회할 때도 있지만 말이다.

이 책에서 나는 구체적인 음악은 거의 언급하지 않고 주로 최근에 사람들이 음악에 관해서 발견한 바를 이야기할 것이다. 내가 인용할 지식의 대부분은 2000년 이후에 발표된 것들이다. 이는 음악 연구가 현재 폭발적으로 증가하는 중임을 말해준다. 특히 뇌과학의 성과들은 몇몇 오래된 믿음을 위태롭게 만든다. 예컨대 대부분의 사람은 음악적 재능이 없다는 믿음이 위태로워졌다. 음악성은 오히려 사실상 누구나 지닌 속성이다. 그럼에도 비록 음악을 듣는 사람은 점점 더 늘어나고 있지만 음악을 직접 하는 사람은 줄어드는 추세다. 나는 이런 추세가 달라지는 데 조금이나마 기여하고 싶다.

내가 제작에 참여하는 함부르크의 지역 신문은 2주에 한 번

'음악면'을 만든다. 거기에는 중년 남성 한 분의 인사와 함께 오로지 고전음악에 관한 기사만 실린다. 당연히 그 신문은 다른 면에서도 음악에 대해 보도한다. 매일 다채로운 음악에 대한 보도가 실린다. 그러나 잘 보면, '진짜' 음악에 대한 해석의 특권은 오직 그 중년 남성의 소유인 듯하다. 대중음악과 진지한 음악의 구별은 여전히 많은 독일인의 의식 속에 존재한다. 또 당연히 현실에도 존재한다. 음악대학의 주역은 여전히 고전음악을 하는 이들이다. 이유는 간단하다. 고전음악가 대부분은 대학교육을 거쳐 직업에 뛰어드는 반면, 록과 재즈를 하는 음악가들 사이에서는 대학교육이 여전히 예외이기 때문이다. 하지만 이 책에서는 대부분 대중음악을 예로 들 것이다. 이유는 간단히 내가 대중음악을 더 잘 알기 때문이다. 하지만 나는 절대로 고전음악에 적대적이지 않다. 다만 언젠가부터 내 삶이 고전음악과 먼 방향으로 흘러왔을 따름이다. 이 책에서 말하는 음악은 항상 음악 일반을 뜻한다.

책은 소리를 내지 않는다. 이것은 음악에 관한 책의 입장에서는 단점이다. 나는 특히 음, 음계, 화음에 관한 이론적 논의에서 독자들이 예들을 들어볼 수 있어야 하겠다고 느꼈다. 그래서 여러분이 예들을 들을 수 있도록 인터넷 사이트 www.droesser.net을 만들었다. 책을 읽다가 QR 코드가 나올 때마다 독자는 각 코드에 링크된 사이트에서 해당 음향 파일을 들을

수 있다. 특히 www.droesser.net/droesser_musik/hoeren.php에
는 풍부한 링크와 보충자료가 있다. 또한 나는 거기에서 독자
들과 대화하기를 원한다.

악보를 사용할지를 놓고 오래 고민하다가 결국 사용하지
않기로 결정했다. 많은 독자는 악보에 그리 익숙하지 않고 어
쩌면 악보를 보면서 학생 시절의 나쁜 기억만 떠올릴 것이
다. 기보법은 오랜 세월에 걸쳐 발전한 암호 체계다. 그 체계
는 항상 논리적인 것도 아닐 뿐더러 어느 정도의 배경지식을
필요로 한다. 전통적인 악보 대신에 나는 현대적인 컴퓨터 음
악 프로그램을 모범으로 삼은 표기법을 선택했다. 이 표기법
에서 음은 작은 막대로 표현된다. 막대의 길이는 음의 길이에
해당하고, 음높이는 높은음자리표와 조표 따위를 따질 필요
없이 막대의 위치를 보고 곧바로 알 수 있다. 음악에 익숙한
독자들을 위해 이 책 고유의 악보 왼쪽 가장자리에는 항상 피
아노 건반을 표시할 것이다.

마지막으로 몇 사람에게 감사의 말을 전하고 싶다. 나의 대
리인 하이케 빌헬미Heike Wilhelmi는 출판 계약을 도와주었다.
로볼트 출판사의 크리스토프 블로메Christof Blome와 우베 나우
만Uwe Naumann은 집필 작업을 도와주고 내가 마감 기일을 넘
긴 것을 너그럽게 양해해주었다. 슈테판 쾰시Stefan Koelsch와
에카르트 알텐뮐러Eckart Altenmüller는 전문적인 토론과 조언으

로 도움을 주었다. 내가 속한 아카펠라 밴드 노 스트링스 어태치드No Strings Attached는 매주 음악의 쾌락을 누리게 해주었다. 나의 아들 루카스 엥겔하르트Lukas Engelhardt는 이 책에 실린 그림의 많은 부분을 그렸다. 나의 아내 안드레아 크로스Andrea Cross는 이 책을 쓰겠다는 말만 하지 말고 실제로 쓰라고 나를 떠밀었다.

콘라트 하이드캄프(1947~2009)를 기리며

# 차례

# 음악은 인간의 축복
# 누구나 음악성은 있다

정보는 지식이 아니고 / 지식은 지혜가 아니며
지혜는 진리가 아니고 / 진리는 아름다움이 아니며
아름다움은 사랑이 아니고 / 사랑은 음악이 아니며
음악은 최고다.
— 프랭크 자파

당신은 음악을 좋아하나요? 이 질문에 "아니요."라고 대답
하는 사람은 드물다. 음악을 전혀 모르는 사람은 왠지 수상하
지 않은가? 그런 사람은 감성이 완전히 메마른 외계인이 아
닐까? 누구나 어떤 식으로든 음악을 좋아한다. 음악은 우리
일상의 한 부분이다. 어떤 이들에게는 삶의 목적이고, 또 어
떤 이들에게는 기분 좋은 배경효과다. 식물이 끊임없이 물을
빨아들이듯이 음악을 듣는 이들도 있다. 아침에 지하철 안을
한번 둘러보라. 귀에 이어폰을 꽂고 자기 삶의 사운드트랙을
듣는 승객이 절반 이상일 것이다. 음악 없는 세계를 상상하기
는 거의 불가능하다. 그런 세계는 무언가 크나큰 결함이 있는

세계일 것이다.

당신은 음악성이 있나요? 이 질문을 대학생들에게 던지면 (심리학 연구의 대부분은 대학생을 대상으로 한다) 약 60퍼센트가 "아니요."라고 대답한다. 영국 서식스 대학의 뇌과학자 슈테판 쾰시는 이 책에 여러 번 등장할 텐데, 그는 실험에 참여하기로 한 사람들에게 음악적 재능에 관한 실험이라고 설명하면 돌아오는 전형적인 반응을 이렇게 묘사했다.

"사람들은 미리 빠졌어야 하는데 그러지 못해서 미안하다고 사과한다. 자신은 음악성이 전혀 없으므로 자신의 뇌를 들여다봐도 아무 도움이 안 될 거라면서 말이다."

심지어 본인의 뇌에서도 얼마든지 볼 것이 있음을 잘 아는 과학자들도 본인의 음악성에 관한 실험을 하자고 하면 수줍음을 탄다. 나는 이 책을 위한 자료를 수집하려고 음악학 학회에 몇 번 참석했는데, 전문적인 강연을 하는 발표자가 자신의 연구팀이 피연구자들에게 약간 어려운 멜로디를 들려주었다고 설명하고 나서 그 멜로디를 청중 앞에서 콧노래로 부르다가 겸연쩍어 얼굴을 붉히는 것을 여러 번 보았다. "죄송합니다. 제가 노래를 잘 못합니다."는 음악학자들이 흔히 하는 말이다.

왜 노래하기가(또는 무릇 음악 하기가) 이토록 두려운 것일까? 우리 대부분은 샤워할 때나 술에 취했을 때만 노래할 용기를 낸다. 왜 이토록 노래하기가 부끄러울까? 대답은 우리 문화를 지배하는 커다란 선입견과 관련이 있다. 음악성이 예외적인 극소수만 지닌 천부적 재능이라는 선입견 말이다. 음악은 전문가에게 맡기는 것이 좋다는, 음악교육은 어린 시절에 시작해야 하고 성인은 악기를 배울 수 없다는, 절대다수의 인간은 음악을 듣기만 해야 할 운명이라는 선입견 말이다.

◇◇◇◇◇◇

이 모든 선입견은 틀렸다고 나는 주장한다. 이것은 나만의 개인적인 견해가 아니다. 이 책에서 나는 음악성이 인간의 기본 능력의 하나임을, 우리 모두가 음악성을 지녔음을, 주로 뇌과학 분야에서 나온 새로운 지식을 근거로 삼아 증명할 것이다. 우리는 음악에 대한 보편적 애정을 가지고 태어나며, 그 애정은 우리 삶의 처음 몇 년 동안 각자가 속한 문화의 음악에 대한 놀랍도록 예민한 감각으로 발전한다.

직접 음악을 하지 않는 일반인도 놀라운 능력들을 지녔다. 대개 그 자신은 그런 능력을 지닌 줄도 모르지만 말이다. 라디오 방송에서 자주 나오는 퀴즈 중에 잘 알려진 히트곡의 한 부분을 극도로 짧게 들려주고 무슨 곡인지 알아맞히는 것이 있다. 0.5초도 안 되는 짧은 시간 동안 가사는 전혀 안 들리고 그저 소리만 들리는데도 우리는 그것이 무슨 곡인지 알아낼 수 있다. 이런 퀴즈를 풀 때 뇌가 어떤 일을 해내는지 알고 나면 외경심을 느끼지 않을 수 없다. 음악성은 훌륭한 청각이나 악기 연주 솜씨를 뜻하지 않는다. 음악은 머릿속에서 연주된다. 진정한 음악 기관은 우리 각자가 예외 없이 지닌 뇌다.

누구나 음악성을 지녔음을 과학적으로 증명하기에 앞서 일단 비유를 들겠다. 우리가 훌륭한 (금지약물을 사용하지 않은) 운동선수에게 경탄하고 잘나가는 축구팀을 존경하고 빠른 달리기선수와 우아한 체조선수와 능숙한 스키선수에게 매혹되는 것은 정당하다. 설령 많은 훈련을 한다 하더라도 우리는 그들의 성적에 접근조차 할 수 없을 것이다. 하지만 그렇다고 우리가 운동 분야에서 수동적인 텔레비전 시청자로 머물러야 할까?

당연히 아니다. 오히려 정반대다. 1985년에 17세의 보리스 베커Boris Becker가 윔블던 테니스 대회에서 우승했을 때, 독일에서는 테니스가 대유행했다. 스포츠 클럽에 가면 자신의 수준에 따라 다양한 단계에서 활동할 수 있다. 약간 뚱뚱한 환자에게 당신은 절대로 올림픽 메달을 딸 수 없으니 운동은 당신에게 부적합하다고 말할 의사는 당연히 없을 것이다. 오히려 정반대로 신체활동은 운동에 소질이 없는 사람들에게 필수적이다. 일주일에 한 번 약간 달리기만 해도 운동을 전혀 안 하는 것보다 낫다. 또한 운동을 시작하기 전에 망설일 필요는 없다. 당신이 멋진 운동화를 신을 자격이 있음을 보여달라고 요구할 사람은 없다.

가장 중요한 것 하나만 지적하자면, 운동에서는 누구나 훈련을 하면 어느 정도 능력을 향상시킬 수 있음을 아무도 의심하지 않는다. 40대에 마라톤을 시작하는 남자들의 이야기는 어느새 진부해지다시피 했다. 내 주위에도 그런 (그래서 나의 경탄을 자아내는) 사람이 몇 명 있다. 그러나 그 나이에 피아노를 치기 시작하는 사람을 보았는가? 이 경우에는 "세 살 적 버릇이 여든까지 간다."는 말이 곧바로 튀어나온다. 아울러 뭐니 뭐니 해도 음악은 재능이 있어야 한다는 말, 음악적 재능이 있을 수도 있고 없을 수도 있지만 안타깝게도 극소수에게만 그 재능이 있다는 말도 덧붙인다.

다름 아니라 인간의 음악성을 연구하는 뇌과학자들이 재능과 천재성에 대한 이런 숭배를 강력하게 반대한다는 사실은

카르몽텔(루이 카로지), 〈피아노를 치며 아버지와 누나와 함께 있는 어린 모차르트〉, 1763
여섯 살 때부터 연주 여행을 다닐 정도로 음악 신동으로 불렸던 모차르트의 음악적 재능에 대해 뇌과학자 슈테판 쾰시는 훈련된 탁월함이라고 평가한다.

아마 우연이 아닐 것이다. 슈테판 쾰시는 이 주제만으로 책한 권을 썼다. 책의 제목은 '사회가 능력을 다루는 방식', 부제목은 '닫힌 사회와 그 친구들'이다. 그는 '재능'이라는 단어를 꼭 따옴표를 붙여서 사용한다. 그가 보기에 이른바 재능은 사회적 산물이다. 오로지 우월한 유전자를 통해서만 설명할 수 있는 엄청난 능력을 지닌 천재의 예로 토론에서 가장 많이 들먹여지는 인물은 모차르트라고 그는 말한다. 그럴 때 상대방에게 당신이 가장 좋아하는 음악 중에 모차르트의 음악도 있느냐고 물으면, 돌아오는 대답은 이제껏 한결같이 "아니요."였다고 쾰시는 지적한다.

"왜 그 사람들은 자신이 가장 좋아하는 음악의 작곡가들을 제쳐 두고 모차르트를 천재로 대접하는 것일까? 나는 모차르트를 천재로 보지 않는다. 그가 다른 모든 사람보다 음악적 재능을 조금이라도 더 지녔거나 덜 지녔다고 생각하지 않는다."

쾰시가 보기에 모차르트는 아주 어릴 때부터 아버지에게 훈련을 받은 '탁월한 장인'이다(422쪽 참조).

◇◇◇◇◇◇◇

나의 의도는 예외적인 음악가들의 성취를 부정하는 것이 아니다. 흑인 여가수가 교회당에서 찬송가를 부르거나 뛰어난 바이올린 연주자가 자신의 감정을 악기로 표현하는 것을 들으면 나도 소름이 돋는다. 예컨대 건설이 계획된 함부르크 엘프필하모니 음악당과 같은 최고 중의 최고를 위한 음악의 성전을, 극소수의 음악가만 서게 될 무대를 건설하는 것은 국민 경제의 차원에서 합당한 선택이라고 나는 생각한다. 그러나 천재 숭배는 몇몇 개인의 성취를 기림과 동시에 나머지 사람들에게 예술가의 소질이 있음을 부정한다. 이것은 이른바 진지한 음악에만 해당하는 이야기가 아니다. 대중음악 오디션 프로그램 지원자들도 심사위원들의 판정을 받아야 한다. 예컨대 〈독일이 슈퍼스타를 찾습니다Deutschland sucht den Superstar〉에 출연한 사람들은 디터 볼렌Dieter Bohlen을 중심으로 한 심사위원단의 평가를 받아야 한다. 그들은 엄지손가락을 위로 올리거나 아래로 내림으로써 어린 참가자들 안에 신비로운 '스타'의 자질이 숨어 있는지 여부를 판정한다.

제작자의 선택을 받아 프로그램에 출연하는 참가자들은 당연히 전형적이다. 한편으로 아주 좋은 목소리를 지닌 사람들이 등장한다. 그들은 마지막 단계까지 남는다. 그리고 탈락자들, 아무것도 아닌 사람들, 음정도 못 맞추면서 제 딴에는 훌륭한 가수로 자부하는 괴짜들이 등장한다. 이런 대립 구도가 전하는 메시지는 이것이다. 텔레비전을 시청하는 당신도 두 집단 중 하나에 속할 텐데, 탈락자 집단에 속할 가능성이 압도적으로 높다. 그러니 그대로 소파에 앉아서 우리 프로그램을 시청하라. 만약에 지원자들을 무작위로 선택해서 프로그램에 참가시킨다면, 아마도 시청자들은 참가자 대부분이 노래를 음정에 맞게 그럭저럭 잘 부르는 모습을 보게 될 것이다. 그러나 그런 모습은 프로그램의 극적 효과를 망친다. 게다가 음반 산업 종사자들은 자신들이 만들어낸 스타가 이를테면 교묘한 마케팅 때문이 아니라 그만의 특별한 능력으로 인기순위에 진입했다는 환상을 유지시켜야 한다.

이 책은 합창단에서 노래하거나 밴드나 아마추어 오케스트라에서 연주하는 평범한 사람들과 아마추어들을 다부지게 옹호할 것이다. 그들은 마을이나 거리의 축제에 등장하여 음악을 들려준다. 그 음악은 약간 이상할 때도 있지만 그래도 매우 감동적이다. 그들은 음반 계약을 따내거나 큰돈을 벌 일이 결코 없지만 그 대신에 돈으로 살 수 없는 경험을 한다.

옛날 사람들은 음악을 지금과 다르게 취급했다. 텔레비전과 라디오를 통해 도처에서, 심지어 슈퍼마켓과 엘리베이터 안까지 들리는 음악은 없었다. 평범한 사람이 세계적인 음악가의 연주를 들을 기회는 사실상 전혀 없었다. 음악은 축제 마당과 교회당에 있었다. 음악을 중심에 놓고 관객이 긴장한 채로 경청하는 정식 연주회는 전용 연주회장이 마련되면서 비로소 등장했다(66쪽 참조). 사람들은 주로 일반인이 연주하는 음악을 들었다. 아이는 엄마의 자장가를 들으며 잠들었고, 성탄절과 같은 특별한 날에는 전통에 따라 많은 사람들이 함께 노래를 불렀다. 음악 듣기와 음악 하기는 지금보다 훨씬 더 밀접하게 연결된 한 쌍이었다.

지금은 모든 사람이 기본적으로 음악 듣기 전문가다. 우리는 누구나 이제껏 살아오면서 모차르트와 바흐와 베토벤이 들은 음악을 다 합한 것보다 더 많은 음악을 들었다. 양적인 측면뿐 아니라 질적인 측면도 대단하다. 우리의 귀는 500년에 걸쳐 지구의 다섯 대륙에서 만들어진 음악에 어느 정도 익숙하다. 게다가 디지털 시대에는 과거 어느 때보다 더 쉽게 음악을 접할 수 있다. 예컨대 현재 내 컴퓨터의 하드디스크에는 노래 2만 1000곡 정도가 들어 있다. 어느 노래나 클릭 한 방으로 들을 수 있다. 대규모 음반 산업 덕분에 우리 삶의 모든 구석에서 음악이 울려 퍼진다. 비록 최근 들어 그 산업의 규모가 약간 축소되었지만 말이다. 더구나 요금 징수를 미덕으로 삼는 이 사회는 〈해피 버스데이Happy Birthday〉를 부르는 사람도 해당 작곡가에게 저작권료를 지불하도록 만들기 위해 감시에 열중한다. 하지만 너무 걱정하지 마시라. 저작권료 지불 의무는 음악을 공개적으로 연주하는 경우에만 적용된다.

이런 풍부한 음악 경험은 뇌에 흔적을 남긴다. 음악 하기야 당연히 그렇지만 음악 듣기도 절대로 수동적인 과정이 아니다. 모든 음악 체험은 뇌를 변화시킨다. 우리는 음악의 규칙을 내면화하고 새로운 음들을 예상하기 시작한다. 이것은 우리가 말을 배울 때 하는 일과 똑같다. 어린아이는 자신이 가장 많이 듣는 소리와 단어의 조합들이 '올바르다'는 것을 어느 순간부터 느낀다. 그 조합들이 그 아이의 모어母語다. 우리는 그런 통계적 빈도에 기초하여 어휘와 문법을 배울 때와 마찬가지 방식으로 음악의 규칙들을 내면화한다. 우리는 이 주제를 일곱 번째 장('논리적인 노래')에서 다룰 것이다.

이런 연구 결과들에서 도출되는 결론은 실은 이것 하나뿐이다. 즉, 우리의 뇌는, 특정한 나이 때에 말 배우기에 열중하듯이, 열렬하게 음악을 갈망하는 듯하다. 음악은 뜨개질이나 우표수집처럼 순전히 문화에서 유래한 활동이 아니다. 음악은 인간에 내재하는 듯하다. 음악이 없거나 없었던 인간 문화는 알려져 있지 않다. 왜 그럴까? 음악에 진화적 효용이 있을까? 음악이 우리를 다윈주의적인 생존 투쟁에 더 적합하게 만들까?

이 책은 이런 질문들에 대한 과학의 대답을 다룰 것이다. 일부 사람들, 특히 음악가들은 이런 시도를 염려한다. 그들이 보기에 음악은 총체적이며 대체로 비이성적인 체험이므로 냉정하고 합리적인 과학으로는 음악의 본질을 파악할 수 없다. 음악 연구자 대니얼 레비틴Daniel Levitin은 캐나다 몬트리올 맥길 대학에 있는 자신의 실험실에서 음악을 과학적으로 아주 상세하게 연구한다. 그러나 그는 과학적 연구의 위험성을 인정한다.

"우리가 잡으려 하는 것은 어쩌면 완전히 이해하기가 절대 불가능한 커다란 수수께끼일지도 모른다. 그것은 진행되는 동안에는 이해가 되지만 절대로 붙잡을 수 없는 역동적이고 아름답고 강력한 창조 활동일지도 모른다."

레비틴은 종교철학자 앨런 와츠Alan Watts의 말을 인용한다. 와츠는 자연과학이 강을 연구한답시고 강물을 동이에 담아 강변에 옮겨놓는다고, 그러나 물 한 동이는 강이 아니라고 꼬집었다.

또한 레비틴은 전설적인 록 밴드 토킹 헤즈Talking Heads의 창시자 데이비드 번David Byrne과의 대화에서 과거에 여가수 셰어Cher와 함께 자신의 연구에 대해서 토론한 것을 언급한다.

《토킹 헤즈: 77Talking Heads: 77》, 1977

토킹 헤즈의 1집 앨범. 1974년 미국에서 결성된 록밴드로, 뉴욕 펑크와 뉴웨이브를 기초로 한 그들의 음악 스타일은 후대까지 영향력을 미쳤고, 2002년 로큰롤 명예의 전당에 올랐다. 데이비드 번은 이런 토킹 헤즈의 창시자이자, 리드 싱어였다.

"셰어는 그런 연구 불가능한 주제를 연구하려는 사람이 있다는 것에 경악하더군요."

번은 이렇게 대꾸했다.

"하필이면 그 여자가!"

아마도 번은 셰어의 음악과 같은 히트 음악이 철저한 계산을 통해 만들어진다는 점을 염두에 두고 그렇게 대꾸했을 것이다.

음악가라면 누구나 어떻게 하면 관객의 감성을 자극하고 심층적인 느낌을 불러일으킬 수 있는지를 본능적으로 또는 이성적으로 안다. 상실과 이별에 관한 노래를 실감 나게 부르기 위해서 여가수가 몸소 파국적인 이별을 체험할 필요는 없다. 다른 예술가들도 마찬가지다. 그러나 음악은 우리의 감정을 가장 직접적으로 건드리는 예술인 듯하다.

이 책은 현대 뇌과학의 지식을 많이 소개할 것이다. 나는 알록달록한 뇌 스캔 영상이 생각하는 기관인 뇌에 관한 모든 궁금증을 풀어줄 수 있다고 믿는 부류의 사람이 아니다. 특히 음악처럼 다면적이고 미묘한 현상과 관련해서는 더더욱 그러하다. 우리가 도달한 경지는 생각하고 느끼는 사람의 뇌를 샅샅이 들여다볼 수 있는 수준에 한참 못 미친다. 해상도가 낮은 뇌 스캔 영상에서 우리는 이미 알고 있는 것만 확인할 때가 많다.

그러나 최근 몇 년 동안 뇌과학자들은 음악에 관해서 여러 흥미로운 지식을 얻었다. 비록 앞서 언급한 것처럼 강을 설명한답시고 물 한 동이를 연구한 꼴인 경우가 많지만 말이다. 예컨대 어떤 뇌과학자는 피실험자들을 실험실에 앉혀놓고 전자 건반악기로 아무 감정 없이 기계적으로 연주되는 멜로디 토막들을 들려주었다. 어떤 멜로디를 들려주었을까? 역시나 "생일 축하합니다…", "반짝반짝 작은 별…", "떴다 떴다 비행기…" 따위를 들려주었다. 이런 빈약한 예들을 가지고, 음악을 들을 때 우리 머릿속에서 일어나는 일을 정말로 알아낼 수 있을까?

세밀하게 나눠서 대답해야 한다. 몇 가지 기초적인 사항은 그런 식으로도 알아낼 수 있지만, 더 복잡한 질문들은 실제에 가까운 상황을 탐구해야만 대답할 수 있다. 우리 뇌의 음악성에 관한 연구는 아직 걸음마 단계이며, 음악을 하거나 들을 때 우리 안에서 일어나는 일은 어쩌면 너무 복잡해서 완전한 파악은 영원히 불가능할지도 모른다. 그럼에도 잠정적인 지식들은 확실히 흥미롭다.

나는 음악성에 관한 과학자들의 연구가 올바른 방향으로 나아가고 있다고 확신한다. 이 확신은 과학자들이 발표한 논문과 통계 자료를 보면서 생긴 것이기도 하지만 나의 개인적인 음악 체험에서 유래한 것이기도 하다. 나는 평생 음악을 해왔다. 물론 프로 수준은 전혀 아니고 언제나 아마추어다. 처음에는 피아노를 배웠는데 2년 만에 포기했고, 그 다음에는 기타를 비틀스의 명곡들을 반주할 수 있는 수준까지 독학하여 한 재즈 밴드에서 2~3년 동안 연주했다. 10년 전부터는 노래에 집중해왔다. 지금은 5인조 아카펠라 밴드에 소속되어 한 달에 한 번 정도 무대에 선다. 2~3주에 한 번씩 50명에서 150명의 관객을 음악으로 감동시키는 것, 그들을 환호하게 하거나 울게 하는 것은 한마디로 경이로운 체험이다. 더구나 다섯 명의 목소리와 약간의 소리 증폭 기술만으로 그렇게 할 수 있다니!

어느새 나는 운명이 나를 직업 음악가의 길로 몰아가지 않은 것을 매우 기뻐하게 되었다. 연주회 관객은 잘 모르지만, 장르를 불문하고 직업 음악가의 길은 고달프다. 독일 하노버 음악 공연 대학의 음악가 전문 의사 에카르트 알텐뮐러는 매일 진료실에서 스트레스에 짓눌린 음악가들을 만난다. "직업 음악가의 주된 감정은 불안이다."라고 알텐뮐러는 나에게 말했다. 나는 내 자식 셋 중에 직업 음악가가 될 생각을 품은 녀석이 하나도 없어서 정말로 기쁘다!

음향학적으로 완벽한 연주회장에서 일류 오케스트라의 연주를 듣는 것은 미용사가 다듬은 듯 가지런한 잔디가 깔린 대형 경기장에서 챔피언스 리그 축구경기를 관람하는 것과 마찬가지로 대단한 체험임에 틀림없다. 그러나 울퉁불퉁한 흙 바닥에서 벌어지는 동네 축구도 나름의 묘미가 있다. 모든 것을 떠나서, 높은 봉우리는 넓은 산자락이 있을 때만 존재할 수 있다는 점을 잊지 말아야 할 것이다. 한편에 불안과 스트레스에 짓눌린 직업 음악가가 있고, 다른 편에 음악적 열등감에 짓눌린 일반인이 있다면, 이 양극단 사이에 널찍한 공간이 있다. 이리저리 따질 것 없이 음악을 그냥 사랑하라. 그것이 나와 당신과 우리 모두를 위하는 길이다.

# 진화의 산물
# 음악은 어디에서 왔을까?

음악은 춤에서 너무 멀리 떨어지면 시들기 시작한다.
– 에즈라 파운드

"돼지고기, 돼지, 인간의 머리카락으로 만든 모든 것, 위성 안테나, 음악을 생산하는 모든 장치, 당구대, 체스, 가면, 알코올, 녹음테이프, 컴퓨터, 비디오카메라, 텔레비전 수상기, 음악으로 가득 차 있으며 섹스를 확산시키는 모든 것, 포도주, 바닷가재, 매니큐어, 불꽃놀이, 조각상, 수공예품 목록, 그림, 성탄카드." 무슬림 근본주의 단체 탈레반이 아프가니스탄에서 무력으로 축출된 직후인 2001년 11월에 〈뉴욕 타임스〉가 보도한, 탈레반이 선포한 금지 물품 목록이다. 음악이 두 번이나 등장한다.

탈레반은 모든 음악을 금지하려 하는 특이한 종교 집단이다(그들의 코란 해석은 이슬람 세계에서 소수 의견이다). 당연한 일이지만, 탈레반이 집권한 5년 동안 음악 금지는 효과가 전혀 없었다. 우리가 아는 한, 음악이 없는 인간 문화는 지금도 없고 과거에도 없었다.

음악은 인류 발생사의 아주 이른 시기에 기원한 것이 틀림없다. "음악을 하는 것은 인간의 보편적 특성"이라고 영국의 인류학자 스티븐 미슨Steven Mithen은 말한다. 레딩 대학에서 연구하는 그는 『노래하는 네안데르탈인The Singing Neanderthals』이라는 눈에 띄는 제목의 책을 썼다. 우리는 "음악적인 종"이라고 미국 뇌과학자 아니루드 파텔Aniruddh Patel도 말한다. 더 나아가 어쩌면 인간은 유일한 음악적 생물이 아닐까?

일부 과학자들은 음악이 인간보다 훨씬 더 오래되었다고 믿는다. "우리는 오히려 뒤늦게 음악에 끼어들었다."라고 미국 노스캐롤라이나-그린스보로 대학의 파트리샤 그레이Patricia Gray는 말한다. 그녀는 몇 년 동안 미국 과학아카데미의 음악 연구 프로그램을 이끌었다.


색소폰과 피아노와 고래를 위한 소나타

여름날에 숲 속을 산책해본 사람이라면 동물들이 음악적이라는 것을 기꺼이 인정할 것이다. 공중에 새들의 지저귐이 가득하다. 새들이 노래한다는 표현은 괜히 있는 것이 아니다. 새들(특히 수컷들)이 이성에게 주목받거나 자신의 영역을 알리기 위해 내는 소리는 충분히 '노래'라고 할 만하다. 새들의 노래는 명확하게 구분되는 음들로 이루어졌다. 거기에는 반복되는 음악적 형태가 있다. 일부 새들, 예컨대 특정 지빠귀 종들은 5음계, 즉 다섯 개의 음으로 이루어진 음계를 사용한다. 5음계는 아프리카 민속음악부터 로큰롤까지 다양한 인간 문화에서도 쓰인다. 한편 굴뚝새는 현대 유럽 음악의 기초인 12음계를 꽤 정확하게 지킨다. 우리 귀에 낯선 음들을 사용하는 새들도 있다. 그 음들은 인간의 음악에 쓰이는 음들보다 간격이 더 좁다.

하지만 가장 중요한 것은 새들의 노래가 다른 동물의 소리처럼 유전적으로 프로그램된 것이 아니라는 점이다. 개는 평생 똑같이 짖고, 원숭이의 소리도 영구적으로 변함이 없다. 그러나 새는 다르다. 새들은 자신의 노래를 변형하고 또 변형하는 것에 재미를 느끼는 듯하다. 녀석들은 동종의 개체가 부르는 노래를 가져다가 변형하여 자기 것으로 만든다. 예컨대 멕시코의 흉내지빠귀mockingbird는 일종의 카논canon을 능숙하게 구사하기로 유명하다. 한 마리가 주제를 선창하면, 인근의 새들이 그 멜로디를 반복한다.

바다에서도 많은 음악이 만들어진다. 고래의 노래는 신비로운 분위기를 풍기는 CD에 담겨 판매되기까지 한다. 바다 포유류인 고래는 짧은 악절들을 연결하여 복잡한 노래를 만든다. 노래의 길이는 팝송과 비슷한 것부터 교향곡과 비슷한 것까지 다양하다. 이때 고래들은 심지어 고전적인 A-B-A 형식을 사용하기까지 한다. 즉, 첫 부분에서 주제를 제시하고, 둘째 부분에서 주제를 변형하고, 마지막에 원래 형태로 복귀한다. 이는 재즈 음악가가 스탠더드곡의 주제를 가지고 하는 작업과 매우 유사하다. 고래들도 노래하면서 영향을 주고받는다. 번식기에 수컷들은 공통의 노래 목록을 개발하는데, 그 노래들은 다른 곳에서 불리는 노래들과 전혀 다르다. 파트리샤 그레이는 "그런 고래 노래들은 사람의 음악과 어울릴 수 있다."고 주장하면서 그 증거로 색소폰과 고래를 위한 곡들을 작곡하기까지 했다.

동물의 음악에 대해서 회의적인 입장을 취하는 과학자들도 있다. 동물의 음악은 우리의 음악과 비슷하게 들릴 수도 있지만, 거기에는 의미가 빠져 있다. 굴뚝새 한 마리가 평생 수천 가지 노래를 개발할 수도 있을 것이다. 그러나 "그 노래들의 의미는 다 똑같이 '나는 젊은 수컷이야.'일 뿐이다."라고 스티븐 미슨은 지적한다. 그런데 그것은 로비 윌리엄스Robbie Williams(영국 가수―옮긴이)의 노래들도 마찬가지 아닐까? 이야기를 전달하는 가사가 없을 때, 음악은 과연 무슨 의미를 지닐까?

흥미롭게도 동물계 최고의 노래꾼들은 나무 모양의 척추동물 계통도에서 서로 멀찌감치 떨어져 있다. 인간과 새와 고래의 마지막 공통 조상은 까마득한 과거에 살았고 아마 파충류였을 텐데, 그 조상의 후손들은 거의 다 음악성이 없다.

노래하는 종들의 발음 기관도 제각각 딴판이다. 그러므로 다음과 같은 결론을 내릴 수밖에 없다. 음악이든 아니든 상관없이 노래는 진화 과정에서 여러 번 발명되었다. 우리는 다른 특징들, 예컨대 눈도 그렇게 여러 번 발명되었음을 안다. 눈은 여러 생태 보금자리에서 다양한 선행 기관으로부터 진화했다. 왜냐하면 시각은 이론의 여지가 없는 장점이기 때문이다. 노래도 마찬가지인 것으로 보인다. 적어도 특정 환경 조건에서는.


## 청각적 치즈케이크

새와 고래가 정말로 음악을 하는 것인가 아니면 그들이 하는 것은 무언가 다른 것인가는 취향에 따라 대답이 달라지는 질문일 수도 있다. 어쨌거나 이 질문은, 인간의 음악성은 어디에서 왔는가라는 질문과 별 상관이 없다. 계통도에서 결국 호모 사피엔스로 이어진 가지에 위치한 종들 가운데 노래를 한 종은 정말 극소수다. 우리의 가까운 친척 중에서 음악처럼 들리는 소리를 내는 동물로 동남아시아에 사는 몇몇 긴팔원숭이 종들이 있다. 녀석들은 인상적인 노래를 부르는데, 스위스 취리히 대학의 인류학자 토마스 가이스만Thomas Geissmann은 그 노래를 자세히 연구했다. 때로는 암컷과 수컷이 이중창을 한다. '노래'는 30분 넘게 이어질 수도 있다(긴팔원숭이 노래를 www.gibbons.de에서 들을 수 있다). 그러나 새나 고래와 달리 이 원숭이들은 새 노래를 배우지 못한다. 녀석들은 노래하는 능력을 갖추고 태어나며 사는 동안 노래 목록이 바뀌지 않는다. 한편 우리의 가장 가까운 친척인 유인원은 음악성이 몹시 떨어진다. 일단 해부학적으로 발음 기관 때문에 그렇다. 특히 후두가 높은 위치에 있어서 '깨끗한' 소리를 만들어낼 수가 없다. 침팬지와 고릴라와 보노보는 헐떡거리는 소리, 끽끽거리는 소리, 날카로운 비명으로만 의사를 표현한다.

흰눈썹긴팔원숭이 노래
긴팔원숭이들은 제법 음악처럼 들리는 소리를 내지만, 새 노래를 배우지는 못한다.

그러므로 우리의 음악적 능력은 인간과 침팬지의 공통 조상으로부터 두 개의 가지가 갈라지고 나서, 즉 500만 년 전 이후에 발생한 것이 분명하다. 원시 인류는 나무에서 내려와 두 발로 걷기 시작했고 뇌가 커졌다. 그들은 언젠가부터 노래하기 시작했고 더 나중에는 간단한 악기를 만들기 시작했다. 그런데 그것이 언제였을까? 더 중요한 질문은 이것이다. 왜 그런 짓을 했을까? 음악이 그들에게 어떤 진화적 이익을 가져다주었을까?

◇◇◇◇◇◇

음악이 우리 유전자에 내장되어 있고 우리가 음에 대한 감각을 갖추고 태어난다는 것을, 음악학자들의 설득력 있는 증명에 아랑곳없이 의심하는 사람은 이제 사실상 아무도 없다. "음악적 활동을 추구하는 성향은 우리에게 대물림된 생물학적 유산의 일부이다."라고 영국 케임브리지 대학의 심리학자 이언 크로스Ian Cross는 말한다. 대니얼 레비틴의 결론은 다음과 같다.

"인간의 근본적이고 보편적인 능력에 관한 질문을 던지는 것은 암묵적으로 진화에 관한 질문을 던지는 것과 같다."

찰스 다윈Charles Darwin 이래로 우리는 생물의 속성들 가운데 존속하는 것은 생존에 이로운 속성임을 안다. 매우 편협한 다

원주의적 관점에 따르면, 자연은 장식품을 허용하지 않는다. 사용되지 않는 것은 소멸한다. 오로지 실제로 유용한 속성들만 존속하고 확산한다.

얼핏 보면 그저 재밋거리일 뿐인 것들도 마찬가지다. 예컨대 좋은 음식이 주는 쾌락을 생각해보자. 그 쾌락은 사람이 굶주려서 죽을 지경이 되어야 비로소 먹을거리를 찾아 나서지 않고 미리미리 찾아다니게 만든다. 원시 인류는 신속하게 길모퉁이 너머 슈퍼마켓으로 달려가서 음식을 살 수 없었다. 그들은 식물을 채집하고 동물을 사냥하기 위해 많은 에너지를 소모해야 했다. 쉽게 상상할 수 있듯이, 꼭 필요할 때만 먹는 것이 아니라 먹으면서 쾌락까지 느끼는 생물은 생존에 유리하다. 그런 생물은 항상 음식 섭취를 최우선 활동으로 삼을 터이므로 시절이 좋을 때는 여분의 식량을 지방층의 형태로 몸속에 쌓아두면서 쾌락을 느낄 것이다. 오늘날 적어도 서양 사람들이 직면한 문제는 곤궁한 시절이 사라진 탓에 그렇게 쌓인 지방층이 다시 분해되지 않는다는 점이다.

또는 섹스를 생각해보자. 자연은 성욕으로 우리를 꼬드겨 짝짓기 상대를 구하는 데 많은 에너지를 투자하게 만든다. 이 경우에도 명백하다. 섹스가 재미있는 생물은 더 자주 섹스를 할 테고, 따라서 섹스에 무덤덤한 생물보다 더 잘 번식할 것이다. 그럼 음악은 어떨까? 음악은 생존에 무슨 소용이 있을까? 훌륭한 노래꾼은 구제불능의 음치보다 어떤 면에서 더 유리할까? 현재로서는 대답을 추측할 수만 있다. 과학자들의 견해도 심하게 엇갈린다. 심지어 어떤 이들은 음악이 진화적 적응의 직접 산물이 아니고 단지 쾌적한 부산물이라고 주장한다. 언어와 뇌를 연구하는 미국 과학자 스티븐 핑커Steven Pinker는 1997년의 저서 『마음은 어떻게 작동하는가How the Mind Works』에서 이 입장을 옹호했다. 그에 따르면 음악은 청각적 치즈케이크다. 당연한 일이지만, 이 표현은 곧바로 모든 음악학자들의 반발을 거세게 일으켰다.

생물의 모든 속성이 반드시 특정 생활환경에 적응한 결과로 발생해야 하는 것은 아니라는, 설령 한 속genus의 구성원 전부가 특정 속성을 지녔더라도 그것이 진화적 적응의 결과라고 단정할 수 없다는 핑커의 지적은 전적으로 옳다. 그런 식의 단정은 너무 순박하다고 하겠다. 언어학자인 핑커가 보기에 진정한 적응의 결과는 언어다. 언어가 생존 투쟁에 유리한 장점이라는 것은 애써 증명할 필요조차 없다. 언어를 가진 인간은 친족 구성원들에게 지식을 전달할 수 있다. 예컨대 검치호랑이가 어디에 숨어 있는지 알려줄 수 있다. 또 언어는 문화적 성과를 다음 세대에 전달할 수 있게 해준다.

핑커의 주장에 따르면, 음악은 언어 획득의 부산물이다. 언어를 위해서는 융통성 있고 다재다능한 발음 기관이 필요한

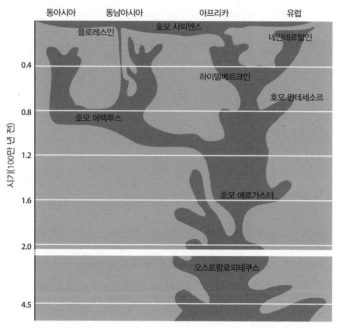

**인간의 조상들과 그들의 지역적 분포(스티븐 미슨의 주장에 의거함)**

데, 그런 발음 기관은 음악과 같은 잉여 활동에도 쓰일 수 있다. 치즈케이크 먹기가 생명에 필수적이지는 않지만 아주 쾌적한 영양 섭취 방식인 것과 마찬가지로, 음악 하기도 잉여 활동이다. 음악이 모든 인간 문화에서 보편적으로 나타난다는 사실은 단지 음악성이 천성적이라는 증거일 뿐, 음악이 적응의 결과라는 증거는 아니다.

논쟁을 종결하려면 원시 인류가 언제 노래하고 말하기 시작했는지, 당시의 말과 노래는 어땠는지, 어떤 상황에서 음악을 했는지 알아야 할 것이다. 그러나 고고학자나 고생물학자가 찾아낸 증거들은 아무 소리도 내지 않는다는 점이 문제다. 발굴된 두개골의 주인이 노래를 했는지를 두개골을 보고 알아낼 길은 없다. 문헌 기록이 있으면 도움이 되겠지만, 아쉽게도 선사시대에 쓰인 글은 존재하지 않는다. 음악의 기원에 관한 모든 이론은 개연성만을 갖춘 간접 논증에 의지한다(언어 연구의 사정도 다를 바 없다).

누가 봐도 악기인 최초의 인공물은 새의 뼈로 만든 작은 피리 여러 점이다. 그 피리들은 1973년에 독일 남부 블라우보이렌Blaubeuren 근처의 가이센클뢰스터를레 동굴Geißenklösterle-Höhle에서 발굴되었다. 그것들은 속이 빈 뼈에 오늘날의 리코더처럼 구멍들을 뚫어서 만들었고 최소 3만 2000년 전의 것이다. 그 피리들이 최초의 악기일까? 그것들은 내구성이 뛰어난 뼈로 만들어졌기 때문에 그 긴 세월을 견뎠다. 과학자들

가이센클뢰스터를레 동굴에서 발굴된 12.6cm 길이의 뼈 피리. 과학자들은 이것이 만들어졌을 때(최소 3만 2000년 전)보다 훨씬 더 전에 음악이 발생했을 것으로 추정한다.

은 그보다 훨씬 전에도 나무를 비롯한 연약한 재료로 만든 악기들이 쓰였지만 그것들은 모두 썩어 없어졌다고 짐작한다.

음악이 인간의 유전자에 자리 잡을 수 있으려면 3만 2000년 전보다 훨씬 더 과거에, 적어도 호모 사피엔스가 등장한 때인 약 15만 년 전에 발생했어야 한다. 당시에 우리의 조상들은 왜 음악을 하기 시작했을까? 만일 음악이 진화적 장점이라면, 음악은 우리 조상들에게 어떤 이득을 가져다주었을까? 세 가지 설명이 가능하다. 각 설명의 핵심어는 섹스, 자식, 사교다.

## 나는 당신과 섹스하고 싶어

왜 음악이 발생했는가는 일찍이 진화론의 아버지 다윈이 고민한 문제이기도 했다. 그는 음악의 목적과 새들이 지저귀는 목적이 동일하다고 믿었다. 『인간의 유래와 성 선택The descent of man, and selection in relation to sex』에서 그는 이렇게 썼다.

"인류의 남성 조상이나 여성 조상은 처음에 이성을 매혹하기 위해 음악적인 가락과 박자를 습득했다."

요컨대 음악은 구애 활동이라는 것이다. 음악과 관련한 몇몇 현상을 볼 때, 이것은 충분한 설득력을 갖춘 견해다. 미국 뉴멕시코 대학의 진화심리학자 제프리 밀러Geoffrey Miller

는 지금도 다윈의 견해를 옹호한다. 그는 인간의 정신 전체가 성 선택을 통해 발전했다고 본다. 이것이 그의 저서 『연애*The Mating Mind*』에 담긴 생각이다. 그는 음악을(그리고 춤을, 음악과 춤은 과거에 뗄 수 없게 결합되어 있었다고 밀러는 생각한다) 싸움과 사냥을 상징하는 의례로 여긴다. 구석기시대의 젊은 남자는 오랫동안 쉬지 않고 아름답게 노래하고 춤춤으로써 창조성과 지능과 신체적 건강을 뽐냈다. 당시에도 여자들은 그런 남자를 좋아했다.

이 대목에서 나 자신의 경험을 이야기하겠다. 기타를 치는 남자는 지금도 여전히 성적인 매력을 풍긴다. 내가 1970년대와 1980년대에 배낭여행을 할 때, 기타는 믿음직한 동반자였다. 이성의 얼음 같은 마음을 녹이는 데는 멋진 기타 연주만큼 효과 빠른 것이 없었다. 거꾸로 나도 늘 그랬다. 다른 면에서는 그저 평범할 뿐인 여자가 악기를 연주하거나 특히 노래를 하면, 곧바로 나는 그 여자에게 매력을 느꼈다. 우리 인간에게 음악은 창과 같다. 그 창을 통해 우리는 상대방의 영혼을 직접 본다(혹은 본다고 생각한다). 음악은 두 사람의 감정을 직통으로 연결하는 지름길이다. 하지만 이것 역시 경험에 입각한 증언인데, 음악가의 노래는 다른 두 사람의 감정이 서로 통하게 만들기도 한다. 나는 그리스 해변에서 보낸 밤들을 기억한다. 그때 내 주위에서 쌍쌍이 사랑을 속삭이는 동안, 나는 끝까지 나의 기타와 함께 외롭게 남아 배경음악을 공급했다.

밀러는 음악이 본디 남자의 구애 의례라는 자신의 주장을 통계를 통해 뒷받침하려고도 했다. 그는 장르를 막론하고 음반 6000장을 조사했는데, 그중 90퍼센트가 남자가 만든 것이었다. 남자 대중음악가는 대부분 성적 활동이 가장 왕성한 30대이고, 록 가수가 수많은 팬과 난교 파티를 했다는 이야기는 흔하디흔하다. 밀러는 특히 기타 연주자 지미 헨드릭스Jimi Hendrix의 삶에 매료되었다. 헨드릭스는 수백 명의 팬과 연애했고 항상 두 명 이상과 장기적인 관계를 유지했으며 미국과 독일과 스웨덴에서 최소 3명의 자식을 얻었다. 만약에 그가 임신 조절이 없던 원시시대에 활동했다면, 그의 자식은 훨씬 더 많았을 것이다.

음악, 특히 대중음악에 성적인 요소가 있다는 것은 이론의

《밴드 오브 집시스Band of Gypsys》, 1970
세기의 기타리스트 지미 헨드릭스가 오랜 친구인 버디 마일스Buddy Miles, 빌리 콕스Billy Cox와 함께 밴드 오브 집시스Band of Gypsys를 결성하여 만든 동명의 생애 마지막 라이브 앨범. 하드록에 펑크와 리듬과 블루스 요소를 혼합한 스타일로, 후에 펑크록의 토대가 되었다.

음악 본능

여지가 없다. MTV를 한두 시간만 보면 안다. 대부분의 뮤직비디오는 오로지 섹스 주위를 맴돈다. 고전음악은 더 고상한 척하지만, 스타 테너 가수는 여성 팬을 구름처럼 몰고 다닌다. 하지만 정말 섹스가 전부일까? 구애 이론에 대한 가장 중요한 반론은 미국 오하이오 주립대학의 음악학자 데이비드 휴런David Huron의 것이다. 동물계 전반에서 구애 의례는 수컷과 암컷의 차이를 발생시켰다. 공작 수컷은 꼬리를 펼치지만, 암컷은 그러지 않는다. 새 수컷은 노래하지만, 암컷은 그러지 않는다. 거의 모든 동물 종에서 털이나 깃털을 부풀리고 자신을 예쁘고 우월하게 꾸미는 것은 수컷이다.

이 현상은 번식을 위해 수컷보다 암컷이 더 많은 부담을 진다는 사실과 관련이 있다. 암컷은 자식의 탄생과 양육에 많은 시간을 투자하고 임신 횟수에 자연적인 한계가 있는 반면, (적어도 일부다처제를 따르는 종의 경우) 수컷은 자신의 정자를 얼마든지 퍼뜨릴 수 있다. 수컷은 상대적으로 무작위하게 섹스를 하는 반면, 암컷은 섹스 상대를 고른다(유인원에서 보듯이, 질투심에 불타는 지배자 수컷이 암컷들을 감시하는 경우도 있다). 따라서 수컷은 자신의 장점들을 내보이기 위해서 어찌 보면 기괴한 특징들을 발달시킨다.

그런 특징이 '고삐 풀린 진화runaway evolution'(유전학자 로널드 피셔Ronald Fisher는 1930년대에 고삐 풀린 진화의 개념을 발전시켰다)를 거쳐 점점 더 강화되면 결국 생존에 불리한 단점이 되기도 한다. 한 예로 공작의 긴 꼬리를 들 수 있다. 가련한 공작 수컷은 너무 큰 꼬리 깃털을 항상 달고 다녀야 한다. 포식자를 피해 달아나야 할 경우, 이것은 확실히 단점이다.

요컨대 구애 의례를 실행하는 동물 종에서는 성적이형sexual dimorphism, 즉 암컷과 수컷의 두드러진 차이가 생겨난다. 대부분의 종에서 수컷은 암컷보다 더 크다. 왜냐하면 수컷은 암컷의 호감을 얻으려 애써야 할 뿐 아니라 수컷 경쟁자들을 밀어내야 하는데, 그러려면 덩치와 힘이 필요하기 때문이다. 고인류학자들이 경험으로 터득한 규칙이 있는데, 그것은 암컷과 수컷의 신체적 차이가 큰 집단일수록 일부다처제가 더 활성화된 집단이라는 것이다. 고릴라 수컷은 암컷보다 두 배 크다. 침팬지 수컷과 암컷의 덩치 비율은 약 1.4 : 1인 반면, 일부일처제를 지키는 긴팔원숭이에서는 그 비율이 1 : 1이다. 인간은 남성이 여성보다 1.2배 크다. 현대사회에서는 일부일처제가 표준이지만, 과학적으로 인간은 미약한 일부다처제 동물이라고 보는 것이 아마 최선일 것이다.

그러나 큰 덩치가 우수한 음악적 능력을 뜻할 리는 없으므로, 인간에서는 음악과 관련한 성적이형을 찾아볼 수 없다. "누군가의 창가에서 세레나데를 부르는 일을 여성보다 남성이 더 잘한다는 증거는 없다."라고 데이비드 휴런은 말한다.

음악 산업을 남자들이 주도한다는 지적도 휴런이 보기에는 큰 의미가 없다. 왜냐하면 다른 많은 분야도 남자들이 주도하기 때문이다. 심지어 주방장도 대개 남성이다. 하지만 요리가 본래 남자들에 의해 발명되었다고 주장할 사람은 없을 것이다. 우리 문화를 남자들이 주도하는 것이 반드시 생물학적 이유에서 비롯된 현상이라고 단정할 수는 없다. 이 현상은 일상화된 남녀 차별에서 비롯된 것일 수도 있다.

음악의 기원이 섹스와 닿아 있다는 주장에 대한 또 하나의 반론은 이것이다. 음악, 특히 원시적인 음악은 공동체의 활동이다. 물론 힙합 음악에서 두 래퍼가 서로를 멸시하는 동작을 하고 가사를 읊조리는 것을 보노라면, 음악이 남자들의 경쟁적 과시 행동에서 비롯되었다는 생각을 품게 된다. 그러나 거의 모든 음악 장르에서 중요한 것은 다 함께 좋은 소리를 내는 것이지, 함께 음악 하는 사람을 능가하는 것이 아니다.


## 자장자장, 우리 아기

또 다른 가설에 따르면, 음악을 발명한 것은 남자가 아니라 여자다. "세상의 모든 문화에 자장가가 있다."라고 캐나다 토론토 대학의 샌드라 트레헙Sandra Trehub은 설명한다. "그리고 어느 문화의 것이냐를 막론하고 자장가들은 매우 유사하다.

음높이는 상승하고, 박자는 느려진다."

아이들은 태어날 때부터 음악에 매우 민감하다. 아기는 화음에 대한 감각을 갖추고 태어나는 것으로 보인다(297쪽 참조). 아이들은 노래, 특히 엄마가 부르는 노래를 좋아한다. 트레헙과 동료들은, 엄마가 아기를 말이나 노래로 달래면 아기의 침에 포함된 스트레스 호르몬 코르티솔cortisol이 줄어든다는 것을 측정을 통해 보여주었다. 게다가 말의 효과보다 노래의 효과가 훨씬 더 오래(최대 25분) 지속되었다.

다른 한편 성인도 아기에게 말을 걸 때는 부지불식간에 특별히 음악적으로 말을 거는 듯하다. 엄마가 아닌 성인도 아기 앞에서는 자연스럽게 아기 말투(영어로는 motherese[모성어])를 쓰게 된다. 목소리가 높아지고, (말할 때에도) 가락을 넣게 되고, 단어들을 더 천천히 또렷또렷 발음하게 된다. 이런 ("우르르 까꿍"에 국한되지 않은) 아기 말투는 전적으로 유익하다. 아기는 연속적인 말의 흐름에서 단어와 문장을 구분해서 듣고 단어 각각에 의미를 부여하는 법을 배워야 하니까 말이다. 자신의 모국어와 전혀 다른 언어를 쓰는 외국에서 살아본 사람은 누구나 알겠지만, 언어 습득은 대단한 인지적 성취이고, 아이는 성인보다 언어 습득 능력이 훨씬 더 뛰어나다.

왜 인간 어미는 새끼에게 노래를 불러주고 원숭이 어미는 그러지 않을까? 인간 새끼는 우리와 친척인 동물들의 새끼보다 훨씬 덜 성숙한 상태로 태어난다. 왜냐하면 인간은 두개골이 다른 동물들보다 훨씬 더 큰데, 인간 여성의 골반은 직립 보행 등의 이유 때문에 해부학적으로 크기에 한계가 있기 때문이다. 다시 말해 인간 새끼는 머리가 완전히 성장하기 전에 어미의 몸 밖으로 나와야 한다. 결과적으로 인간 새끼는 다른 동물 새끼보다 훨씬 더 무력한 상태로 태어난다. 인간 새끼는 사실상 태아이다. 독자 생존이 불가능하다. 반면에 원숭이 새끼는 아주 일찍부터 어미에게 매달릴 수 있다. 그러면 어미는 평소대로 생활할 수 있다. 인간 새끼는 그렇게 하지 못한다. 엄마는 아기를 안고 다녀야 한다. 아기는 혼자 방치되는 것을 몹시 싫어한다. 아기를 안고 있는 엄마(원시 인류에게는 포대기나 아기 띠가 없었다)는 먹을거리를 구할 때 몹시 불편할 수밖에 없다.

한 가지 해결책은 오늘날의 맞벌이 부부도 애용하는 방법으로, 조부모나 보모나 어린이집에 아기를 맡기는 것이다. 하지만 이 방법은 아기가 젖을 뗀 다음에야 실행할 수 있다. 분유와 이유식이 발명되기 이전의 아기들은 아주 오랫동안 젖을 먹었을 것이 분명하다. 이 대목에서 미국 플로리다 주립대학의 인류학자 딘 팔크Dean Falk의 말을 들어보자. 그녀는 이렇게 주장한다. 음악(혹은 적어도 음악과 유사한 입소리)의 목적은 아기를 달래서 내려놓을 수 있게 만드는 것이었다. 아기가 엄마의 음성을 들을 수만 있으면, 엄마는 어느 정도 떨어진 곳에서도 음성으로 아기를 달랠 수 있었다. 요컨대 음악은 '무력한 새끼를 위한 원격 서비스'였다.


## 노래가 들리는 곳에서는 편히 쉬어라

이런 '원격 관계 맺기'는 음악의 기원에 관한 세 번째 가설의 기초이기도 하다. 그 가설에 따르면, 음악은 사람들을 연결하는 '사회적 접합제'의 일종이다.

오늘날 우리는 음악이 집단 체험임을 때때로 망각한다. 우리는 음악을 홀로, 되도록이면 이어폰을 끼고, 모든 형태의 사회적 상호작용으로부터 격리된 채로 소비하곤 한다. 그러나 몇 십 년 전까지만 해도 음악은 기본적으로 생음악이었다. 음악가는 좁은 방에서 홀로 노래나 악기 연주를 연습하면서 여러 시간을 보내지만, 그렇게 하는 목적은 음악을 타인들에게 들려주는 것이다. 설령 그가 영영 무대에 서지 못한다 하더라도 말이다. 음악 감상도 여럿이 함께하면 혼자 할 때와는 전혀 다른 체험이 된다. 록 콘서트에서 밴드의 음악이 마치 불길처럼 객석을 덮치면, 수백 명의 개인이었던 관객은 격동하는 군중이 된다. 그들은 마치 한 몸인 것처럼 리듬을 탄다. 그럴 때면 음악가도 환호하는 관객들을 다수가 아니라 하나로 지각한다.

심지어 고전음악 연주회의 청중도, 비록 연주 중에는 가만히 의자에 앉아 있지만, 적어도 마지막 박수를 칠 때는 오케스트라와 나머지 청중과 정서적으로 교감한다. 특별히 감동적인 연주였다면, 관객들은 고양된 기분으로 연주회장을 떠난다. 이런 공동 체험은 순수한 듣기 체험 그 이상이다. 이것은 사소한 지적이 아니다. 시각예술은 사정이 전혀 다르다. 미술관에도 많은 사람들이 있긴 하지만, 그들은 각자 철저히 개인적으로 작품에 집중한다. 이런 형태의 예술 향유는 사적인 반면, 연주회는 항상 사회적 사건이다.

그러나 연주회는 200~300년 전에 비로소 생겨났다. 그보다 더 전에는 음악가와 청중의 구분이 훨씬 덜 엄격했거나 아예 없었다. 말할 필요도 없겠지만, 다 함께 음악 하기는 확실한 집단 체험이다. 합창단 활동을 해본 사람이라면 누구나 공

피에트로 롱기, 〈연주회〉, 1741
18세기 연주회 풍경. 오늘날의 연주회 풍경에서보다 청중이 덜 경직된 자세에서 자유롭게 음악을 감상하고 있다.

감할 것이다. 합창단원들은 나이도 사회적 배경도 가지각색이다. 심지어 특별한 취향이나 우정을 공유할 필요도 없다. 그런데도 지휘자가 시작 신호를 보내자마자 (어느 정도 수준이 되는 합창단이라면) 다양한 목소리들이 하나로 융합한다. 물론 합창단이라고 해서 항상 화기애애한 것은 아니다. 오랜 시간을 함께 보낸 집단이라면 어디에서나 때때로 갈등이 일어난다. 전문 오케스트라도 예외가 아니라고 한다. 음악가들은 어떻게 갈등을 해결할까? 흔히 그들은 그런 집단 문제에 솔직하게 대처하는 능력이 뛰어나지 않은 사람들로 여겨진다. 아무튼 이것만큼은 확실하다. 나는 함께 음악 하는 사람의 두개골을 때려 부수지 않는다.

이것은 물론 비유적인 표현이지만, 원시시대에 집단 내부의 갈등은 말 그대로 생사가 걸린 문제였다. 폭력은 오늘날 사회적 금기이지만 당시에는 그렇지 않았다. 강자의 권리가 세상을 지배했다. 호미니드(사람 과科의 동물들―옮긴이) 집단에는 경쟁하는 개체들(주로 수컷들) 간의 갈등이 늘 있었다. 또한 늘 협동이 필요했다.

오늘날 유인원들의 사회에서도 이런 갈등을 관찰할 수 있다. 고릴라 수컷은 자신의 새끼가 아닌 새끼를 죽이는 데 거리낌이 없다. 경쟁하는 수컷들의 싸움은 하루도 빠짐없이 일어난다. 그러나 협동도 존재한다. 먹을거리를 구할 때나 적을 물리칠 때, 고릴라들은 협동한다. 따라서 고릴라는 신호를 통해 자신이 악의를 품고 있지 않음을 상대방에게 알릴 필요가 있다. 녀석들은 주로 신체 접촉, 특히 상대방의 몸에서 벼룩을 떼어내는 행동을 그 신호로 사용한다. 보노보는 성행위를 신뢰 형성의 수단으로 활용하기도 한다.

우리 조상들도 작은 집단을 이룬 채로 나뭇가지에 매달려 살 때는 그런 식으로 문제를 처리할 수 있었다. 그러나 늦어도 180만 년 전의 호모 에르가스터부터는 우리 조상들의 생활공간이 확장되었다. 그들은 직립하여 두 발로 걸으면서 나무가 없는 초원을 탐험하기 시작했다. 탁 트인 초원에서는 적을 피해 숨을 곳이 더 적었다. 또한 사냥 구역과 채집 구역은 더 커졌다. 그리하여 집단 구성원들은 더 넓은 면적에 퍼지게 되었다. 집단의 크기와 개체들 간의 거리가 어느 한계 이상으로 커지면서 벼룩 떼어내기는 호의 표시 방법으로 알맞지 않게 되었다. 그러므로 대안이 필요했고, 음악이 그 대안으로 등장했다. 또는 음악의 원형prototype이 등장했다.

이 이론에 따르면, 집단 구성원들은 함께 노래하고 춤추면서 유대를 강화했다. 노래와 춤은 내부 경쟁을 억제하고 다른 집단과 혈족에 맞서 싸울 때는 사기를 돋우는 역할을 했다. 한 무리의 공격자들이 호전적인 함성을 지르거나 박자를 맞춰 노래를 부르면서 적에게 덤벼들면, 적은 더 큰 공포를 느낀다. 지금도 군인들은 발 맞춰 행진하면서 군가를 부르는 훈련을 하는데, 아마 이것은 아주 오래된 풍습일 것이다.

음악이 집단의 결속을 얼마나 강화하는지를 실제로 측정할 수 있다고 영국 리버풀 대학의 심리학자 로빈 던바Robin Dunbar는 주장한다. 그와 학생들은 교회 예배 참석자들의 엔도르핀 수치가 상승하는지 여부를 알아내는 연구를 했다. 엔도르핀은 우리 몸에서 만들어지는 마취제로, 엔도르핀 수치가 높아지면 통증과 스트레스에 견디는 능력이 향상된다. 연구자들은 예배 참석자들의 엔도르핀 수치를 직접 측정할 수는 없었다(직접 측정하려면 그들의 척수를 뽑아내야 했을 것이다). 그래서 그들은 예배를 마친 참석자들의 팔에 혈압 측정용 커프를 두르고 그들이 아프니 그만하라고 할 때까지 커프를 부풀렸다. 실험 결과, 예배 중에 노래를 부른 교인들은 나머지 교인들보다 확실히 더 오래 통증을 견뎠다.

엔도르핀은 유인원들이 서로의 몸에서 벼룩을 떼어낼 때도 분비된다. 그렇다면 인간에게 음악은 엔도르핀 분비를 일으키는 신체 접촉과 마찬가지 역할을 하는 것일까? 충분히 그럴듯한 생각이긴 하지만, 이를 어떻게 증명할 수 있을까? 겨우 몇 점 발견된 뼈 피리는 그것들이 쓰이던 때에 음악 문화가 이미 고도로 세분화되어 있었음을 증언한다. 그것들보다 더 오래된 증거, 음악이 공동체의 의례였음을 시사하는 증거가 있을까?

독일 튀링겐 주 빌칭슬레벤Bilzingsleben 유적지에서 하이델베르크인의 뼈와 문화적 인공물들이 발굴되었다. 하이델베르크인은 오늘날의 인류와 네안데르탈인의 공통 조상이다. 그 유적지는 약 40만 년 전의 것이며, 많은 증거들은 그곳이 우리 조상들이 애용한 만남의 장소임을 시사한다. 그곳에서 발견된 것들 중에는 지름이 몇 미터에 달하는 원형 흔적 여러 개도 있다. 그 원 안에는 코뿔소와 코끼리의 뼈가 가지런히 놓여 있었고, 일부 원 안에는 탄화된 유물도 함께 있었다. 통상적 설명은 둥근 오두막이나 화톳불 때문에 그런 원형 흔적이 생겼다는 것이다.

그러나 다른 해석도 있다. 런던 할로웨이 칼리지Holloway College의 고고학자 클라이브 갬블Clive Gamble은 그 유적지가 여러 집단이 모이는 장소였다고 추측한다. 스티븐 미슨은 갬블의 가설에 음향 요소를 덧붙인다. 미슨이 보기에 빌칭슬레벤은 사람들이 모여서 의례적인 춤을 추고 노래를 부르는 장소였다. 그리고 뼈들이 놓인 원형 흔적은 원시적인 무대였다. 그 원의 중심에 선 사람은 노래를 부르고 춤을 추고 몸짓을 하면서 동료 호미니드들에게 '이야기'를 들려주었다.

이 해석이 옳다면, 그 원형 흔적은 음악과 언어가 밀접한 연관성을 지녔음을 시사할 것이다. 실제로 2006년에 출판된 미슨의 저서에 담긴 핵심 주장이 바로 그 연관성이다. 그 책의 제목이 '노래하는 네안데르탈인'인 것은 우연이 아니다. 미슨은 고고학자로서 무엇보다도 인간 정신의 발생을 전문적으로 연구해왔다. 위 저서에서 그는 음악과 언어가 어떻게 발생했고 둘 사이에 어떤 공통점과 차이점이 있는지에 대한 설명을 시도한다.

## 흠Hmmmmm

언어의 기원은 오래전부터 연구되어왔다. 여러 학술서가 이 주제를 다뤘다. 그러나 많은 내용은 여전히 추측일 수밖에 없다. 왜냐하면 고고학적 증거는 소리를 내지 않기 때문이다. 한 가지 확실한 사실은, 언어를(적어도 좁은 의미의 언어, 즉 문법 규칙들을 통해 무한히 많은 문장들을 만들어낼 수 있는 언어를) 지닌 동물은 호모 사피엔스뿐이라는 것이다. 과학자들은 언어가 인간을 진화적 성공의 모범사례로 만들었다는 것에도 동의한다. 언어는 집단 내부에서 정보가—이제껏 알려지지 않은 대상에 관한 정보일지라도—정확하게 교환되고 후손에게 지식을 전수할 수 있게 해주었다. 언어 능력을 갖춘 호모 사피엔스는 다른 모든 호미니드들을 밀어내고 유일한 호미니드 종으로 남았다. 인간의 개체 수는 기하급수적으로 증가했고, 그로 인한 문제들을 해결하는 것은 오늘날 우리의 과제가 되었다.

전통적인 언어 이론들은 단어의 의미를 우선적으로 다뤘다. 대강 말하자면, 우리 조상들은 맨 처음에 사물에 소리를 부여했다. 그리하여 이를테면, '남자', '여자', '코끼리', '물' 같은 최초의 단어들이 생겨났다. 그런 다음에 그들은 이 단어들을 연결하여 원시적인 문장을 만들었다. 하지만 어느 순간 그들은 문법 규칙이 없으면 그런 원시적인 문장들이 큰 오해를 유발할 수 있음을 깨달았다. "남자 곰 문다."는 남자가 곰을 물었다는 뜻일 수도 있지만 거꾸로 곰이 남자를 물었다는 뜻일 수도 있다. 그러므로 단어들을 진주목걸이의 진주알들처럼 배열하여 아름다운 문장을 만들려면 규칙이 마련되어야 했다. 결국 문법 규칙이 생겨남으로써 언어가 완성되었다.

이런 이론을 일컬어 '구성적compositional' 언어 이론이라고 한다. 원시 인류가 개별 단어를 발음하기 위한 전제 조건들—큰 뇌, 직립보행, 고도로 발달한 발음 기관—을 갖춘 것은 거의 200만 년 전이었다. 그런데도 왜 원시 인류는 10만 년 전 이후에야 그 단어들을 연결하여 문장을 만들 생각에 이르렀을까?

40만 년도 더 전에 하이델베르크인이 낸 소리는 아마도 오늘날 우리가 언어라고 부르는 것과 닮지 않았을 것이다. 또 오늘날의 음악과도 유사하지 않았을 것이다. 그들의 소리보다는 차라리 나이팅게일(밤꾀꼬리)의 노래가 오늘날의 음악과 더 유사할 것이 틀림없다. 그럼에도 적어도 미슨의 주장에 따르면, 하이델베르크인의 소리는 음악과 언어의 전신이었다. 그 소리가 나중에 음악과 언어로 분화했다. 일부 연구자들은 그 소통 형태를 '공통 기어protolanguage'라고 부르지만 미슨은 '흠Hmmmmm'이라고 부른다. 이 명칭은 한편으로 하이델베르크인의 소리가 실제로 어땠는지에 대한 추측을 넌지시 제시할 뿐더러 다른 한편으로는 약자이다. Hmmmmm은 '총체적holistic', '조작적manipulative', '다중 모드의multi-modal', '음악적musical', '모방적mimetic'을 뜻한다.

단어들에 국한된 순수 언어학적 고찰은 초기에 매우 중요했던 많은 요소들을 간과한다. 그 요소들은 억양, 멜로디, 몸짓, 흉내 등이다. 우리가 아기와 대화할 때—아기는 단어들의 의미를 모르므로—이 요소들을 더할 나위 없이 분명하게 동원하는 것과 마찬가지로, 보편적 구속력을 지닌 어휘와 규칙이 아직 없던 때에 호미니드들의 소통도 그러했으리라고 상상함이 마땅할 것이다. 미슨은 영국 카디프 대학의 언어학자 앨리슨 레이Alison Wray를 언급하면서, 호미니드의 초기 언어가 총체적이었다고 말한다. 그 언어에서 하나의 표현은 예컨대 "조심해, 곰이 온다!"라는 뜻이 있었지만 개별 구성 요소들로 나뉘어 있지 않았다.

그 언어는 조작적이었다. 왜냐하면 추상적인 이야기들로 이루어진 언어가 아니라 항상 지금 여기에 중점을 두는 언어였기 때문이다(예컨대 관객이 꽉 찬 영화관에서 "불이야!"라는 말은 객관적 진술이 아니라 관객의 대피를 유도하기 위한 외침이다). 또한 그 언어는 다양한 언어 및 행위 영역에 관여했으므로 다중 모드였고, 아직 동물 소리 흉내 내기 등에 강하게 의존했으므로 모방적이었고, 언어와 음악이 분화하지 않았을 때의 언어이므로 음악적이었다.

이런 '흠'—소통은 수십만 년 동안 완벽하게 만족스러웠다. 복잡한 이야기를 할 수 있는 세분된 언어는 필요하지 않았던 것으로 보인다. 쉽게 말해서 당시 사람들은 할 말이 그리 많지 않았다. 호미니드 집단의 구성원들은 거의 모든 시간을 함께 보냈고, 계절의 리듬에 따른 하루 일과는 비교적 단조로웠다. 상징 언어를 써서 이야기해야만 하는 새로운 일은 거의 일어나지 않았다. 한눈에 굽어볼 만큼의 총체적 표현들만 있으면 전혀 부족함이 없었다. 스티븐 미슨에 따르면, '흠'은 네안데르탈인들 사이에서 최고로 발달된 수준에 이르렀다. 그리고 이 대목은 확실히 과감한 추측인데, 미슨에 따르면, 네안데르탈인의 '흠'은 오늘날 인간의 언어보다 더 음악적이었다(그의 책의 제목은 이 추측에 기초를 둔다).

오랫동안 유인원과 유사한 털북숭이로 상상된 네안데르탈인은 최근 들어 명예를 약간 회복했다. 약 40만 년 전에 하이델베르크인의 후손이 두 갈래로, 즉 네안데르탈인과 호모 사피엔스로 갈라졌다. 네안데르탈인은 유럽과 근동의 대부분에 거주한 반면, 현대 인류는 아프리카에서 발생했다. 네안데르탈인을 상상하려면, 피부색이 밝고 다부지고 덩치가 크며 힘이 현대 인류보다 더 센 존재를 상상해야 한다. 네안데르탈인의 뇌는 우리의 것보다도 더 컸다. 물론 그들이 우리보다 지능이 더 높았다는 말은 아니다. 뇌의 크기만 가지고 판단할 수는 없다. 체중 대비 뇌의 크기를 따져야 비로소 지능 비교가 가능하다. 정확히 말해서 대뇌화지수Encephalization Quotient, EQ를 따져야 하는데, 이 지수는 인간이 5.3으로 포유동물 중에 가장 높고 네안데르탈인은 4.8이었다. 그렇지만 네안데르탈인의 뇌는 하이델베르크인의 뇌보다 훨씬 더 컸다(하이델베르크인의 EQ는 3.1에서 3.9 사이였다). 네안데르탈인은 그리 큰 뇌를 어디에 썼을까? 말하기에 썼을까? 과학자들은 네안데르탈인이 언어를 보유하지 못했다는 것에 대체로 동의한다. 그 근거는 이러하다. 여러 발굴 장소에서 네안데르탈인의 유물이 다수 발견되었지만 상징적 인공물은 발견되지 않았다. 상징적 인공물이란 직접적인 실용성이 없는데도 많은 공을 들여 제작한 물건을 뜻한다. 예컨대 동굴벽화, 장신구, 의례용

물품이 상징적 인공물에 해당한다. 이런 인공물이 네안데르탈인의 유물 속에 있었다면, 그들이 상징적인 생각을 했고 따라서 상징적 표현, 곧 언어를 보유했음이 입증되었을 것이다.

인간의 관점에서 보면 놀라운 것이 하나 더 있다. 네안데르탈인의 문화는 25만 년 동안 사실상 변화하지 않았다. 그들은 훌륭한 솜씨로 주먹도끼와 창을 제작했다. 하지만 그것들은 항상 똑같은 모양이었다. 춥고 험악한 유럽 환경에서(네안데르탈인은 여러 빙하기에 걸쳐 존속했다) 삶을 조금이라도 더 안락하게 만들 수 있다면, 그것은 큰 이득이었을 것이다. 활과 화살만 있어도 훨씬 더 편했을 것이다. 식량 저장이나 농업도 큰 도움이 되었을 것이다. 그러나 진보는 없었고 따라서 정교한 언어의 필요성도 없었다. 또는 거꾸로, 네안데르탈인은 추상적인 사고를 하지 않았고 그런 사고를 표현할 수 없었기 때문에 진보하지 못한 것일 수도 있다. 비록 고달픈 삶이었지만, 네안데르탈인은 '흠' 하면서 그런 삶을 받아들였다.

네안데르탈인은 나름의 문화를 가지고 생활환경에 잘 적응했지만 유동적인 사고를 하지 못한 반면, 인간은 유동적인 사고를 한 덕분에 경험을 통해 학습하고 항상 새로운 혁신을 고안했다는 것이 옳은 생각이라고 전제해보자. 그러면 거꾸로 이런 추론을 할 수 있다. 네안데르탈인은 자신의 커다란 뇌를 수천 년 전부터 연습해온 솜씨들을 점점 더 완벽하게 다듬는

데 썼을 것이다. 이를테면 주먹도끼를 만드는 솜씨나 음악적인 소통을 완벽하게 다듬는 것에 말이다.

예컨대 미슨은 네안데르탈인이 절대음감을 소유했을 것이라고, 즉 음높이를 정확하게 식별할 수 있었을 것이라고 추측한다. 인간 신생아들도 절대음감을 지녔을 가능성이 높다. 그러나 거의 모든 사람은 말을 배울 때 절대음감을 상실한다. 왜냐하면 거의 모든 언어에서 절대적인 음높이는 중요하지 않고 절대음감은 도리어 언어활동에 방해가 되기 때문이다. 우리는 한 단어를 여성이 발언하건 남성이 훨씬 더 낮은 음으로 발언하건 똑같이 이해하기를 원하니까 말이다. 오직 아시아의 몇몇 언어들과 같은 성조 언어tonal language에서만 음높이 차이가 단어의 의미 차이를 만들어낸다. 이에 걸맞게 아시아 국가들에는 유럽이나 북아메리카보다 절대음감의 소유자가 더 많다.

언어가 없다면, 절대음감을 포기할 필요가 없다. 그러므로 네안데르탈인은 절대음감을 평생 유지하면서 노래할 때 의미를 세분화하기 위해서도 사용했으리라고 추측할 수 있다.

네안데르탈인은 아주 오랫동안 나름의 정적인 문화를 가지고 아주 잘 산 것으로 보인다. 극단적인 기후 변화도 그들의 존속을 가로막지 못했다. 그러나 약 5만 년 전, 피부색이 어두운 아프리카 출신자들이 갑자기 유럽에 정착하여 네안데르탈인과 경쟁하기 시작했다. 그리고 겨우 몇 천 년 뒤에 네안데르탈인은 사라졌다. 새 거주자들이 옛 거주자들을 잔인하게 몰살했기 때문일까? 반드시 그렇게 생각해야 하는 것은 아니다. 유연하고 혁신적인 문화를 소유한 새 거주자들이 더 나은 사냥 무기를 개발하여 야생동물을 대량으로 잡아들였고 따라서 네안데르탈인은 차츰 삶의 기반을 잃었다고 생각하는 것으로도 충분하다. 네안데르탈인은 새 거주자들의 생활방식에 대항할 도리가 없었다.

미슨도 인정하듯이, 이 이야기에는 당연히 많은 추측이 가미되어 있다. 그러나 진보를 향한 충동이 전혀 없는 문화, 이성과 감성의 뗄 수 없는 결합에 기초한 소통 방식을 지닌 문화는 상상만으로도 매력적이다. 흔히 우리는 모든 문화가 언젠가는 우리 인간의 문화와(또는 더 좁혀서 현대 서양 문명과) 유사하게 발전하기 마련이라고 생각하곤 한다. 지속적인 진보, 지속적인 성장, 지속적인 정복. 네안데르탈인은 그런 생각이 옳지 않음을 보여주는 반례일 수 있다. 나는 함부르크의 수학자 라인하르트 디스텔Reinhard Diestel과 외계 문명에 관해 대화한 적이 있다. 만약에 외계 문명이 존재한다면, 그 문명도 우리의 수학과 똑같은 수학을 고안할 것 같으냐고 묻자 그는 이렇게 대답했다.

"우리의 수학과 같으냐 다르냐는 나중 문제고, 외계 문명이

하여튼 수학을 고안하기는 할까요? 혹시 노래만 부르지는 않을까요?"

스티븐 미슨의 이론에 따르면, 인간은 조상으로부터 '흠' 소통을 물려받았다. 그러나 인간은 하나를 물려받아서 둘로 만들었다. '흠'은 언어와 음악으로 갈라졌다. 언어는 아마도 우리의 가장 중요한 발명품일 것이다. 언어는 정보 교환에 쓰인다. 언어가 갈라져 나가자, '흠'의 나머지 부분, 즉 성조聲調적이고 감성적이고 음악적인 부분은 의미를 전달할 필요성에서 해방되어 자유롭게 발전할 수 있었다. 그 결과가 현재 우리의 음악 문화이다.

지금 음악은 감성적인 의미만 지닌다. 음악은 개인의 주관적 감정을 일으킨다. 그 감정은 개인마다 영 딴판일 수 있다. 엄밀히 말하면, 음악은 아무것도 의미하지 않는다. 실제 세계의 현상을 염두에 둔 음악(예컨대 오페라 〈피터와 늑대Peter and the Wolf〉를 비롯한 표제음악들)이라 해도 마찬가지다. 이 사람이 느끼기에는 사랑을 표현하는 음악이 저 사람에게는 우울하게 느껴질 수 있다. 우리는 음향적 소통을 돌이킬 수 없게 양분했다. 양분된 두 갈래는 가사가 있는 노래에서 비로소 다시 만난다. 그러므로 노래는 우리 조상들의 총체적 표현 양식을 부분적으로나마 모방하려는 시도이기도 하다.

미슨의 이론은 추측으로 점철되어 있다고 평가할 수도 있다. 그러나 그 이론은 다음과 같은 오래된 질문에 대답한다. 무엇이 더 먼저일까? 음악이 먼저일까, 언어가 먼저일까? 대답은 예상외로 "어느 쪽도 먼저가 아니다."라는 것이다. 또한 미슨의 이론은 음악을 언어의 표면에 바르는, 없어도 되는 설탕물로 격하하지 않는다. 오히려 음악은 감성의 언어로서 이성의 언어와 대등한 지위를 얻는다. 비록 음악으로 구체적인 정보를 전달할 수는 없지만, 그 대신에 음악은 거의 무한정 다양한 감성적 뉘앙스를 제공한다. 그렇기 때문에 어떤 테러 정권도 음악을 금지하는 데 성공하지는 못할 것이다.

# 잘 들어봐,
## 바깥에서 무슨 소리가 들려오는지
# 귀에서 뇌로

음악과 리듬은 영혼의 가장 내밀한 장소에 도달한다.
– 플라톤

함부르크 시민들이 큰돈을 쓰기로 했다. 아니, 시정부가 그러기로 했다는 쪽이 더 정확한 말이겠다. 함부르크 시는 엘프필하모니 건축에 거의 4억 유로를 지출할 예정이다. 미래파 건축을 연상시키는 그 음악당은 37미터 높이의 옛 창고 건물 위에 지어지는 중이다. 4억 유로도 현재의 예상 금액일 뿐이다. 지금까지 계속 상향 조정되어온 건축비가 앞으로 더 오르지 않으리라고 믿는 것은 낙관론자들뿐이다.

콘서트홀은 매우 특수한 건물이다. 오로지 음악 연주만을 위해서, 더 정확히 말하면 지난 시대의 음악만을 위해서 짓는 건물이니까 말이다. 고전음악 콘서트홀은 재즈와 록을 들기에는 부적합할 수 있다. 콘서트홀은 약 200년 전 유럽에서 등장했다. 그전에는 귀족의 저택과 교회에서 음악을 연주했다. 문화에 대한 관심과 상승 욕구를 지닌 부르주아 계급은 그들 나름의 문화 향유 장소를 가지기를 원했다. 그리하여 교향악단이 우후죽순처럼 생겨나고 화려한 음악당이 지어졌다. 그때 지어진 음악당 몇 곳은 지금도 운영된다. 예컨대 빈 뮤직페어라인Musikverein in Wien 음악당, 라이프치히 게반트하우스Gewandhaus in Leipzig 음악당, 암스테르담 콘세르트헤보Concertgebouw in Amsterdam 음악당이 그렇다.

최초의 콘서트홀들은 경험에 기초하여 시도와 오류의 원리에 따라 지어졌다. 그러다 보니 신축된 콘서트홀이 외관은 아름답기 그지없지만 음악을 듣기에는 최악인 경우가 빈번히 발생했다. 과학의 원리에 기초한 콘서트홀의 음향 기술은 20세기에 이르러서야 등장했다. 고전음악 애호가들의 취향에 맞는 소리를 만들어내려면 어떻게 해야 하는지, 그들의 섬세한 청각을 만족시키려면 건물을 어떻게 설계해야 하는지 아는 음향 전문가는 오늘날 전 세계를 뒤져도 그리 많지 않다.


음악을 위한 전당

콘서트홀 음향 전문가들은 신념에 따라 두 파로 나뉜다. 하나는 '포도원vineyard' 파, 다른 하나는 '구두상자shoebox' 파다. 엘프필하모니의 경우, 결정권을 지닌 음향 전문가는 일본인 도요타 야스히사Toyota Yasuhisa다. 포도원 파에 속하는 그의 설계에서는 무대가 홀의 중앙 근처에 놓이고 경사진 객석이 무대를 둘러싼다. 이런 포도원 구조의 대안은 구두상자, 즉 길이가 폭과 높이의 두 배인 직육면체 구조다. 이 구조에서 무대는 전통에 충실하게 한쪽 끝에 위치한다. 19세기의 대형 홀들이 이런 구두상자 구조로 건축되었다. 현대의 예로는 건축가 장 누벨Jean Nouvel과 음향학자 러셀 존슨Russell Johnson이 설계한 루체른문화컨벤션센터KKL 내 콘서트홀이 있다.

구두상자 구조인 루체른문화컨벤션센터 내 콘서트홀

포도원 구조인 코펜하겐 콘서트홀

잘 들어봐, 바깥에서 무슨 소리가 들려오는지
귀에서 뇌로

나는 2007년 여름에 루체른 콘서트홀에서 베토벤 교향곡 9 번을 듣는 행운을 누렸다. 그 홀에 들어가면, 상자 안에 들어온 느낌은 전혀 없다. 그곳은 간소하지만 우아하다. 측면의 벽은 흰색이며 약간 휘어졌고, 객석은 나무로 되어 있다. 베토벤 교향곡 9번은 그 홀의 장점들을 돋보이게 한다. 루체른 페스티벌 오케스트라 단원 130명에다가 40명이 넘는 합창단원이 엄청난 성량을 뿜어낸다. 오케스트라 뒤편의 높은 단 위에 선 독창가수 네 명은 그 성량을 극복해야 한다. 그러나 가장 인상적인 순간은 마지막 악장에서 콘트라베이스가 그 유명한 '환희의 송가An die Freude'의 주제를 처음으로 연주할 때다. 지휘자 클라우디오 아바도Claudio Abbado는 이 독주 부분을 극단적인 피아니시모로 연주하게 한다. 그러나 그 선율은 객석 마지막 자리까지 경이로울 만큼 선명하게 도달한다.

이런 연주회에서 인간의 귀는 엄청난 일을 해낸다. 방금 언급한 피아니시모에서부터 교향곡의 대단원까지의 음량 폭만 해도 엄청나게 커서 오늘날의 기술로도 연주실황을 만족스럽게 녹음하기가 어렵다. 게다가 홀의 특성에 따라 정해지는 음향학적 매개변수가 7개에서 10개 추가로 작용한다. 물리적으로 측정 가능한 이 양들—예컨대 반향echo, 현장감presence, 공간감spaciousness, 음색timbre—을 서로 어울리게 설정하는 것이 연주회장 설계의 핵심 기술이다. 이 기술이 연주회장을 유일

음악 본능

무이한 공간으로, 말하자면 하나의 악기로 만든다.

소박한 독자들은 음악가가 내는 소리가 관객에게 최대한 막힘없이 곧장 도달하도록 만드는 것이 최선이라고 생각할 수도 있을 텐데, 이것은 일찍이 고대 로마인이 건설한 원형극장의 원리이다. 그리고 실제로 연설을 위해서는 원형극장이 이상적이다. 연설은 반향이 없고 잔향도 거의 없을 때 청중에게 또렷하게 전달된다.

그러나 음악을 다룰 때 그런 '건조한 음향'은 녹음실에서나 선호된다. 녹음실에서는 소리의 여러 측면을 억누르고 건조한 소리를 녹음한다. 왜냐하면 그렇게 녹음을 하면 나중에 전자공학적인 방법으로 여러 색깔을 자유롭게 덧씌울 수 있기 때문이다. 녹음실 안에 오래 있으면 왠지 불편해지는데, 그것은 우리가 반사된 소리에서 공간에 관한 정보를 얻기 때문이다. 반사된 소리가 없는 녹음실 안에서 우리는 청각적인 방향 감각을 상실하게 된다.

훌륭한 연주회장의 객석 대부분에 도달하는 소리 가운데 무대에서 곧바로 오는 소리는 최대 5퍼센트에 불과하다. 나머지 95퍼센트는 어딘가에서 한 번 이상 반사된 소리다. 개별 소리파동들이 귀에 도달할 때까지 걸리는 시간이 다양하기 때문에 잔향이 발생한다. 잔향이란 음원이 진동을 멈췄는데도 들리는 소리다. 연설을 위한 강당의 잔향은 1초 정도 지속하고, 일부 성당의 잔향은 10초 이상 지속하며, 연주회장의 잔향은 2초 정도 지속하는 것이 적당하다. 잔향 시간은 주로 공간의 크기에 좌우된다. 그래서 훌륭한 연주회장은 특정 한계 이상의 규모를 갖출 필요가 있다.

그러나 잔향만 중요한 것은 아니다. 최초의 소리파동이 귀에 도달한 직후 80밀리초 안에 주로 뇌에서 일어나는 일도 최소한 잔향 못지않게 중요하다. 이른바 초기 반사음early reflexion이라는 것이 있다. 이것은 반사되지 않은 최초 소리파동이 도달한 직후에 예컨대 벽에서 반사되어 귀에 도달하는 소리파동인데, 뇌는 이 초기 반사음에 의지하여 위치와 방향을 파악한다. 우리는 예컨대 다음 질문들에 대한 답을 초기 반사음에서 얻는다. 음원이 어디에 있을까? 나는 지금 어떤 방 안에 있을까? 초기 반사음은 소리에 현장감과 정체성을 부여하고, 후기 반사음은 듣는 사람을 편안하게 감싸는 효과를 발휘한다. 이 두 반사음은 깨끗하게 구분되는 것이 좋다. 안 그러면 소리가 뒤엉켜버린다.

고도로 특수화된 연주회장들이 직면한 딜레마는 그곳들이 사실상 과거의 잔재라는 점에서 비롯된다. 음악의 발전은 낭만주의에서 종결되지 않았다. 물론 지금도 최소한 뉴욕과 런던과 파리에서 대형 연주회장의 공연계획은 연중 250일에서 300일 동안 고전음악으로 채워지는 경우가 드물지 않지만,

연주회장이 팝과 재즈와 민속음악에 적합하거나 심지어 이런
저런 회의에 적합한 시설을 갖춰야 할 필요성은 점점 더 증가
하고 있다. 그러나 확성기를 이용한 음악과 연설은 잔향 시간
이 짧은, 건조한 홀에 적합하다. 음향 기술자들은 홀의 반사
음과 씨름하는 대신에 믹싱 콘솔에서 소리를 만들어내는 쪽
을 선호한다. 따라서 원래 음향학을 고려하여 설계한 벽면과
통로 등은 소리를 흡수하는 재료로 덮어버려야 한다. 함부르
크 엘프필하모니는 어쩌면 가장 마지막으로 지어진 고전음악
의 전당 중 하나가 될지도 모른다. 미래는 음향학적 특성이
가변적인 홀, 모든 종류의 음악을 공연할 수 있는 홀을 요구
한다.

　연주회장 건설에 투입되는 막대한 비용은 간단한 음향학
적 해결책으로는 우리의 청각을 만족시킬 수 없음을 보여준
다. 오늘날 우리는 대부분의 음악을 녹음된 상태로 듣기 때
문에 이제는 건축과 연주회장이 아니라 녹음 기술과 녹음실
에 비용이 투입된다. 그러나 우리의 감각 중에서 아마도 청
각이 가장 섬세하다는 사실만큼은 변함이 없다. 대수롭지 않
은 물리 현상인 공기 압력의 주기적 진동은 여러 단계를 거쳐
우리가 음악이라고 부르는 무한히 다채롭고 감동적인 지각으
로 바뀐다.

인간은 다섯 가지 감각을 지녔다. 시각, 청각, 후각, 미각, 촉각이 그것들이다. 오늘날 과학은 본래적인 감각의 목록에 몇 가지 감각을 추가한다. 예컨대 균형 감각, 고유수용성 감각proprioception 등이 추가된다. 고유수용성 감각이란 신체 각 부위의 위치와 운동을 감지하는 능력을 말한다. 고유수용성 감각 덕분에 우리는 어둠 속에서도 우리의 오른손 집게손가락 끝이 어디에 있는지 안다.

하지만 우리는 일찍이 아리스토텔레스도 알았던 다섯 가지 감각만 논할 것이다. 그 오감 가운데 촉각과 미각은 '접촉 감각'이다. 촉각이나 미각을 느끼려면 신체가 대상에 직접 닿아야 한다. 반면에 시각, 후각, 청각은 '원격 감각'이다. 이 세 가지 감각을 통해서 우리는 멀리 떨어진 대상을 지각한다. 냄새와 소리의 원천은 몇 킬로미터 밖에 있을 수도 있고, 우리는 밤하늘에서 수십억 광년 떨어진 별들을 본다.

청각은 몇 가지 기본적인 속성에서 다른 감각들과 구별된다. 우선 청각은 차단하기가 가장 어렵다. 불쾌한 촉감이나 맛을 없애려면 대상과의 접촉을 끊으면 된다. 코를 막고 입으로 호흡하면 악취는 지각되지 않는다. 무언가를 보지 않으려면, 시선을 돌리면 된다. 반면에 청각은 선택적으로 차단하기가 어렵다. 불쾌한 소리를 제거하려면 헤드폰이나 귀마개로 청각 기관 전체를 막는 수밖에 없다(외부에서 유래하지 않은 이른바 이명은 일단 제쳐 두자).

또 다른 중요한 차이는 청각은 매우 일차원적이라는 것이다. 촉각할 때 우리는 피부의 무수한 신경말단에서 오는 신호를 처리한다. 혀와 코도 무수한 수용기들을 보유하고 있다. 그것들 중 일부는 특정 물질에만 반응한다. 또한 눈의 망막에는 막대세포 1억 2000만 개와 원뿔세포 500만 개가 있다. 이 세포들 덕분에 우리는 2차원 그림과 (두 눈의 협동을 통해) 3차원 그림을 본다.

반면에 귀는 단 한 가지 신호를 처리한다(양쪽 귀로 들어오는 신호를 구분해서, 두 가지 신호를 처리한다고 할 수도 있겠지만, 이 구분은 공간적인 청취spatial hearing에 대해서만 유의미하다). 믿기 어려운 사실이지만, 교향악단에 온갖 악기가 있고 청중의 기침 소리까지 끼어든다 하더라도, 소리 신호는 단 한 가지, 공기 압력의 시간적 진동뿐이다. 우리는 그 진동에서 음악을 포함한 소리의 세계 전체를 끌어낸다.

다양한 속도로 깜박이면서 환해지기도 하고 어두워지기도 하는 등이 하나 있고, 당신은 그 등 하나에서 세계에 관한 시각적 정보 전체를 얻는다고 상상해보라. 또는 우리 피부의 한 지점에서 진동하는 막대 하나를 통해 모든 촉각을 얻는다고 상상해보라. 시각과 촉각이 청각보다 훨씬 덜 예민하다는 점은 제쳐 두더라도, 이런 식으로 작동하는 감각이 빈약한 정보를 전달하는 것에 머물지 않고 노래나 교향악이나 아기의 목소리처럼 깊은 정서적 의미를 지닌 인상까지 전달한다는 것을 상상할 수 있는가?

거듭되는 말이지만, 소리는 단지 시간에 따라 변하는 공기압력일 뿐이다. 새해맞이를 위해 폭죽에 불을 붙이면, 폭죽이 터질 때마다 구면 모양의 압력파동이 퍼져나가고, 그 파동이 우리 고막에 도달하여 고막이 잠깐 동안 안쪽으로 밀리면, 우리는 폭발음을 듣는다(이때 대부분의 인간은 불쾌감을 느끼지만 10대 남성은 쾌감을 느낀다. 또 일부 사람들은 1년에 하루만 그 폭발음에서 쾌감을 느낀다).

그러나 대부분의 소리 현상은 그런 일회적인 압력파동이 아니라 어떤 식으로든 반복되는 압력파동이다. 기타 현을 튕기면, 현은 앞뒤로 움직이기를 주기적으로 반복한다. 예컨대 1초에 400번 반복한다고 해보자. 그러면 현은 공기 분자 몇 개를 1초에 400번 떠민다. 그러면 그 분자들이 다른 분자들을 떠밀어서, 소리가 파동의 형태로 퍼져나간다. 10미터 떨어진 기타 현이 떨면서 일으키는 주기적인 바람이 우리의 청각에 포착된다는 것은 생각하면 할수록 신기한 일이 아닐 수 없다.

소리가 압력파동임을 알면 우주가 고요한 이유도 알 수 있다. 압력파동은 음원과 청자 사이에 진동을 전달할 매질이 있어야만 전달될 수 있다. 매질의 구실을 할 공기나 물, 또는 땅과 같은 고체가 있어야 한다. 지진파는 땅을 매질로 삼아 퍼져나간다. 영화에서 우주선이 공격을 받아 큰 소리를 내며 폭발하는 장면은 전혀 비과학적인 허구이다.

우리의 고막은 항상 어느 정도의 압력을 받는다. 매 순간 고막이 측정하는 값은 시간에 따라 달라지는 그 압력뿐이다. 다양한 방향에서 우리에게 오는 소리파동들은 그 측정값 하나로 통합된다. 예컨대 10미터 밖에서 연주자가 기타를 치고, 우리 오른쪽 관객이 큰 소리로 코를 풀고, 바깥에서 전차가 지나가면, 우리에게 오는 소리파동들은 단 하나의 소리파동으로 통합된다. 그럼에도 우리는 기타 소리와 코 푸는 소리와 전차 소리를 명확하게 구분할 수 있다. 이것은 복잡한 과정의 결과이며, 우유와 밀가루와 달걀로 만든 반죽에서 이 성분들을 다시 분리해내는 것과 다를 바 없다.

교과서에 나오는 소리 신호의 대부분은 다이어그램에서 아름답고 매끈한 사인곡선으로 나타난다.

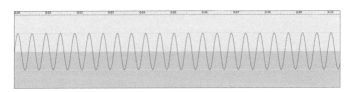

**사인음파**

기술자는 이 다이어그램을 보고 곧바로 다음을 알 수 있다. 아하, 진동이 규칙적으로 일어나는데, 10분의 1초 동안 파동의 마루가 22개 지나가니까, 진동이 초당 220회 일어나는군. 이 횟수를 일컬어 소리의 진동수라고 한다. 진동수의 단위는 헤르츠이다. 이 다이어그램에 대응하는 소리의 진동수는 220 헤르츠이다.

소리가 이렇게 단순하기만 하다면 얼마나 좋겠는가! 그러나 위와 같은 소리를 현실에서 듣는 경우는 사실상 없다시피 하다. 물론 전기 기술자들의 시험용 신호나 초기 전자 음악에서 순수한 사인음파를 들을 수 있기는 하지만 말이다. 사인음파는 쾌적하기는커녕 인공적이고 생기 없게 느껴진다.

전형적인 소리 신호의 다이어그램은 모양이 다르다. 제멋대로 꺾인 듯한 선이어서 얼핏 보면 규칙성이 눈에 띄지 않는다.

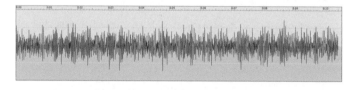

**잡음**

이것은 잡음 신호의 한 예일 뿐이다(내가 컴퓨터 앞에서 입으로 "쉬이이" 소리를 내서 만든 다이어그램이다). 하지만 음악에 대응하는 다이어그램에서도 좋은 소리를 알아볼 수는 없다.

음악 본능

다음 예들은 유명한 음악 작품에서 10분의 1초 길이의 한 부분을 발췌한 것이다.

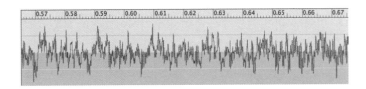

**비틀스, 〈렛 잇 비〉**

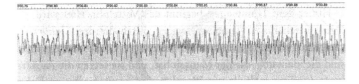

**모차르트, 〈교향곡 40번〉**

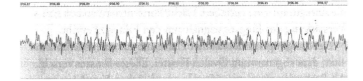

**쇤베르크, 〈다섯 개의 피아노곡〉 작품번호** 23

확실히 드러나듯이, 세 파동의 모양이 각각 다르다. 하지만 이 차이가 작품의 차이를 반영한다고 하기는 어렵다. 왜냐하면 한 작품 안에서도 이 정도의 차이가 충분히 나타날 수 있기 때문이다. 다이어그램만 봐서는 어떤 작품인지는 고사하고 규칙성이나 개별 음들조차 알아낼 수 없다. 반면에 귀는 아주 잘 알아낸다. 내가 앞의 다이어그램들에 대응하는, 길이가 겨우 10분의 1초씩인 소리 파일들을 들려주면, 여러분은 어느 파일이 어느 작품인지 곧바로 알아낼 수 있을 것이다. 만약에 퀴즈 프로그램 출연자가 다이어그램의 파동 형태(파형)를 보고 무슨 곡인지 알아맞힌다면, 그것은 정말 대단한 화젯거리일 것이다.

이제 소리 신호가 우리의 고막에 도달한 다음에 일어나는 일을 살펴보기로 하자. 우리의 청각 기관이 소리 신호를 가지고 무엇을 하고 어떻게 소리반죽에서 개별 음들을 걸러내는지 알아보자.

◇◇◇◇◇◇

우리 귀에 진입하는 소리파동은 우선 귓바퀴를 거치고 길이가 약 3센티미터인 바깥귀길을 거친다. 이 과정에서 소리파동은 나팔 속에서처럼 집중되어 고막에 도달한다. 고막은 면적이 50제곱밀리미터 정도인 피부 조각이다. 소리파동이 도달하면 고막은 진동한다.

고막을 지나면 가운데귀가 시작된다. 가운데귀에서는 소리가 작은 뼈 3개, 곧 망치뼈, 모루뼈, 등자뼈를 통해 기계적으로 전달된다. 인체에서 가장 작은 뼈들인 이 세 개의 뼈는 마치 연결봉처럼 고막의 위치 변화에 따라 기계적으로 움직인

음악 본능

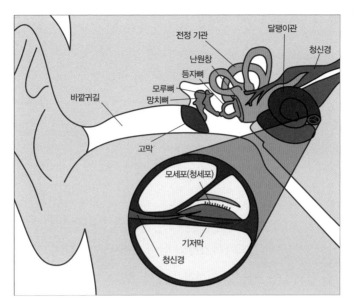

**인간의 청각 기관(루카스 엥겔하르트 그림)**

다. 이때 지렛대 효과가 발생하여, 변위의 크기, 즉 진폭은 줄어들고 그 대신에 압력은 증가한다. 이와 동시에 에너지는 더 좁은 면적에 집중된다. 그 결과로 입력 신호가 22배로 증폭된다.

등자뼈의 끝은 판 모양이며 난원창이라는 막에 붙어 있다. 난원창은 달팽이관에 붙어 있다. 달팽이관은 뼈로 되어 있으며 감긴 나선 모양인데, 그 내부는 액체로 채워져 있다. 그러므로 가운데귀의 기계적인 진동은 달팽이관에서 액체의 진동으로 변환된다. 달팽이관은 속귀에 속한다. 진정한 의미의 청각 과정은 속귀에서 일어난다.

등자뼈가 전달하는 압력파동은 달팽이관 내부로 퍼져나간다. 달팽이관 내부에 이른바 기저막이 있는데, 그 막에 안쪽 모세포들inner hair cells과 바깥쪽 모세포들이 붙어 있다. 모세포(청세포)는 액체의 움직임에 따라 흔들리는 털이라고 할 수 있다. 이 흔들림은 신경 임펄스로 변환되는데, 이 부분은 나중에 설명하겠다.

이렇게 소리를 모으고 증폭하는 정교한 시스템 덕분에 우리의 귀는 1만 분의 1파스칼의 압력 요동을 감지할 수 있다. 1만 분의 1파스칼이면 평범한 기압의 2억 분의 1에 해당한다. 이보다 더 약한 신호를 듣는 능력은 소용이 없을 것이다. 그런 능력이 있는 사람은 분자들의 움직임조차도 잡음으로 감지할 테니까 말이다. 요컨대 우리의 귀의 민감도는 최적이다.

우리가 귀를 영구적으로 손상시키지 않으면서 들을 수 있는 가장 큰 소리, 이른바 통증 역치pain threshold는 압력으로 따져서 대략 100파스칼이다. 이 소리는 인간이 들을 수 있는 가장 작은 소리(청력 역치)보다 500만 배 크다. 기술자들은 소리 압력을 대개 데시벨dB 단위로 측정한다. 데시벨 단위는 선형적이지 않고 로그적이다. 즉, 데시벨 수치가 10만큼 상승하는 것은 소리 압력이 3배로 증가하는 것에 해당한다. 청력 역치는 0dB, 통증 역치는 134dB이다.

이렇게 넓은 범위의 신호들을 재현할 수 있는 기술적인 시스템은 없다. 그래서 지금도 음악가들이 악기의 역동성을 최대한 활용하는 라이브 콘서트를 어떤 음반이나 CD로도 대신할 수 없는 것이다.

우리가 소리의 크기를 주관적으로 어떻게 감지하는가는 소리파동이 얼마나 많은 청세포를 자극하느냐에 달려 있다. 우리가 큰 소리에 오랫동안 노출되면, 청세포들은 둔감해진다. 그러면 한동안 휴식을 취해야만 청세포들이 민감성을 회복한다. 이 때문에 간헐적인 신호들이 지속적인 소음보다 더 불편하게 느껴진다.


## '음악적인' 소리와 그렇지 않은 소리

이른바 음악적인 소리는 본질적인 특징을 지녔다. 우리는 음악적인 소리에 음높이를 부여한다. 흔히 사람들은 음높이가 규칙적인 진동의 진동수에 대응한다고 생각한다. 높은 음은 높은 진동수에, 낮은 음은 낮은 진동수에 대응한다고 말이다. 실제로 음높이와 진동수는 서로 관련이 있지만, 그 관련은 그리 간단하지 않다.

바다나 숲이 내는 잡음은 음높이가 없다. 우리는 그 소리를 음악으로 느끼지 않는다. 잡음은 진동수가 제각각인 수많은 소리파동들이 어떤 규칙성도 알아볼 수 없도록 겹친 결과이다. 이른바 '백색잡음white noise'은 들을 수 있는 모든 진동수의 소리를 고르게 포함한다.

그러나 잡음에서 음악으로의 이행은 연속적이다. 완벽한 백색잡음은 현실에서는 발생하지 않는다. 저 앞에서 나는 잡음 신호의 파형을 제시한 바 있는데, 이번에는 그 잡음을 컴퓨터로 조작하여 특정 음이 도드라지는 잡음을 여러 개 만들었다. 그런 다음에 그 잡음들을 연결하니 그럴듯한 멜로디(도레미파솔솔라라솔)가 만들어졌다.

음 아닌 것을 음으로, 잡음을 음악으로 만들기! 이런 작업은 현대음악과 실험적인 전자 음악뿐 아니라 팝과 테크노에서도 흔히 실행된다. 실험적인 음악을 추구하는 독일 밴드 아인스튀르젠데 노이바우텐Einstürzende Neubauten('붕괴하는 새 건물들'이란 뜻)은 무대 위에서 온갖 물건으로 잡음을 만들

자연에서 나는 잡음은 음높이가 없지만, 그 잡음을 컴퓨터로 조작하여 음높이가 다른 멜로디를 만들 수 있다.

음악 본능

었고, 함부르크의 음악가 크리스티안 폰 리히트호펜Christian von Richthofen과 크리스티안 바더Kristian Bader는 '아우토아우토 AutoAuto'라고 명명된 공연 때마다 중형 자동차 한 대를 때려 부순다. "자동차의 표면은 곳에 따라 아주 다양한 소리를 낸다."라고 리히트호펜은 설명한다. "보닛, 라디에이터 그릴, 앞 유리, 핸들… 모든 곳에서 평범한 타악기는 절대로 낼 수 없는 소리가 난다." 참고로 가장 아름다운 소리를 내는 차종은 오펠 카데트 E라고 한다.

이런 작업들은 기술적이고 물리적인 기준만으로는 음악이 무엇이고 잡음이 무엇인지를 정의할 수 없음을 보여준다. 음악은 '조직화된 소리'라고, 창조적이고 조직적인 활동인 작곡의 재료는 말 그대로 모든 소리라고 작곡가 에드가르 바레즈 Edgar Varèse는 말했다.

크리스티안 폰 리히트호펜이 자동차를 타악기에 비유한 것

《아나치테크처Anarchitektur》, 2005
아인스튀르첸데 노이바우텐의 25주년 기념 앨범. 아인스튀르첸데 노이바우텐은 일반 악기 외에도 착암기, 스프링, 쇠파이프, 망치 등의 금속 재질의 물건을 이용하여 급진적이고 실험적인 음악을 만드는 인더스트리얼 아방가르드 밴드이다.

은 일리가 있다. 왜냐하면 자동차와 마찬가지로 거의 모든 타악기도 일정한 음을 내지 않기 때문이다. 타악기 연주자가 자신의 악기를 조율하거나 반주할 곡의 조성에 신경을 쓰는 경우는 거의 없다. 물론 재즈와 팝을 위한 드럼 세트에 포함된 탐탐 드럼tom-tom drum은 특별히 '음을 내고', 일부 까다로운 연주자들은 그 타악기를 매번 연주할 곡에 어울리게 조율하지만 말이다. 반면에 심벌cymbal과 스네어 드럼snare drum에는 음높이가 부여되지 않는다.

하지만 '진짜' 악기들은 정확한 음들을 낸다고 사람들은 흔히 생각하는데, 과연 그럴까? 피아노, 플루트, 바이올린, 트럼펫에 대해서도 이렇게 말하는 것이 옳다. 음높이는 뇌가 주관적으로 구성한 산물이다. 왜냐하면 이 악기들이 내는 가장 깨끗한 음조차도 기본적으로 늘 두 개 이상의 진동을 포함하기 때문이다. 가장 깨끗한 음도 여러 진동수의 소리들이 섞인 혼합물이다. 그러나 잡음과 달리 무질서한 혼합물이 아니라 매우 질서정연한 혼합물이다. 깨끗한 음은 이른바 배음들의 혼합물이다.

물리학적으로 설명하려면 아마 기타의 현을 예로 드는 것이 최선일 것이다. 기타 현은 단순히 앞뒤로 떠는 것이 아니라 복잡한 패턴으로 운동한다. 그 패턴에는 기본 진동 외에 다른 진동들도 포함된다. 예컨대 현의 중앙이 고정된 상태에서 양쪽 절반이 서로 반대 방향으로 움직이는 진동도 포함된다. 이 진동은 기본 진동보다 두 배 빠르다. 또는 이런 고정점이 2개, 3개 등인 진동들도 포함된다. 이런 추가 진동들이 있기 때문에, 진동수가 기본 진동수의 정수배, 즉 두 배, 세 배, 네 배 등인 음들이 기본음에 중첩된다. 그러므로 모든 기타 음은 모든 배음 진동수의 사인음파들이 섞인 혼합물이라고 할 수 있다. 기본음의 진동수가 220헤르츠라면, 기타 현은 기본음을 내면서 진동수가 440헤르츠, 660헤르츠, 880헤르츠 등인 배음들을 함께 낸다.

물론 기타 현이 진동할 때 우리 고막에 도달하는 소리 신호는 2개나 3개, 또는 4개가 아니라 단 하나다. 여러 배음들이 포개져서 이룬 복잡한 파동 하나가 도달하는 것이다. 예컨대 피아노 소리의 파형을 확대하면 규칙적이지만 사인곡선과는 다른 곡선을 볼 수 있다.

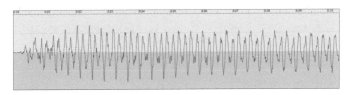

**피아노 소리**

배음들은 기본 진동이 새로운 형태를 얻게 만든다. 그러나 기본 진동의 주기(진동수)는 보존된다. 기본 진동수가 220헤르츠라면, 배음들이 추가되어도 진동의 패턴은 1초에 220번 반복된다. 다만 최종 진동은 기본 진동과 달리 '깨끗한' 사인 곡선을 그리지 않는다.

그런데 우리는 왜 여러 피아노 음을 듣지 않고 확실히 한 음을 들을까? 이번에도 해답은 혼합 방식에 있다. 배음들은 기본음보다 더 작다. 만약에 배음들과 기본음이 같은 크기라면, 우리는 실제로 여러 음들을 들을 것이다. 이렇게 배음들이 혼합되는 방식이 악기의 음색을 결정한다. 배음들은 단조로운 사인음파, 곧 순음pure tone에 거친 질감을 부여한다. 매끄러운 사인곡선에 뾰족한 가시가 돋게 만들고, 깨끗한 음을 약간 더럽힌다. 그러나 결과가 비음악적인 소리가 되지 않도록 미묘하게 아주 약간만 더럽힌다.

온갖 진동수들이 섞인 소리에서 기본음을 알아채려는 것은 청각 담당 뇌의 기본 욕구인 것으로 보인다. 여기에서도 우리가 확실한 음악 중독자임을 알 수 있다. 우리는 심지어 전혀 존재하지 않는 음까지 들을 정도로 심한 음악 중독자다. 기본음과 배음들의 혼합물에서 기본음을 제거한 나머지를 들려주면, 우리의 청각은 그 누락된 기본음missing fundamental을 복원해서 듣는다. 예컨대 440헤르츠, 660헤르츠, 880헤르츠가 함께 울리면, 이 진동수들이 배음 진동수라면 기본 진동수는 220헤르츠일 수밖에 없으므로, 우리는 누락된 기본 진동수

220헤르츠를 추가로 지각한다.

무언가 어려운 수학이 나온 듯도 한데, 실제로 누락된 기본음을 복원하는 것은 수학적으로 볼 때 실제로 울리는 세 진동수들의 최대공약수를 구하는 것과 같다. 그러나 뇌가 최대공약수 계산을 명시적으로 하는 것은 당연히 아니다. 아래는 440헤르츠, 660헤르츠, 880헤르츠 진동을 혼합한 결과다. 보다시피 1초에 220회 반복되는 신호가 만들어졌다.

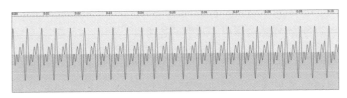

**'누락된 기본음'을 지닌 소리**

하지만 존재하지 않는 음을 보충하는 이 대단한 능력이 실생활에 도움이 될까? 두말하면 잔소리다. 예컨대 전화를 할 때 도움이 된다. 전화는 약 300헤르츠 이상의 소리들만 전달하는데, 이 소리들은 성인 남자의 기본음보다 더 높다. 그럼에도 우리는 전화할 때 성인 남자의 목소리를 아이의 목소리로 착각하지 않는다. 왜냐하면 우리가 배음 스펙트럼에 기초해서 낮은 기본음을 복원하기 때문이다. 오르간 연주자들은 교묘한 배음 스펙트럼을 만들어냄으로써 오르간의 가장 긴 파이프가 내는 음보다 더 낮은 음을 흉내 낼 수 있다. 스피커

제작자들도 교묘한 기술을 발휘하여 스피커가 제 덩치로 낼 수 있는 최저음보다 더 낮은 음을 내는 것처럼 느껴지게 만든다.

이처럼 복합음의 음높이 파악은 전혀 쉬운 과제가 아니며 주관적인 요소들에 좌우된다. 게다가 사람은 같은 음이라도 주변에 어떤 음들이 있느냐에 따라서 다른 음높이로 듣는다. 그래서 '셰퍼드 음계shepard scale'라는 흥미로운 현상이 발생한다. 셰퍼드 음계는 무한히 상승하는 듯하지만 실은 항상 제자리걸음을 하는 음계다. 셰퍼드 음계의 음들은 교묘한 복합음이어서, 각각의 음보다 그 다음 음이 더 높게 느껴진다. 그러면서도 음계가 진행됨에 따라 각각의 음에 포함된 낮은 진동수 성분이 점차 강해져서 한 옥타브 뒤에는 다시 처음 음으로 되돌아오게 된다.

(옥타브는 음악에서 근본적인 개념이다. 음계의 한 음에서 위로

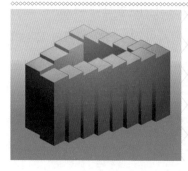

셰퍼드 음계

셰퍼드 음계는 무한히 상승하는 듯하지만 실은 항상 제자리걸음을 하는 음계다.

음악 본능

일곱 칸 이동하면 원래 음과 같다고 느껴지는 음에 도달하게 된다. 원래 음보다 한 옥타브 높은 이 새로운 음은 1초 동안 원래 음보다 두 배 많이 진동한다. 그런데도 우리는 두 음이 사실상 같다고 느낀다. 예를 들어 여자는 대개 남자보다 한 옥타브 높게 노래하지만, 우리는 남자의 노래와 여자의 노래가 영 다르다고 느끼지 않는다.)

셰퍼드 음계는, 수도사들이 줄지어 계단을 오르지만 항상 제자리로 돌아오는 광경을 묘사한 마우리츠 에스허르Maurits Escher의 작품 〈올라가기와 내려가기Ascending and Descending〉를 연상시킨다. 이 작품은 우리의 공간 지각을 속이고, 셰퍼드 음계는 우리의 음높이 지각을 속인다. 음이 마치 사이렌처럼 연속적으로 상승하는 듯하면서도 실은 상승하지 않으면서, 효과는 더욱 강렬해진다(연속 셰퍼드 음계를 '셰퍼드–리셋–글리산도Shepard-Risset-Glissando'라고 한다). 몇몇 현대 작곡가뿐 아니

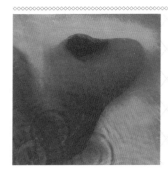

Echoes

《메들Meddle》, 1971
연속 셰퍼드 음계가 삽입된 곡 〈에코스Echoes〉가 수록되어 있는 핑크 플로이드의 앨범. 셰퍼드 음계는 우리의 음높이 지각을 속인다.

라 팝 그룹 핑크 플로이드Pink Floyd(노래 〈에코스Echoes〉에서)와 퀸Queen(음반 《어 데이 앳 더 레이스A Day at the Races》에서) 등도 연속 세퍼드 음계를 작품에 삽입했다.

복합적인 소리 신호를 여러 진동수들로 나누는 과정은 어떻게 이루어질까? 우리는 어떻게 소리반죽을 개별 성분들로 '분해'할까? 기술적인 관점에서 보면, 이 분해를 위해서는 이른바 푸리에 해석이 필요하다.

푸리에 해석이란 곡선을 여러 사인함수들의 합으로 표현하는 수학적 기법이다. 실제로 푸리에 해석을 하려면 다량의 미분 및 적분 계산을 해야 한다. 그러나 당연히 우리의 뇌는 그런 계산을 하지 않는다. 떨어지는 공을 잡으려 할 때에도 우리는 공이 그리는 포물선 궤적을 명시적으로 계산하지 않는다. 그럼에도 어느 정도 연습을 하면 공이 떨어질 자리로 제때에 갈 수 있다.

물리학자 게오르크 폰 베케시Georg von Békésy는 어떻게 속귀가 소리를 여러 진동수들로 분해하는지를 발견한 공로로 1961년에 노벨상을 받았다. 그의 발견 이전에 사람들은 청각 시스템 안에 '현'처럼 진동하는 것들이 있고, 그것들이 다양한 진동수에 공진한다고 짐작했다. 그러나 실제로는 '진행파동travelling wave'이 진동수 분해를 담당한다.

등자뼈가 일으킨 파동은 속귀에서 달팽이관을 따라 진행파동의 형태로 퍼져나가는데, 달팽이관의 내부가 기저막에 의해 양분되어 있기 때문에, 파동은 우선 기저막 위의 공간으로 진행한 다음에 달팽이관의 끝에서 다시 기저막 아래의 공간으로 진행한다. 기저막은 달팽이관의 끝으로 갈수록 폭이 넓어지고 따라서 물리적 속성들도 달라진다. 소리 진행파동이 달팽이관 속에서 얼마나 멀리까지 도달하느냐는 진동수에 의해 결정된다. 소리 진행파동은 특정한 최대 거리까지 도달한 다음에 급격히 사그라진다. 높은 진동수의 파동은 입구 근처에서부터 사그라지기 시작하고, 낮은 진동수의 소리들은 더 멀리까지 나아간다. 파동이 가장 강한 곳에 있는 청세포들은 더 강한 자극을 받고 신경을 통해 더 강한 신호를 뇌로 보낸다. 거듭되는 말이지만, 우리가 소리로 지각하는 파동의 스펙트럼은 놀랄 만큼 넓다. 그 스펙트럼은 약 16헤르츠, 즉 초당 16회 진동부터 약 2만 헤르츠까지다. 음악에서 한 옥타브는 한 진동수에서 그것의 두 배까지의 범위를 의미하므로, 우리가 지각하는 소리의 범위는 10옥타브 정도이다. 이런 의미에서 청각은 다른 모든 감각을 능가한다. 예컨대 우리가 볼 수 있는 빛의 스펙트럼은 한 '옥타브' 정도에 불과하다(파장이 가장 짧은 가시광선의 진동수는 파장이 가장 긴 가시광선의 진동수보다 2배 정도 높다).

그러나 늙으면 청각이 쇠퇴한다. 특히 높은 진동수를 잘 들지 못하게 된다. 60대 노인이 들을 수 있는 최고 진동수는 약 5000헤르츠다. 따라서 들을 수 있는 소리의 범위가 2옥타브 정도 줄어드는 셈인데, 그래도 음악의 모든 음과 사람의 목소리를 듣는 데는 큰 지장이 없다. 단지 청각이 전반적으로 무뎌질 뿐이다.

인간이 들을 수 있는 진동수 범위 전체가 음악에 쓰이는 것도 아니다. 현대적인 연주회용 그랜드피아노의 건반 88개는 27.5헤르츠부터 4186헤르츠까지를 아우른다. 그런 피아노의 좌우 끄트머리 건반들을 두들겨본 사람이라면 누구나 알겠지만, 우리는 그 양극단의 음들을 잘 구별하지 못한다. 왼쪽 끄트머리에서 "둥둥" 소리만, 오른쪽 끄트머리에서는 "땡땡" 소리만 나는 것처럼 느껴진다.

청각이 음높이를 파악하는 속도 역시 감탄을 자아낸다. 낮은 음은 약 100분의 1초 만에 파악된다. 그러니까 음이 딱 1회 진동할 시간 동안에 파악하는 셈이다. 높은 음은 겨우 1000분의 4초 만에 파악된다. 또한 우리의 청각은 음높이를 놀랄 만큼 정밀하게 구분한다. 우리에게 가장 중요한 중앙 옥타브에서 우리는 약 350가지 음을 구분할 수 있다. 유럽 음악이 그 옥타브에서 사용하는 음은 12가지에 불과하지만 말이다. 게다가 방금 말한 '우리'란 음악 전문가가 아니라 우리 모두를 뜻한다.

이 대목에서 확실히 해두어야 할 중요한 사실이 있다. 우리는 음의 절대적인 높이를 듣는다. 즉, C음은 항상 같은 청세포들을 활성화한다. A음이 활성화하는 청세포들도 정해져 있다. 그럼에도 우리 대부분은 음의 절대적인 높이를 알아맞히지 못한다. 반면에 음의 상대적인 높이는 쉽게 알아맞힌다. 우리가 아는 멜로디를 조를 옮겨서 연주하면, 우리는 그것이 무슨 멜로디인지 즉시 알아챈다. 절대적인 청각 기관에서 상대인 지각으로의 이행이 어디에서 일어나는가는 아직 밝혀지지 않았다.

지금까지 우리가 서술한 것은 순수한 음향학적 지각, 다시 말해 소리파동에서부터 신경 임펄스까지다. 이어서 신경 임펄스는 뇌에서 다면적으로 분석된다. '음악 기관'인 뇌는 리듬, 음색, 멜로디, 화음 등의 매개변수를 분업 방식으로 규정하기 시작한다.

## 머릿속의 콘체르토 그로소(합주 협주곡)

소리가 귀에서 음향학적으로 처리되는 과정은 비교적 정확하게 서술할 수 있는 반면, 현재의 과학은 청세포에서 나온 전기 신호가 뇌에서 어떻게 처리되는지를 정확하게 서술할 수 있는 수준에 턱없이 못 미친다. 수수께끼는 그 신호를 뇌로 전달하는 청신경에서부터 등장한다. 청신경은 수동적인 '전선'을 훨씬 능가한다. 예컨대 청신경은 진동수들을 기저막보다 더 세밀하게 분류한다. 또한 청신경은 '일방 통행로'가 아니다. 청신경은 양 방향으로 정보를 전달한다.

뇌가 소리 신호를 얼마나 복잡하게 다루는지는 숫자만 비교해도 드러난다. 속귀에는 감각세포 3500개가 있는 반면, 뇌의 청각 중추에서는 뉴런 수백만 개가 신호 처리를 담당한다. 그 뉴런들은 여러 하위 중추로 나뉘어 있고, 하위 중추 각각은 소리의 한 측면을 전담 분석한다.

음악도 뇌의 한 구역에서만 처리되지 않고 온갖 구역들에서 처리된다. 음악을 담당하는 다양한 중추들을 어떻게 식별할 수 있을까? 예를 들어 임상 사례 연구는 두개골을 열거나 뇌를 촬영하지 않고도 수행할 수 있다. 많은 뇌 부상 사례들이 연구되어 있다. 뇌의 어느 구역에 부상을 당한 환자가 어떤 기능을 상실했는지를 보면, 그 구역에 자리 잡은 '모듈module'을 추론할 수 있다. 몬트리올 대학의 이사벨 페레츠Isabelle Peretz는 다수의 뇌 부상 사례를 수집하고 분석하여 몇 가지 모듈을 밝혀냈다. 예를 들어 어떤 뇌 부상 환자들은 음을 구분하는 능력은 잃었는데 말은 아주 잘 알아듣는다. 다른 환자들은 이를테면 뇌졸중의 여파로 말하기 능력을 잃었는데 멜로디를 흥얼거릴 수 있고 경우에 따라서는 가사가 있는 노래까지 부를 수 있다. 이런 사례들에서 추론할 수 있는 것은, 뇌에서 단어와 음이 각각 다른 모듈에서 처리된다는 것이다.

하지만 활동하는 뇌 중추들을 직접 들여다보는 방법들도 있다. 이 방법들은 뇌의 활동을 선이나 그림으로 보여주는 기술에 의존한다. 주로 두 가지 방법이 쓰이는데, 첫째 방법은 두피에 설치한 전극들을 통해 전기 신호를 측정하는 것이다. 이 뇌파 측정법으로 얻은 이른바 뇌 전도EEG에서 사건관련전위event-related potential, ERP를 포착할 수 있다. 뇌파 측정법은 매우 '신속하다'는 것이 장점이다. 이 방법은 특정 신호에 대한 뇌의 반응을 밀리초 이내에 포착한다. 하지만 뇌 전도는 뇌의 어느 부분이 활동하는지에 대해서 제한적인 정보만 제공한다는 단점이 있다.

공간적 해상도가 높은 정보를 얻으려면 뇌 촬영 기술들을 이용해야 한다. 이 기술들은 언론에서 자주 보는 알록달록한 뇌 영상을 제공한다. 가장 많이 쓰이는 기술은 기능성 자기공명영상법fMRI이다. fMRI 영상은 우리가 특정 활동을 하면 정말로 뇌의 특정 부위가 '빛을 낸다'는 생각을 품게 만들지만, 실제로 그 영상은 복잡한 계산을 거쳐서 만든 매우 인위적인 그림이다. fMRI 스캐너는 산소가 풍부한 혈액과 부족한 혈액의 자기적 속성들이 서로 다름을 이용하여 뇌 활동에 관한 정보를 수집한다. 간단히 말해서, 활동이 많은 뇌 구역은 물질 대사율이 높으므로 산소가 풍부한 혈액이 그곳으로 더 많이 유입된다.

그러나 뇌에서는 늘 온갖 과정들이 동시에 진행되므로, '미가공' 영상에서는 아무것도 알아낼 수 없다. 그러므로 예컨대 음악을 들을 때 뇌의 활동을 탐구하려면, 뇌를 우선 대조 상황에서 스캔한 다음에 탐구하려는 상황에서 다시 한 번 스캔해야 한다. 이어서 두 상황 사이의 차이가 포착되기를 바라면서 한 스캔 영상에서 다른 스캔 영상을 빼는 작업을 한다. 이때 확실한 대비를 위해서 흔히 여러 피실험자에게서 얻은 신호들을 합산하는 작업도 이뤄진다. fMRI 영상의 시간적 해상도는 몇 초 정도인데, 이는 많은 음악적 신호들을 포착하기에는 너무 낮다.

마지막으로, 뇌 영상은 피실험자를 매우 부자연스러운 상황에 놓고 촬영할 수밖에 없기 때문에 유효성이 제한된다. fMRI를 촬영하려면, 피실험자는 자석 터널 안에 수평으로 누워서 머리를 고정한 채로 움직이지 말아야 한다. 그런 터널 안에서 특수한 키보드를 두드리는 피아니스트의 뇌는 벌써 여러 번 촬영되었다(306쪽 참조). 하지만 연주 중인 바이올리니스트의 뇌를 촬영하는 것은 먼 미래에나 가능할 것이다. 게다가 fMRI 스캐너는 상당히 심한 소음을 낸다.

그럼에도 과학자들은 음악을 처리하는 특수한 모듈들을 이 방법으로 찾아내는 데 성공했다. 이 책은 뇌과학 전문서가 아니므로, 나는 다음 장들에서 그 모듈들 가운데 몇 개만 더 자세히 소개할 것이다. 일반적으로 이렇게 말할 수 있다. 언어는 합리적인 좌뇌의 소관이고 음악은 감성적인 우뇌에서 처리된다는 통념은 제한적으로만 옳다. 음악이 주로 우뇌에서 처리된다는 것은 옳지만, 예컨대 좌뇌에 속하며 통상 언어 중추로 간주되는 브로카 영역은 음악 처리에도 관여한다. 또한 음악의 구조에 대해서 많이 아는 사람일수록 좌뇌의 분석 중추들을 음악 처리에 더 많이 활용한다.

◇◇◇◇◇◇◇

뇌에 어떤 음악 처리 모듈들이 있는지 알아보자. 모든 음악 처리 모듈이 오로지 음악에만 관여하는 것은 아니다. 예를 들

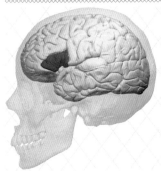

우뇌뿐 아니라 좌뇌의 브로카 영역(빨간색으로 표시된 부위)도 음악 처리에 관여한다.

어 우리는 말을 알아들을 때에도 음높이를 처리한다. 억양을 '말의 멜로디speech melody'라고 표현하는 것은 일리가 있다. 아마 아기에게는 말과 음악의 구분이 전혀 없을 것이다. 이 두 가지 음향 현상은 생후 몇 개월이 지난 다음에 비로소 분화하며 평생 몇몇 뇌 구역을 공유한다.

다음 페이지의 도표는 과학자 두 명(서식스 대학의 이사벨 페레츠와 슈테판 쾰시)의 연구를 기초로 삼아서 내가 작성한 것이다. 간단한 도표를 얻기 위해서 나는 음악이 자율신경계와 면역계에 어떻게 작용하는가 하는 질문을 비롯한 몇 가지 사항을 생략해야 했다.

한 예로 생일잔치에서 주인공을 위해 〈해피 버스데이〉를 부르는 상황을 생각해보자. 귀에서 온 전기 신호는 먼저 뇌간을 통과한다. 뇌간은 계통발생사적으로 가장 오래된 뇌 부위다. 그 전기 신호는 우리가 어떤 것을 인지하기 전에 벌써 뇌간에서 감정적 반응을 일으킬 수 있다. 예컨대 큰 폭발음이 나면 우리는 경계 태세에 돌입하고, 도주 또는 싸움 반응이 일어난다. 음악은 이런 원초적인 반사들을 적극적으로 이용한다(226쪽 참조).

그 다음에 신호는 청각피질에 도달하여 본격적으로 처리된다. 우선 기본 음향 특징들, 즉 음높이, 음색, 소리의 거친 질감이 추출된다. 하지만 신호는 여전히 다양한 소리들이 혼합

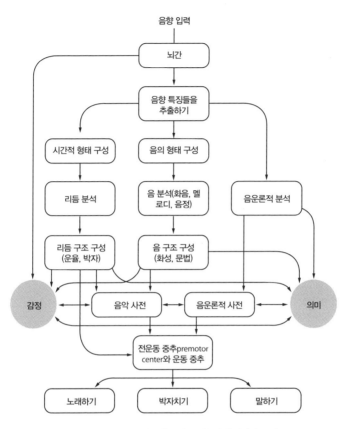

음향 입력

뇌간

음향 특징들을 추출하기

시간적 형태 구성    음의 형태 구성

리듬 분석    음 분석(화음, 멜로디, 음정)    음운론적 분석

리듬 구조 구성 (운율, 박자)    음 구조 구성 (화성, 문법)

감정    음악 사전    음운론적 사전    의미

전운동 중추premotor center와 운동 중추

노래하기    박자치기    말하기

**슈테판 쾰시와 이사벨 페레츠의 도식에 기초하여 저자가 그린 도표**

된 '반죽'이다.

그 반죽은 다음 단계에 비로소 성분들로 분해된다. 즉, '음향적 장면'이 분석된다. 노래가 다른 청각 인상들, 예컨대 컵이 부딪히는 소리, 지나가는 응급차의 사이렌 소리, 건너편 구석의 잡담으로부터 분리된다. 이 같은 형태 구성은 대단한

성취이다. 이 성취 덕분에 나는 함께 노래하는 친구들의 목소리를 구분하고 연주회에서 다양한 악기 소리를 구분할 수 있다. 많은 증거들은 벌써 이 단계에서 음 분석과 리듬 분석이 따로따로 이루어짐을 시사한다.

지금까지는 우리가 귀를 두 개 가졌다는 사실을 주목하지 않았지만, 이제 이 사실이 중요해진다. 우리는 양쪽 귀에 들어오는 신호의 미세한 시간적 차이와 세기 차이를 근거로 소리가 나는 방향을 가늠한다. 음원의 방향에 관한 정보는 다양한 음원들을 구별할 때 중요한 구실을 한다.

음악의 음 측면과 리듬 측면은 대체로 상호 독립적으로 분석된다. 이 사실 역시 뇌 부상자들에 대한 연구에서 밝혀졌다. 이 분석과 동시에 뇌의 언어 모듈은 노래에 가사가 있음을 깨닫고 음악 처리와 별개로 단어들과 그 의미를 인지한다. 인지된 가사는 나중에 음악 사전에서 노래를 찾아낼 때 다시 중요해진다.

음 분석 과정에서 음높이와 관련이 있는 다양한 측면들이 걸러진다. 개별 음들만 인지되는 것이 아니라, 멜로디의 윤곽(음들의 상승과 하강)과 임의의 두 음 사이 간격(이른바 음정)도 인지된다. 동료 단원들이 노래를 약간 틀리게 해도 무방하다. 우리는 상당히 망가진 멜로디도 알아챈다. 하지만 더 높은 구조적 층위가 있다. 그 층위에서는 곡의 화성 전개가 분석된다. 이 분석을 담당하는 중추들은 문법적 규약이 위반될 경우, 바꿔 말해서 '틀린' 화음들이 이어지거나 곡이 으뜸화음으로 끝나지 않을 경우, 이를테면 명확한 신호로 반응한다.

시간적 분석에서는 우선 곡의 리듬이 인지된다. 리듬이 그리 정확하지 않을 경우에도 우리는 리듬을 박자라는 규칙적인 격자에 맞춰 넣으려고 애쓴다. 이때에도 우리는 동료들에게 자비롭게 군다. 동료들이 부정확한 박자로 노래하더라도, 우리는 규칙적인 리듬을 발견한다.

이제껏 언급한 모든 결과―〈해피 버스데이〉의 음 분석, 리듬 분석, 언어 분석 결과뿐 아니라 그 노래가 일으킨 감정까지―는 '음악 사전'에서 노래 찾기에 동원된다. 우리가 아는 모든 노래와 멜로디가 저장된 그 목록도 효율성이 대단하다. 그 목록을 오랫동안 뒤질 필요는 없다. "내가 아는 노래야!"라는 대답이 대개 곧바로 나온다.

물론 노래의 제목이―잘 알려진 히트곡일 경우―노래를 부른 가수를 기억해내야 한다면 시간이 걸릴 수 있지만 말이다. 여기에서 노래와 제목과 가수가 따로따로 저장됨을 알 수 있다. 이와 유사하게 우리는 사람의 이름과 얼굴을 따로따로 저장하는 것으로 보인다.

우리는 노래의 의미를 어떻게 인지할까? 당연히 주로 가사를 언어적으로 분석함으로써 인지한다. 그러나 슈테판 쾰시의 연구에서 드러났듯이, 사람들은 기악에도 의미를 부여한다. 그는 피실험자들에게 다양한 음악을 들려준 다음에 '착각', '너비', '지하실', '왕' 따위의 추상적이거나 구체적인 단어들을 제시하면서 방금 들은 음악과 어울리는지 보라고 요청했다. 그러면서 뇌파를 측정한 결과, 피실험자들은 때때로 단어와 음악이 확실히 어긋난다고 느꼈음이 드러났다.

생일잔치에 가면 친구들이 부르는 노래를 따라 불러야 할 경우가 많다(안타까운 일이지만, 많은 사람들은 노래를 부를 기회가 성탄절과 생일잔치밖에 없다). 그럴 경우, 노래 목록 찾기에 이어지는 다음 단계는 운동 계획이다. 뇌의 운동 중추들은 발음 기관을 준비시켜서, 다른 사람들의 노래가 끝나기 전에 우리가 음악적으로 최대한 같은 노래를 부를 수 있도록 해야 한다. 하지만 우리가 노래를 듣기만 하면서 손장단이나 발장단을 맞추는 경우도 있다.

이런 박자치기 반응은 우리가 노래의 박자를 알아내자마자 대개 무의식적으로 일어난다. 또한 겉보기에 아무 동작이 없고 노래하기를 거부하면서 그냥 "생일 축하해!"라고 말하기만 하는 친구도 있을 법한데, 그런 친구의 전운동 중추들도 매우 활발하게 활동하고 있을 수 있다. 이를테면 노래를 속으로 따라 부르느라고 말이다. 잘 알려져 있듯이, 예컨대 피아니스트가 피아노 연주를 들으면, 그의 뇌에서 손의 운동을 담당하는 구역들이 활성화된다.

지금까지 음악 기관인 뇌를 간략하게 훑어보았다. 다음 장들에서는 이제껏 언급한 모듈들의 대부분을 더 자세하게 살펴볼 것이다.

# 천국으로 이어진 계단
# 박자와 음계

음악은 영혼의 은밀한 산술 활동이다.
음악을 할 때 영혼은 자신이 계산을 한다는 것을 의식하지 못한다.
– 고트프리트 빌헬름 라이프니츠

    수학을 잘하면 음악도 잘한다는 말을 흔히 듣는다(음악을 잘하면 수학도 잘한다는 말은 흔치 않다). 맞는 말인지는 모르겠다. 나는 수학과 음악을 둘 다 곧잘 하는데, 수학자는 특별한 방식으로 음악에 접근할 수 있을 것이라고 누가 말한다면, 나는 그 말에 동의할 수 있다. 음악의 구조 뒤에는 많은 수들이 숨어 있다. 음들의 진동수 비율도 수고, 리듬으로 표출되는 음들의 길이 비율도 수다. 음악과 수의 관련성에 대한 논의는 매혹적이지만 도가 지나치면 음악을 순전히 이성의 활동으로 취급할 위험이 있다. 중요한 것은 추상적 구조들을 다루면서도 음악의 정서적 내용과의 연결을 잃지 않는 것이다.

이제부터 몇 쪽에 걸쳐서 나는 서양의 음 시스템tonal system 을 수학적으로 고찰하는 내용으로 독자들을 괴롭힐 것이다. 이런 고찰은 수학뿐 아니라 음악도 정수들의 비율로 환원하려 했던 고대 그리스인 피타고라스의 전통에 부합한다. 피타고라스는 결국 뜻을 이루지 못했다. 알다시피 음악은 소리 나는 공식 그 이상이다.

## 음들의 세계

더 높은 음과 더 낮은 음이 있다는 것은 모든 문화권의 음악이 지닌 본질적인 특징의 하나다. 잡음과 소음으로 이루어진 순수 타악기 음악이나 전자 음악과 같은 극소수의 예외가 있기는 하지만, 높이가 다양한 음들은 거의 모든 음악작품에서 핵심 구실을 한다. 그뿐만 아니라 우리는 음들을 특정한

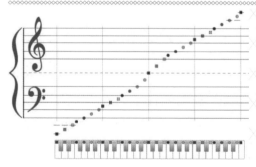

음계란 음악에서 사용되는 음들을 계단 모양으로 차례로 배열한 것을 말한다.

순서와 간격으로 배열하여 음계를 구성한다. 문화권에 따라 다양한 음계가 존재하지만, 음계가 없는 문화권은 없다.

음계의 존재는 우리에게 너무나 당연해서, 우리는 그것에 대해 전혀 숙고하지 않는다. 그러나 음악은 다른 특징들도 지녔고, 우리는 그 특징들을 계단 없이 연속적으로 지각한다. 예컨대 음의 세기가 그렇다. 또한 우리의 음색 감각도 매우 정밀하다(139쪽 참조). 그러나 어떤 노래를 트럼펫으로 연주하고 이어서 피아노로 연주하면, 음색은 사뭇 달라지지만, 노래는 둘 다 동일한 노래다. 이것이 음악과 말의 다른 점이다. 음악을 정의하는 요소는 음높이인 반면, 말에서는 음색이 차이를 만들어낸다. 동일한 화자가 발음한 "아"와 "오"는 음높이가 동일해도 무방하다. 우리는 음색을 기준으로 두 모음을 구분한다. "밤"과 "봄"의 차이는 음색의 차이다.

음과 음계는 모든 음악의 기본 요소이므로, 이런 질문이 자연스럽게 제기된다. 모든 문화권이 공유한, 다른 모든 음계의 원조인 보편 음계가 존재할까? 서둘러 대답을 제시하자면, 존재하지 않는다. 모든 문화권은 음높이가 한 옥타브 차이 나는(즉, 진동수가 두 배 차이 나는) 두 음을 '같게'(이때 '같음'의 의미가 무엇이든 간에) 느끼는 듯하다. 아이와 어른, 또는 남자와 여자는 음성의 높이가 달라서 노래할 때 동일한 음이 아니라 한 옥타브 차이 나는 음을 냄에도 불구하고 한 멜로디를 듣기 좋게 합창할 수 있다.

우리 합창단에서 내가 특정 멜로디를 선창하여 여자 단원으로 하여금 따라 부르게 할 때, 나는 여자의 음높이로 선창하려고 애쓰지 않는다. 그러려면 내가 듣기 싫은 가성을 내야 하기 때문이기도 하지만, 내가 그렇게 선창하고 나면 여자 단원은 자동으로 한 옥타브를 또 올려서 역시 듣기 싫은 괴성을 내게 되기 때문이다. 남녀 음성의 옥타브 차이는 우리의 피와 살에 배어 있어서, 우리는 평소에 그 차이를 전혀 알아채지 못한다. 우리는 남자가 내는 음과 여자가 내는 음이 똑같다고 느낀다. 이것은 유럽뿐 아니라 이제껏 연구된 모든 문화권에서 마찬가지다.

앞장에서 나는 주관적으로 지각한 음높이와 진동수가 왜 제한적으로만 관련이 있는지 설명했다. 음높이와 진동수는 순수한 사인음파에서만 일대일로 대응한다. 그러나 사인음파는 자연에서는 사실상 발생하지 않는 인공적인 소리다. 실제 음악에 등장하는 음은 항상 여러 진동수들의 혼합물이고, 그 혼합물에서 기본음을 구성하는 것은 청각 기관의 몫이다.

우리가 두 음을 구분할 수 있으려면, 두 음 사이 간격이 얼마나 멀어야 할까? 진동수가 거의 같은 사인음파 두 개가 동시에 나면, 우리는 한 음만 듣게 되고, 그 음의 세기는 맥동하듯이 커지고 작아지기를 반복한다. 왜냐하면 두 소리파동이 거의 완벽하게 포개지기 때문이다. 두 파동의 '마루들'이 정확하게 겹치는 순간에는, 합쳐진 소리의 세기가 원래 소리의 두 배가 된다. 그런데 두 파동은 진동수가 약간 다르므로, 그 순간이 지나면 위상의 불일치가 점점 커지고, 결국 한 파동의 '골'과 다른 파동의 '마루'가 겹치게 된다. 그 순간 즈음에는 두 파동이 상쇄되어 거의 아무 소리도 들리지 않는다. 예를 들어 진동수가 440헤르츠인 음과 441헤르츠인 음을 합치면, 두 파동은 1초에 한 번만 정확하게 포개진다. 따라서 1초 주기로 맥동하는 '맥놀이'가 발생한다. 440헤르츠 음과 442헤르츠 음을 합치면, 두 파동은 1/2초 간격으로 정확하게 포개지고, 발생하는 맥놀이는 1초에 2회 맥동한다. 두 음의 진동수 차이가 커질수록, 맥놀이는 더 빨라지고, 어느 순간 우리는 소리가 몹시 불쾌하다고 느끼게 된다. 그러다가 결국 우리는 두 음을 명확하게 구분해서 듣게 된다. 한 음을 중심으로 이른바 임계 띠너비critical bandwidth를 정의할 수 있는데, 임계 띠너비 안에 놓이는 둘째 음이 원래 음과 함께 울리면, 우리는 두 음을 구분하지 못한다.

임계 띠너비는 인간 음성의 중간 주파수 범위에서 가장 좁다. 왜냐하면 우리는 그 범위에서 가장 많은 소리를 구분해서 들을 수 있기 때문이다. 피아노의 가장 높거나 낮은 건반들을 두드려본 사람은 알겠지만, 그렇게 심하게 높은 음들이나 낮은 음들은 구분하기가 훨씬 더 어렵다. 또 음높이가 베이스 범위이면서 음정이 3도 차이 나는 두 음(즉, 도와 미, 레와 파 등)을 함께 치면, 섬뜩한 소리가 난다. 중간 음높이 범위에서 3도 음정은 듣기 좋은데도 말이다.

이미 언급했듯이 우리의 청각은 한 옥타브 안에서 최대 350개의 음을 구분할 수 있지만, 서양음악에서는 한 옥타브 안에서 12개의 음만 사용한다. 요컨대 가능한 음들 중에서 극소수만 선택하는 것이다(다른 문화권들에서는 한 옥타브 안에서 최대 22개의 음을 구분한다). 이 격자에 맞지 않는 음은 서양음악에 익숙한 사람의 귀에 거슬린다. 누군가 노래를 하면서 그런 거슬리는 음을 내면, 우리는 곧바로 그가 바로 위나 아래의 음을 내려 하는데 본의 아니게 틀린 음을 낸다고 판단한다.

이처럼 우리는 우리가 구분할 수 있는 음들 전체가 아니라 일부만 멜로디의 재료로 간주한다. 그런데 우리는 그 일부를 어떻게 선택할까?


헛딛기 쉬운 계단

서양문화가 지배하는 지역은 점점 더 넓어지고 있다. 이 사실은 음악에서도 드러난다. 물론 우리는 때때로 '세계음악'을 즐겨 듣지만, 대개는 서양인의 귀에 거슬리지 않게 충분히 가공된 형태로 듣는다. 그런 음악은 음계 역시 서양인의 관습에 맞춰져 있다. 마치 함부르크나 뮌헨에서 파는 중국음식이 독일인의 입맛에 잘 맞춰져 있는 것과 마찬가지다. 따라서 독일인 중에 진짜 중국음식을 맛본 사람은 거의 없는 것과 마찬가지로, 인도네시아의 가믈란gamelan 연주나 인도의 라가raga를 제대로 들어본 사람은 극소수에 불과하다. 우리는 통상적인 서양음악에 시타르sitar(인도 현악기—옮긴이) 소리를 양념처럼 첨가하곤 한다(비틀스The Beatles는 이런 시도를 가장 먼저 한 음악가에 속한다. 그들은 첫 번째 인도 여행 이전에도 시타르 소리를 예컨대 〈노르웨이의 숲Norwegian Wood〉이나 〈당신 안에서 당신 없이 Within you without you〉에서 활용했다).

서양음악이 이처럼 성공한 것은 그 음악이 다른 음악들보다 어떤 식으로든 우월하기 때문이라고 생각하는 사람도 있을 수 있겠다. 실제로 서양인은 서양의술과 서양학문 일반의

Norwegian Wood

《러버 솔Rubber Soul》, 1965

비틀스가 처음으로 시타르 소리를 효과음처럼 활용한 곡 〈노르웨이의 숲Norwegian Wood〉이 수록되어 있는 비틀스의 6집 앨범.

우월성을 믿는다(신장이식수술이나 혈관우회수술과 관련해서는 서양의술의 우월성을 주장할 만하지만 감기치료와 관련해서는 그렇지 않은 것 같다). 서양음계, 서양의 장조 음계와 단조 음계가 다른 음계들보다 정말로 모종의 의미에서 더 낫고, 자연스럽고, 합리적일까?

서양음계를 합리적으로 설명하려는 노력은 기원전 6세기에 활동한 그리스인 피타고라스까지 거슬러 올라간다. 피타고라스가 보기에 온 세계는 수였다. 그는 모든 수학적인 양과 음악적인 양을 정수의 비율로 환원하려 했다. 그리고 음악과 수학 모두에서 그의 노력은 실패로 돌아갔다고 해야 할 것이다. 알다시피 수학에서는 그런 자연스러운 비율로 표현되지 않는 수들이 존재한다. 예컨대 2의 제곱근이나 원주율 $\pi$가 그렇다. 또 음악에서 피타고라스는 모든 음들을 자연스러운 진동수 비율로 관계 맺어주려는 꿈이 실현 불가능함을 깨달을 수밖에 없었다. 그러나 이미 2000년도 더 전에 물거품이 된 그 꿈은 지금도 서양음악을 지배하고 있다.

피타고라스 시대에 그리스인이 사용한 음계는 오늘날의 서양음계와 본질적으로 같다. 그러므로 곧바로 현재를 논하기로 하자. 검은 칸과 흰 칸으로 이루어진 피아노 건반 그림은 음악을 거의 모르는 사람도 알아볼 것이다. 그런데 왜 검은건반과 흰건반이 있을까? 또 검은건반들은 왜 두 개가 모여 있

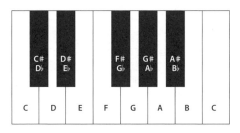

**피아노에는 왜 검은건반과 흰건반이 있을까?**

기도 하고 세 개가 모여 있기도 할까?

일단 색깔을 무시하면, 한 옥타브 안에 서로 다른 음이 정확히 12개 있다. 서양음악을 이루는 재료는 그 열두 개의 음이 전부다. 검은건반까지 포함해서 따지면, 이웃한 두 건반 사이의 간격, 즉 음정은 항상 같다. 그 음정을 '반음'이라고 한다. 반음은 음높이의 최소단위다.

그러나 이 열두 개의 음을 모두 사용하는 음악작품은 거의 없다. 거의 모든 음악은 단 하나의 '조'를 선택하여 거기에 맞는 음들만 사용한다. 가장 많이, 또한 다른 조들보다 월등하게 많이 쓰이는 조는 장조이다. 실제로 피아노의 흰건반들은 기본음이 C인 장조 음계에 포함되는 음들을 내도록 되어 있다. 그 흰건반들에는 간단한 알파벳 이름(C, D, E, F, G, A, B)이 붙어 있고, 검은건반들의 이름은 이웃한 흰건반의 이름에서 파생된다. C#(시 샤프)는 C보다 반음 높은 건반(또는 그 건반이 내는 음)의 이름이고, D♭(디 플랫)은 D보다 반음 낮은 건

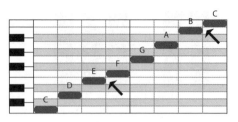

**반음 2개를 포함한 C장조 음계**

반의 이름이다(피아노에서 C♯와 D♭은 같은 음이다).

검은건반의 분포에서 이미 알 수 있듯이, 기본음이 C인 장조 음계의 음들 사이 간격은 일정하지 않다. C와 D는 반음 2개 간격이지만, E와 F는 반음 1개 간격이다. 음계를 계단으로 상상할 수 있는데, 그러면 C에서부터 오를 7개의 단 중에 2개는 다른 단에 비해 높이가 절반이다. 실제 계단에 그런 단이 있다면, 헷갈리기 쉬울 것이다.

음계를 반드시 C에서 시작해야 하는 것은 아니다. 열두 개의 음 각각이 기본음이 될 수 있고, 따라서 장조 음계 12개가 존재한다. 하지만 기본음이 C가 아닌 음계는 흰건반만으로 구성할 수 없다. 예컨대 G장조 음계는 F 대신에 검은건반 F♯를 사용한다.

서양음계는 우리 귀에 아주 익숙하기 때문에, 우리는 그것을 '자연스러운' 음계로 여긴다. 그러나 서양음계는 정말로 자연스러울까?

두 음 사이의 음높이 간격을 일컬어 음정이라고 한다. 음정은 약간 비논리적으로 정의되어 있어서(또한 독일어에서는 음정들에 라틴어에서 유래한 이름이 붙어 있어서) 일반인들을 헷갈리게 한다. 똑같은 두 음은 음높이 간격이 0이므로, 이들 사이의 음정은 0도라고 해야 할 것 같지만 실제로는 1도라고 한다. 음계에서 이웃한 두 음 사이 간격은 2도, 간격이 한 칸 더 벌어지면 3도, 그 다음은 4도, 5도, 6도, 7도, 그리고 마지막 8도는 옥타브라고도 한다. 게다가 두 음 사이에 놓인 반음의 개수에 따라 음정의 이름에 '장', '단', '증', 또는 '감'을 덧붙여서 예컨대 '장3도', '단3도' 등을 이야기하는데, 이런 세부 사항은 우리의 관심사가 아니다.

정말로 자연스러운 음정은 배음을 통해 규정되는 음정뿐이다. 어느 악기나 기본음과 함께 배음들을 내기 마련인데, 배음의 진동수는 기본 진동수의 정수배다. 피타고라스는 이런 배음들에만 기초해서 음계를 구성하려 했다.

그런데 첫 번째 배음(제1배음)만 해도 진동수가 기본음의 두 배이므로 음높이가 기본음보다 한 옥타브나 높다. 나머지 배음들의 음높이는 그보다 더 높다. 이렇게 점점 더 높아지는 배음들을 가지고 한 옥타브 안의 음들을 구성하려면 어떻게 해야 할까?

각각의 배음을 한 옥타브씩 낮추기를 적당히 반복해서, 그렇게 음높이를 조절한 배음들이 한 옥타브 범위 안에 들어오도록 만들면 된다. 이 조작을 수학적으로 표현하면, 배음의 진동수를 반으로 줄이기를 반복해서 최종 값이 1과 2(즉, 기본음 진동수의 1배와 2배) 사이가 되도록 만드는 것이다. 예컨대 제2배음은 진동수가 기본음의 3배인데, 이 조작을 거치면 진동수가 기본음의 1.5배인 음으로 된다. 진동수가 기본음의 5배인 배음은, 이 조작의 결과로 진동수가 기본음의 5/4배 즉 1.25배인 음으로 된다.

일찍이 피타고라스는 이런 관계들을 발견했다. 그리고 본디 정수들의 비율에 매혹되어 있었던 그는 음계의 음들이 이런 관계를 맺어야 한다고 확신했다. 또한 작은 정수들의 비율로 표현되는 음정일수록 더 깨끗한 음정이라고 판단했다. 예컨대 2 : 1의 관계가 9 : 8의 관계보다 더 '고결하다'고 말이다.

진동하는 현의 배음들을 살펴보면, 피타고라스의 발상이 그럴듯하다는 생각이 든다. 왜냐하면 실제로 우리의 음계에 들어 있는 음들이 현의 배음들로 발생하기 때문이다.

이 대목에서도 음악 용어가 혼란을 일으키기 쉽다. 제1배음은 진동수가 (기본음의) 2배, 제2배음은 3배, 제3배음은 4배 등으로 규정되어 있으니까 말이다. 그러므로 나는 부분음 partial이라는 또 다른 개념을 사용하려 한다. 제1부분음은 기본음, 제2부분음은 진동수가 기본음의 2배, 제3부분음은 3배

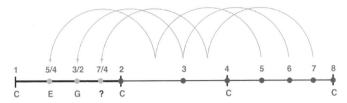

기본음의 배음들의 높이와 그것들을 한 옥타브의 정수배만큼 이동시켜 첫째 옥타브 범위 안으로 옮겼을 때의 높이. 수직선을 로그 스케일로 그려 모든 옥타브가 동일한 구간을 차지하도록 했다.

등이다.

진동수가 2배인 제2부분음은 8도음(한 옥타브 위의 음)이다. 기본음이 C라면, 8도음도 C다. 진동수가 3배인 제3부분음은 5도음, 즉 기본음이 C라면 G다. 이 G의 진동수는 바로 아래에 위치한 C의 3/2배다. 제4부분음은 두 옥타브 위의 C다. 이어서 제5부분음은 장3도음, 즉 E, 제6부분음은 다시 G다. 여기까지는 계산이 잘 맞아떨어지는 듯하다.

그러나 그 다음에 특이한 배음이 나온다. 진동수가 기본음의 7배인 배음(제6배음, 즉 제7부분음)은 우리 음계에 등장하지 않는다. 그 음은 B♭보다 약간 낮다. 즉, 단7도음보다 약간 낮아서 확실히 거슬리게 들린다. 자연스러운 배음이 모두 우리 음계에 쓰이는 것은 아님을 여기에서 처음으로 알 수 있다. 그 다음 배음인 제8부분음은 다시 C다. 제9부분음은 장2도음, 즉 D이며 진동수가 바로 아래 C의 9/8배다.

이 정도면 피아노의 흰건반에 대응하는 음은 거의 다 나왔

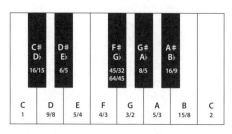

기본음에 대한 음들의 진동수 비율과 음과 음 사이 간격

다. 나머지 음들은 지금까지 나온 음들 사이의 관계를 통해 정의할 수 있다.

한 옥타브의 중앙에 놓이는 음은 F#(G♭)이다. 위 그림에서 나는 그 음에 대응하는 건반에 숫자 2개를 표기했는데, 그 이유는 이러하다. F#는 증4도음이므로, C와 F# 사이 간격은 F와 B 사이 간격과 같아야 한다. F와 B 사이 간격은 (15/8)/(4/3) = 45/32, 약 1.406이다. 한편 G♭은 감5도음이므로, C와 G♭ 사이 간격은 B와 다음 옥타브의 F 사이 간격과 같아야 한다. 이 후자의 간격은 (8/3)/(15/8) = 64/45, 약 1.422다. 요컨대 동일한 피아노 건반에 서로 다른 두 음이 배정된 셈이다!

그러므로 타협을 해야 한다. 어떤 값을 '평균값'으로 삼을 수 있을까? C에서 F#/G♭까지는 반음 여섯 개 간격이고, 거기에서부터 위의 C까지도 반음 여섯 개 간격이다. 이 반음 여섯 개 간격 두 개를 연결하면 결과로 한 옥타브를 의미하는 2

음악 본능

가 나와야 한다. 따라서 반음 여섯 개 간격은 2의 제곱근에 대응해야 한다.

그런데 2의 제곱근은 피타고라스가 혐오한 수의 하나다. 2의 제곱근은 변의 길이가 1인 정사각형의 대각선 길이와 같은데, 이 길이는 두 정수의 비율로 표현되지 않고 따라서 피타고라스의 신념에 따르면 본디 절대로 존재하지 말아야 하는 값의 최초 사례 중 하나였다.

음악가들도 이 음정을 오랫동안 기피했다. 감5도(또는 증4도)는 오랫동안 '악마의 음정'으로 간주되었고 한때 교부들에 의해 사용이 금지되었다.

음정이 감5도 차이 나는 두 음이 동시에 울리면, 우리의 귀에는 매우 거슬리는 소리가 들린다. 감5도는 매우 불쾌한 음정인 동시에 이른바 '자연스러운' 음계가 진정으로 자연스러운 음계일 수 없음을 시사하는 첫 번째 단서다.


피타고라스의 악몽은 바흐의 기쁨

배음들을 기준으로 피아노를 조율하려는 조율사는 F#/G♭에서 타협을 할 수밖에 없다. 그런데 이 조율 방식('순정률')의 문제는 그것만이 아니다. 음들 사이의 간격을 살펴보면 전부 다 다름을 알 수 있다. C와 D 사이 간격은 D와 E 사이 간격과 다르다. 또 5도 음정들은 전부 다 순수한 비율 3 : 2에 대응해야 할 텐데 전혀 그렇지 않다. 수학적으로 보면 한마디로 엉망진창이다.

음악가들은 이 딜레마를 어떻게 벗어날까? 가장 급진적인 해법은 오늘날 모든 키보드에 쓰이는 방법이다. 즉, 한 옥타브를 정말로 똑같은 음정 12개로 나누는 방법이다. 그러면 한 음과 그전 음 사이의 비율이 전부 다 2의 12제곱근이 된다. 그런데 2의 12제곱근은 철저한 무리수다. 따라서 옥타브(8도)를 제외한 모든 음정이 무리수로 표현되는 사태가 벌어진다. 이 조율법을 일컬어 '평균율equal temperament'이라 하는데, 그 이유는 설명할 필요가 없을 것이다. 이 조율법의 장점은 모든 음을 동등하게 대접한다는 것이다. 단점은 '제대로' 조율된 음정, 즉 정수 비율의 아름다움을 온전하게 드러내는 음정이 하나도 없다는 것이다. 훈련된 귀는 이 단점을 특히 5도와 장3도에서 느낀다. 일반인은 이미 오래전부터 평균율에 적응했기 때문에 순수한 5도를 거의 모른다. 특히 전자공학으로 만든 팝 음악을 주로 듣는 사람들이 그렇다.

바로크음악 이전에는 이런 급진적인 해법이 필요하지 않았다. 거의 모든 기악곡과 노래는 주로 흰건반으로 이루어진 조들을 채택했다. 따라서 이른바 '중간음률meantone tuning'이 시도되었다. 이 조율법은 가장 많이 쓰이는 음들을 최대한 깨끗하게 들리게 만든다. 과거의 작곡가들은 이 조율법의 한계를 심각하게 느끼지 않았다. 왜냐하면 그들은 '아름답게' 들리는 조들만 선택했기 때문이다. 그러나 요한 제바스티안 바흐Johann Sebastian Bach의 음악에 이르러 상황이 바뀌었다. 바흐의 음악은 기존의 모든 음악보다 더 복잡했다. 특히 바흐는 푸가에서 조를 끊임없이 바꾸기를 좋아했다. 그러다 보면 주로 검은건반으로 이루어진 조도 채택하게 되었다. 결국 바흐는 문제가 없는 조에서 출발해도 머지않아 위험한 조에 발을 들이곤 했다.

그러므로 음악 이론가 안드레아스 베르크마이스터Andreas Werckmeister가 모든 조의 곡을 클라비어로 연주할 수 있게 해주는 새로운 조율법을 개발했을 때, 바흐가 얼마나 열광했을지 능히 짐작할 수 있다. 실제로 그는 너무나 열광한 나머지 그 새로운 조율법(이른바 '평균율')을 위한 클라비어 곡을 작곡

(왼쪽) 바흐의 『평균율 클라비어 곡집Das Wohltemperierte Klavier』 타이틀 페이지. 제목에서 '클라비어'는 독일어로 '건반악기'를 뜻하는 말이다.

(오른쪽) 『평균율 클라비어 곡집』 2권의 A장조 푸가

하기까지 했다. 한마디 덧붙이자면, 오늘날 우리는 바흐를 열광시킨 조율법의 정체를 모른다. 하지만 그 조율법이 우리가 아는 평균율이 아니고 또 다른 타협책이라는 것만큼은 확실하다. 바흐의 작품에서도 각각의 조는 여전히 고유의 '성격'을 가지고 있었다. 왜냐하면 음정들이 상이하게 조율되었기 때문이다.

이 모든 설명에서 분명하게 알 수 있듯이, 우리가 사용하는 반음 12개로 이루어진 음계는 '자연스러운' 음계가 아니다. 음악심리학의 창시자 가운데 하나인 헤르만 폰 헬름홀츠Hermann von Helmholtz는 일찍이 「음악 이론의 생리학적 기초로서 음 감각에 관한 논의Die Lehre von den Tonempfindungen als physiologische Grundlage für die Theorie der Musik」에서 이렇게 썼다.

"고딕 건축의 첨두아치pointed arch와 마찬가지로 우리의 장음계도 자연적인 산물이 아니라고 보아야 한다."

우리의 음계가 두 음 이상으로 이루어진 화음을 산출하기 위한 전제로서 훌륭한 것은 사실이다. 왜냐하면 우리의 음계에서는 '협화음'이 자주 발생하기 때문이다(241쪽 참조). 그러나 다성 음악은 1000년 전 즈음에야 출현했다. 그전의 음악은 주로 멜로디로, 즉 잇따르는 음들로 이루어져 있었다. 많은 사람들이 함께 노래할 때에도 '제창'을 했다(즉, 모두 다 똑같은 음을 냈다). 요컨대 음들이 동시에 울릴 필요가 없었다. 사실

작은 음 간격들에 대해서는 피타고라스의 비율 계산은 쓸데 없는 수학에 불과하다. 우리가 누군가에게 〈해피 버스데이〉를 불러줄 때, 우리는 정확한 음정 따위는 무시하고 서로에게 음을 맞춰 통일된 음을 낸다. 그럴 때 우리가 평균율 음계를 사용하는지 아니면 어떤 다른 음계를 사용하는지는 실생활과 상관없는 학문적 질문이다. 단성 음악에서는 피타고라스의 정수 비율이 거의 구실을 하지 못한다.

## 나라마다 다른 음계

실제로 나라마다 다른 음계를 지녔고, 그 다양한 음계들은 수학적 관계를 통해 정의되지 않는다. 예컨대 서아프리카의 로비Lobi 족의 음악은—음악학자 하비브 하산 투마Habib Hassan Touma에 따르면—온음 다섯 개 사이에 이른바 '죽은' 음들을 의식적으로 끼워 넣는데, 이 음들은 우리의 화성 체계에 맞지 않는다. 아랍 문화권에서는 한 옥타브가 동일한 음정 12개로 나뉘는 것이 아니라 동일하지 않은 음정 17개에서 24개로 나뉜다. 큰 온음과 작은 온음, 큰 반음, 중간 반음, 작은 반음으로 나뉘는 것이다.

그러나 모든 문화권의 공통점도 몇 가지 있다. 우리는 한 옥타브 안에서 이론적으로 아주 많은 음들을 구분할 수 있지만, 거의 모든 곳의 음계는 5개에서 7개의 음으로 이루어진다. 서양음악에서는 총 12개의 음 가운데 7개를 골라서 장음계나 단음계를 구성한다. 인도 음악에 쓰이는 음은 더 많아서 총 22개다. 그러나 인도 음악에서도 음계는 대개 7개의 음으로 구성된다. 인도의 '라가raga'라는 음악은 항상 하나의 멜로디 기본 구조와 리듬 기본 구조를 지니며 7개의 음으로 된 음계를 기초로 삼는다. 서양인에게 가장 낯선 음악은 아마도 인도네시아의 가믈란일 것이다. 가믈란의 음계는 서양음계와 거의 유사성이 없다.

다음 페이지는 인도 음계 하나와 인도네시아 음계 하나를 서양의 장조 음계와 비교하여 나타낸 그림이다. 굵은 수직선은 서양음계의 반음을 나타낸다. 나는 재미 삼아 7개의 음으로 이루어진 간단한 멜로디 하나를 이 세 음계로 연주해보았다(인도인과 인도네시아인은 내가 본인들의 문화와 상관이 없는 멜로디를 선택한 것을 양해해주기 바란다). 독자들은 그 연주를 QR 코드를 통해 들을 수 있다.

곧바로 눈에 띄는 특징이 두 가지 있다.

- 모든 음계에서 음 간격이 일정하지 않다. 이것은 모든 문화권의 공통점인 듯하다. 왜 이런 공통 특징이 있는지는 알려져 있지 않다. 음 간격이 일정한 음계는 훨씬 더 단

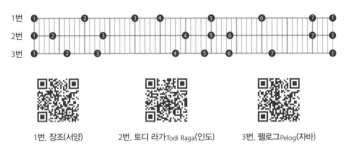

**인도 음계 하나와 인도네시아 음계 하나를 서양의 장음계와 비교**
출처: 아니루드 파텔, 『음악, 언어 그리고 뇌Music, Language, and the Brain』

순할 테고 훨씬 더 쉽게 배울 수 있을 텐데, 왜 그런 음계는 없는 것일까? 어쩌면 음 간격이 일정하지 않은 음악이 듣는 사람에게 일종의 위치 감각을 제공하기 때문일 수도 있다. 예컨대 장음계는 어느 조냐에 따라서 다 다르다. 그래서 특정 장음계의 일곱 음을 모두 듣고 나면, 무슨 장음계인지 알 수 있다. 최신 서양음악에서는, 음 간격이 반음 두 개씩인 음 여섯 개로 이루어진 온음 음계

인도네시아의 전통 음악인 가믈란을 연주할 때 사용되는 악기들. 가믈란의 음계는 서양음계와 거의 유사성이 없다.

whole tone scale도 쓰인다. 이 음계에서는 모든 음이 기본음일 수 있다. 그러나 훈련되지 않은 사람이 들으면 이 음계는 낯설고 부자연스럽게 들린다.

- 인도 음악과 서양음악에는 5도 음정이 있다. 이 음정은 거의 모든 문화권에서 쓰이는데, 보다시피 인도네시아 음악에서는 쓰이지 않는다. 그 이유에 대해서, 가믈란 음악의 악기들이 주로 종이나 실로폰 같은 타악기여서 현악기와는 다른 배음들을 지녔고 따라서 그 악기들에서는 5도 음정이 특별하지 않기 때문이라는 추측이 제기되었다.

◇◇◇◇◇◇◇

'이국적인' 음계들로 연주한 두 멜로디는 원래의 서양 멜로디와 당연히 다르게 들린다. 그러나 그 멜로디들도 서양인의 귀에 명백히 음악으로 들린다. 또한 몇몇 음은 서양인이 듣기에 이상하지만, 큰 문제는 없다. 서양인은 그 음들이 약간 틀렸다고 느낌과 동시에 무의식적으로 서양음계의 '옳은' 음으로 대체한다. 말하자면 귀가 끊임없이 재조정을 하는 것이다. 매년 모로코 에사우이라에서 열리는 음악 페스티벌에서 제공되는 것과 같은 크로스오버 프로젝트들이 가능한 것도 그런 재조정 덕분이다. 그 페스티벌에서는 서양의 재즈 음악가들이 아랍의 그나와Gnawa 음악가들과 함께 연주한다. 모두 각자의 음계로 연주하지만, 조화가 이루어지고, 그 조화는 때때로 매우 흥미롭다.

서양음계가 특권을 누릴 이유가 없음을 보여주는 마지막 예로 재즈와 록의 '블루노트blue note'를 댈 수 있다. 블루노트라고 불리는 독특한 음계에서는 서양의 12음계를 이루는 음이 아닌 음들이 쓰인다. 예컨대 단3도음과 장3도음 사이의 음이 쓰인다. 블루노트는 미국의 흑인 노예들이 그들 고유의 음악과 백인들의 음악을 융합하고 그 결과를 서양악기로 연주하기 시작하면서 발생했다. 블루노트에 쓰이는 대부분의 음들은 대체로 서양음계의 음들과 같아졌지만, 방금 말한 세 번째 음만큼은 동화를 거부하고 잡종의 성격을 유지했다. 100여 년이 지난 오늘날, 그 블루스 3도음은 독일인이 듣기에도 전혀 이국적이지 않다. 적어도 1950년대에 페터 크라우스Peter Kraus가 로큰롤을 독일어로 부른 이후로는 그러하다.

그러므로 자신의 음악적 지평을 세계의 다른 지역으로까지 확장하려는 사람이라면 음악의 음들을 단순한 진동수 비율을 통해 특징지을 수 있다는 생각을 버려야 한다. "서양문화권 바깥에서는 피타고라스의 꿈과 현실이 일치하지 않는다."라고 캘리포니아 샌디에이고 소재 신경과학 연구소의 뇌과학자 겸 음악학자 아니루드 파텔은 말한다. 우리는 이 말을 보충

할 수 있다. 서양문화권에서도 피타고라스의 꿈과 현실은 불완전하게 일치한다. 그러므로 서양음계의 음들이 우리 안에서 어떤 식으로든 조화로운 진동을 일으킨다고 생각할 것이 아니라, 적어도 파텔의 견해에 따르면, 그 음들을 '학습된 소리 범주들'로 간주해야 한다. 아기가 한 언어를 배울 때 처음에는 모든 언어의 발음들을 할 수 있지만 시간이 지나면 점차 모어의 발음들만 잘하게 되는 것과 마찬가지로, 태어날 때 우리는 모든 가능한 음 시스템에 대해 열려 있다. 그러다가 어린 시절의 어느 때에 우리는 하나의 시스템을 선택한다. 그런 다음에는 그 시스템의 음악을 들을 수밖에 없다.

### 절대음감

우선 확실히 밝혀두겠다. 나는 절대음감의 소유자가 아니다. 누군가가 나에게 뜬금없이 음 하나를 들려준다면, 나는 그것이 무슨 음인지 맞히지 못한다. 반면에 누군가가 먼저 기준 음으로 예컨대 C를 들려주고 나서 다른 음을 들려주면, 나는 두 음 사이의 음정을 파악함으로써 나중 음이 무엇인지 맞힐 수 있다. 이런 능력을 일컬어 상대음감이라고 하는데, 상대음감은 음악에 관한 지식도 없고 음악 연습도 안 한 사람이라도 거의 다(정확히 말하면, 약 96퍼센트. 음치amusia에 관한 절

참조-저자) 가지고 있다.

나는 절대음감을 가지고 싶을까? 절대음감이 있으면 편하기는 할 것 같다. 나는 아카펠라 밴드의 단원이다. 그러니까 우리 밴드는 악기 없이 무대에 오르고, 매번 노래를 시작하기 전에 내가 동료들에게 첫 음을 들려주어야 한다. 이를 위해 나는 작은 원반 모양의 조율용 피리를 사용한다. 그 피리는 서양음계의 열두 음을 모두 낼 수 있다. 만약에 내가 그런 피리 없이 즉석에서 E♭음을 내서 E♭장조의 곡을 할 준비를 갖춘다면 훨씬 더 멋있고 편리할 것이다!

요컨대 내가 절대음감에 관한 글을 쓰는 것은 장님이 색깔에 관한 글을 쓰는 것과 같다. 한 음을 듣고 그것이 'C#'임을 즉시 알면 어떤 느낌이 드는지 나는 모른다. 나도 C#를 어떤 도구에도 의지하지 않고 아주 근사하게 낼 수 있다. 그 음이 내가 낼 수 있는 가장 낮은 음과 대충 같다는 것을 알기 때문이다. 그러나 이것은 절대음감이 아니라, 음을 간접적으로 구성하는 기술이다. 더구나 내가 이른 저녁에 맥주를 한두 잔 마셨다면, 나의 최저음은 C#보다 반음으로 2칸 더 떨어져서 B가 될 수도 있다.

많은 이들은 절대음감을 음악적 재능의 극치로 여긴다. 절대음감의 소유자는 말하자면 음악성이라는 케이크 위에 초콜릿 인형을 하나 더 가진 셈이라고 말이다. 모차르트는 당연히 절대음감의 소유자였다!

　그러나 바그너와 차이코프스키는 그렇지 않았고, 오늘날에는 절대음감이 특별한 음악성의 증거라는 생각이 점점 더 힘을 잃어간다. 통상적인 선입견과 달리, 절대음감의 소유자들은 음높이에 대한 감각이 일반인보다 더 섬세하지 않다. 그들은 단지 음을 들으면서 음의 이름을 함께 들을 뿐이다. 일반인에 비해 그들은 그저 다를 뿐, 우월한 것이 아니다.

　첫째로 논할 질문은 이것이다. 왜 절대음감은 드물까? 우리 모두의 귀는 절대적인 음을 듣는다. 속귀의 달팽이관 속 기저막(79쪽 참조)에 붙어 있는 청세포 각각은 특정 진동수에 반응하며 또한 뇌의 청각 중추에 있는 특정 신경세포들과 연결되어 있다. 모든 음 각각이 여러 진동수들의 혼합물이라 하더라도, 우리는 그 부분 진동수들뿐 아니라 특히 기본음을 절대적으로 지각한다.

　빨간 사과를 볼 때 우리는 사과의 색이 '빨간색'이라고 말하기 위해 주머니에서 색상표를 꺼내 사과의 색깔과 비교할 필요가 없다. 우리의 시각은 절대적이다(물론 조명이 시각에 영향을 미쳐 오류를 유발할 수는 있지만). 반면에 상대음감만 지닌 음악가가 한 음을 듣고 그것의 이름을 말하려면, 색상표 대조와 똑같은 일을 해야 한다. 즉, 피아노나 그 밖의 악기로 달려가서 방금 들은 음과 같은 음을 찾아야 한다. 그런 다음에야 비로소 원래 음의 이름을 말할 수 있다.

명금류songbirds(참새아목에 속한 노래하는 새들의 총칭—옮긴이)나 앵무새처럼 '음악적인' 동물들은 상대음감보다 절대음감을 지닌 쪽에 가까운 듯하다. 녀석들은 학습한 멜로디를 부를 때, 그 멜로디를 처음 들었을 때의 음높이 그대로 부른다. 확실한 것은 아니지만, 인간 아기들도 아주 어릴 때는 절대 음높이를 지각하다가 시간이 지나면서 절대 음높이를 무시하고 음들 사이의 상대적 관계를 포착하는 법을 배운다고 판단해도 큰 무리가 없다. 왜 아기는 그런 변화를 겪을까?

절대음감 연구의 선구자 오토 아브라함Otto Abraham은 1901년에 이렇게 썼다.

"음악교육에는 절대음감 발달의 저해 요소들은 전부 다 있고 촉진 요소는 없다시피 하다."

아브라함은 아기가 처음 경험하는 음악은 자장가라는 전제를 출발점으로 삼는다. 아기는 엄마가 부르는 자장가를 듣기도 하고 아빠나 손위 형제가 부르는 자장가를 듣기도 한다. 들을 때마다 음높이가 다르다. 요컨대 우리는 일생의 첫 노래들을 늘 다른 음높이로 듣는다. 그리고 그것들이 같은 노래임을 알아채기 위해서 절대 음높이를 무시하는 법을 배워야 한다!

하지만 오늘날 우리는 아브라함의 시대와는 다른 방식으로 음악을 경험한다. 우리는 음악의 대부분을 엄마나 아빠나 마을 관악대의 라이브 연주로 듣지 않고 녹음된 것을 재생하여 듣는다. 거의 모든 노래에는 원곡이 있고, 원곡은 항상 음높이가 동일하다(여러 번 리메이크된 노래, 즉 여러 음악가가 다양한 음높이로 녹음한 노래는 예외다. 예컨대 재즈 스탠더드곡들Jazz standards이 그렇다). 그리고 놀랍게도 요새 사람들은 애창곡을 불러달라는 요청을 받으면 음악에 생판 문외한인 사람조차도 원곡과 대단히 정확하게 일치하는 음높이로 부른다. 대니얼 레비틴은 이 사실을 보여줄 수 있었다(212쪽 참조). 그런 사람들이 "C#를 발성해보세요!"라는 요청도 충족시킬 리는 없을 것이다. 일단 많은 이들은 C#가 무엇인지도 모르니까 말이다. 요컨대 그들은 음에 대한 절대감각의 소유자는 아니지만, 노래와 멜로디 전체에 대해서는 절대음감과 맞먹는 능력을 지닌 것이다.

왜 우리가 상대음감을 지녔는가에 대한 또 다른 설명이 있는데, 나는 이 설명이 더 설득력 있다고 본다. 이 설명은 언어를 기초로 삼는다. 말하기 시작하는 아기는 이래저래 배울 것이 많지만, 시작 단계에서부터 배워야 할 가장 중요한 것은 아마 "음높이는 상관없어!"일 것이다. 동일한 단어를 어머니는 아버지보다 더 높은 음으로 발음할 수도 있겠지만, 동일한 단어는 동일한 단어다. 모음 "아"에서 중요한 것은 절대 음높이가 아니라 음색, 즉 배음들의 조성이다. 그 음색이 "아"와

"오"를 구분 짓는다.

이미 언급했지만 여러 아시아 언어에서는 음높이가 의미의 차이를 만들어낸다. 어떤 단어는 네 가지 음높이로 발음하면 네 가지 대상을 나타낸다. 이 언어들에서 음높이가 중요하다는 사실은 아시아인 중에 절대음감 소유자의 비율이 유럽인에 비해 높은 이유일 수 있다.

얼마나 많은 사람이 절대음감을 가졌을까? 흔히 5000명에서 1만 명 중에 하나라는 말을 듣게 되지만, 그런 말은 과학적으로 입증된 것이 아니다. 또한 절대음감의 의미는 꽤 상대적이다. 절대음감 소유자로 분류되는 사람들 중 다수는 음을 듣고 맞히는 시험에서 고작 70퍼센트의 정답률을 기록한다. 그들은 피아노의 흰건반에 대응하는 음, 그중에서도 중간 음높이의 음을 특히 잘 맞힌다. 절대음감 소유자가 늙으면, 정답률은 감소한다. 왜냐하면 귀 속의 기저막에 변화가 일어나 음은 과거와 다른 청세포를 자극하는데 청세포와 뇌 사이의 연결은 과거와 마찬가지이기 때문이다.

거꾸로 자신은 절대음감 소유자가 아니라고 말하는 유능한 음악가들은 흔히 음 이름 맞히기를 놀랄 만큼 잘한다. 물론 평가 기준에 따라 잘못한다고 할 수도 있겠지만, 아무튼 되는 대로 추측할 때보다는 더 잘 맞힌다. 정답률이 최고 40퍼센트에 달했다는 보고가 있다.

비음악가의 절대음감에 관한 연구는 놀랄 만큼 적다. 음을 듣고 그 이름을 옳게 대려면 우선 음들의 이름을 알아야 하는 데, 인구의 과반수는 음들의 이름을 모른다. 그런 사람들을 대상으로는 음을 재인지하는 능력만 평가할 수 있다. 우선 그들에게 예컨대 멜로디 하나를 들려준다. 그런 다음에 한동안 다른 음악을 들려주어 그들의 청각 인상을 흐려놓는다. 그 후에 그들에게 원래의 멜로디를 다시 들려주고, 이번 멜로디와 원래 멜로디의 첫 음이 같은지 여부를 말하게 한다. 그러나 이런 실험도 너무 적게 이루어졌기 때문에, 통계적으로 유의미한 진술을 할 수 없다.

마지막으로 절대음감도 어느 정도까지는 학습 가능한 것으로 보인다. 절대음감 소유자들의 뇌 구조에서 틀림없이 유전적이라고 판단되는 특징들이 발견되기도 했지만, 아이들에게서 명백한 학습 효과가 나타난 경우들도 있다.

스즈키 교육법(이론 교육은 거의 없고 정확하게 듣는 것에 중점을 두는 음악교육 방법)은 절대음감을 지닌 아이의 비율을 경우에 따라 50퍼센트까지 끌어올린다. 하지만 다른 음악적 재능들과 달리 절대음감에는 비교적 확고한 한계가 있는 듯하다. 만 6세 이상의 아이가 학습을 통해 절대음감을 터득했다는 보고는 거의 없다. 1997년에 프랑스 과학자들이 유치원생과 9학년생(우리나라 중학교 3학년생—옮긴이) 각각 12명에게

6주 동안 특정한 음 하나를 가르쳐서 발성할 수 있게 만드는 실험을 했다. 처음에는 유치원생들이 청소년들보다 평균적으로 더 큰 음정 오류를 범했지만, 결국 실험을 마칠 때 보니, 유치원생들의 평균 오류는 반음 1개인 반면에 청소년들은 교육의 효과가 거의 없어서 평균 오류가 여전히 반음 3개였다. 절대음감에는 정말로 정해진 시간 범위가 있어서, 그 범위를 벗어나면 절대음감을 제대로 배울 수 없는 것 같다. 마치 공간 시각과 완벽한 언어 발음에 그런 시간 범위가 있는 것처럼 말이다.

그런데 절대음감 소유자의 삶은 뭐가 어떻게 다를까? 이미 말했듯이 나는 나 자신의 경험에 기초해서 대답할 자격이 없으므로 절대음감 소유자들의 이야기에 의지할 수밖에 없다. 절대음감 소유자는 예컨대 거리에서 자동차가 울리는 경적의 음높이를 알아맞힐 수 있다. 그게 무슨 소용이냐고, 절대음감은 영 쓸모없는 능력이라고 생각하는 분도 있을 성싶다. 하지만 고속도로에서 타이어 소음을 듣고 자동차의 속력을 꽤 정확하게 맞힐 수 있다면 어떨까? 이 정도면 절대음감을 실용적인 능력으로 인정해야 할 것이다. 반면에 음악을 들을 때는 절대음감이 방해가 될 때가 많다. 요새는 전자 악기를 주로 쓰는 거의 모든 밴드뿐 아니라 거의 모든 오케스트라도 진동수가 440헤르츠인 '표준음 A'를 기준으로 악기를 조율한다.

그러나 몇몇 오케스트라는 때때로 악기를 다르게 조율하여 연주한다. 특히 비교적 오래된 작품들을 연주할 때 그럴 경우가 있다. 그러면 절대음감 소유자에게는 음악이 거슬리게, 또는 적어도 이상하게 들릴 수 있다. 절대음감 소유자는 정상 음높이보다 반음 낮게 조율한 피아노(일부 오래된 피아노는 현의 장력을 견뎌낼 수 없기 때문에 이렇게 조율해야 한다) 앞에서 완전히 혼란에 빠질 수 있다. 눈으로 A 건반을 보면서 누르는데, Ab음이 들리니까 말이다. 이런 혼란이 발생하면 뇌에서 시각과 청각 사이의 변환이 원활하게 이루어지지 않기 때문에, 연주를 전혀 못하게 되는 경우가 많다.

마지막으로, 절대음감 때문에 음악을 즐기지 못할 수도 있다. 어느 절대음감 소유자가 이렇게 말했다고 한다.

"나는 멜로디를 듣는 것이 아니라 지나가는 음 이름들을 듣는다."

실상이 이러하다면, 나는 절대음감 소유자가 전혀 부럽지 않다.


뉴런을 위한 멜로디

지금까지 우리가 주로 다룬 것은 뇌가 식별하고 음계에 배치하는 개별 음, 그리고 두 음 사이의 간격, 곧 음정이었다.

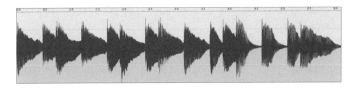

피아노

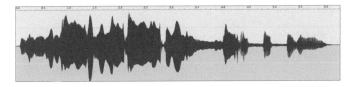

노래

음이 세 개 이상이 되면, 멜로디를 이야기할 수 있다. 멜로디를 인지하려면 개별 음을 인지할 때보다 훨씬 더 고등한 능력들이 필요하다.

우선 멜로디를 이루는 음들을 전체 소리에서 추출해내야 하는데, 이것부터가 전혀 사소한 작업이 아니다. 기술적인 기준으로 따지면 전혀 다른 두 소리 신호가 동일한 멜로디를 담고 있을 수 있다. 위의 그림은 두 가지 음향 파일을 나타낸다. 한 파일은 애니메이션 〈라이언 킹〉에 삽입된 노래 〈오늘 밤 사자는 잠자네The Lion Sleeps Tonight〉의 도입부(가사가 "위이이이이-이이이이이-이오-맘-마-웨이"인 부분)를 전자 피아노로 연주한 것이고, 다른 파일은 노래로 부른 것이다(내가 부른 것인데, 독자들이 들을 수 없어서 기쁘다).

얼핏 보면 두 파형에서 공통점을 거의 발견할 수 없다. 피아노 연주는 명확히 구분되는 음 15개로 이루어진 반면, 노래의 파형에서는 마치 산악 지형처럼 몇 개의 음은 분명하게 나타나지만 다른 음들은 구분 없이 융합되어 있다. 두 파형을 다시 자세히 살펴보면 악센트들의 일치가 비로소 포착된다. 그러나 그 이상의 공통점은 발견되지 않는다.

그러나 두 음향을 듣는 사람은 금세 이렇게 말한다.

"아하, 알겠어. 똑같은 멜로디로군!"

멜로디를 악기로 연주하든 노래로 부르든 상관없다. 더 나아가 음높이도 상관없다. 예컨대 노래를 아이가 부르든 성인 남성이 부르든, 우리는 똑같은 멜로디를 인지한다. 연주 속도가 빠르거나 느려도 마찬가지다. 우리의 청각은 소리파동에서 '멜로디'라는 음악적 요소를 추출하고 나머지 속성들—예컨대 음높이, 음색, 빠르기—은 무시할 수 있는 듯하다.

인간이 지닌 어떤 능력을 컴퓨터가 모방하기 어렵다면, 그 능력은 아주 특별하다고 인정할 만하다. 컴퓨터는 소리 신호를 훌륭하게 처리한다. 어느새 거의 모든 음악은 디지털 녹음과 가공을 거쳐 저장매체에 수록된다. 그러나 멜로디를 인지하는 장치는 이제야 개발되는 중이다. 나는 휴대전화기에 작은 프로그램 하나를 설치했는데, 그 프로그램은 사람이 부르는 노래를 듣고 데이터뱅크를 검색하여 그 노래가 무슨 노래인지 알아맞힌다. 실제로 실행해보면, 주로 오답을 내놓지만 가끔은 정답을 맞히는데, 이것만 해도 기적에 가깝다. 단성 음악의 멜로디를 인지하는 것만 해도 이렇게 어렵다. 다성 음악을 듣고 개별 멜로디들을 추출하는 장치는 아직 실험 단계에 머물러 있다.

## 음색

"밤 빰 빰, 바 밤 빠밤…" 딥 퍼플Deep Purple의 히트곡 〈물 위에 연기Smoke on the Water〉의 도입부에서 '파워 코드들'이 내는 소리를 아시는가. 한 번 들으면 잊을 수 없는, 2초만 들으면 누구나 알아채는 그 악구를 당신이 안다면, 아마 지금 당신의 머릿속에서는 벌써 그 히트곡이 연주되기 시작했을 것이다. 그 곡은 (레드 제플린Led Zeppelin의 〈천국으로 가는 계단Stairway

 Smoke on the Water

《머신 헤드Machine Head》, 1972
1970년대 하드록의 전성기를 연 〈물 위에 연기 Smoke on the Water〉가 수록된 딥 퍼플의 7집 앨범. 〈물 위에 연기〉의 그 유명한 도입부 리프는 단순하지만 강력하다.

to Heaven〉과 함께) 악기점에서 기타를 고를 때 시험용으로 치지 말아야 할 곡에 속한다. 그 곡을 치면, 악기점 주인이 미심쩍은 눈초리를 보내기 십상이다("완전 초보로군!"). 〈물 위에 연기〉의 '리프riff'(2-4마디로 된 짧은 악구의 반복—옮긴이)는 전기 기타로 연주할 수 있는 가장 간단한 악구에 속한다. 물론 딥 퍼플의 기타리스트 리치 블랙모어Richie Blackmore는 대부분의 초보자가 이 악구를 틀리게 연주한다는 점을 애써 강조하지만 말이다.

그 단순한 도입부는 왜 이토록 매력적일까? 전통적인 음악의 요소들로는 설명할 길이 없다. 음들은 아주 단순하다. 얼핏 보면 (몽트뢰 카지노에서 프랭크 자파Frank Zappa의 콘서트가 열렸을 때 발생한 화재를 다룬) 그 히트곡 자체가 특별할 것이 없다. "'물 위에 연기, 하늘에 불' 하는 식의 가사는 사실 대중을 열광시키기에 부적합하게 보인다."라고 오스트리아 음악학자 한네스 라파제더Hannes Raffaseder는 말한다.

우리의 기억에 각인된 것은 딥 퍼플의 사운드다. 그런데 '사운드sound'라는 것이 도대체 무엇일까? 이런 의미의 사운드에 해당하는 단어는 독일어에 없지만 그나마 'Klangfarbe'(한국어로는 '음색', 영어로는 'timbre')가 가장 적합한 번역어일 것이다. 과학자들은 음색을 정의하는 데 애를 먹는다. 통상적인 정의에 따르면, 음색은 '소리의 측면 가운데, 한 소리를 음높이와 길이와 크기가 같은 다른 소리들과 구분해주는 측면'이다. 이 정의는 당연히 불만족스럽다. 단지 음색이 무엇이 아닌지만 말해주는 부정적인 정의이기 때문이다. 그러나 과학은 긍정적인 정의를 제시하지 못한다.

눈으로 보는 색깔을 묘사할 때와 달리 음색을 묘사할 때 우리가 사용할 수 있는 어휘는 매우 제한적이고 모호하다. 흔히 우리는 음색을 다른 감각에 빗대어 묘사한다. 소리가 '딱딱하다', '부드럽다', '날카롭다' 하는 식으로 말이다. 음향학에서 음색을 표현하는 개념으로는 '둔탁하다muffled'와 '예리하다sharp'가 있다. 더 세밀한 묘사를 시도하려면 어휘의 부족 때문에 어쩔 수 없이 비유에 의지하여 '마치 … 같은 소리'라는 식으로 표현할 수밖에 없다.

20세기 이전의 작곡가들은 음색을 거의 신경 쓰지 않았다. 그들이 작성한 악보를 보면, 음높이, 빠르기, 소리의 크기에 대해서는 아주 상세한 지시가 등장한다. 반면에 음색은 주로 악기 선택을 통해 결정되었고, 때로는 연주 방법에 관한 특별한 지시를 통해서도 규정되었을 것이다. 예컨대 바이올린은 활을 현의 어느 부분에 대느냐에 따라 음색이 사뭇 달라진다. 그러나 음색과 관련해서 우리의 청각은 튜바 소리와 피콜로 소리를 구분하는 것보다 훨씬 더 많은 일을 할 수 있다.

〈물 위에 연기〉의 악보에는 아마도 이런 고전적인 지시가

들어 있을 수도 있겠다. "뒤틀린distorted 기타 소리에 이어 전자 오르간 가세." 그러나 이 지시는 사운드를 알려주지 못한다. 모든 록 밴드는 뒤틀린 기타 소리를 내고, 모든 음에 앞서서 '딸깍' 하는 거친 소음이 들어가는 독특한 전자 오르간 사운드도 많은 록 밴드에 의해 사용된다. 그럼에도 우리는 딥 퍼플의 원본 연주를 금세 알아챈다. 우리는 언어로 구분할 수 있는 수준보다 훨씬 더 섬세하게 음색을 구분하는 듯하다.

20세기에 들어서 작곡가들은 음색에 더 많은 관심을 기울이기 시작했다. 아르놀트 쇤베르크Arnold Schönberg는 '음색멜로디Klangfarbenmelodie'라는 개념을 창안했다. 그는 음색의 체계적 분류를 추구했다.

"음색들 사이의 관계는 일종의 논리에 따라 힘을 발휘하는데, 그 논리는 음높이 멜로디에서 우리를 만족시키는 논리와 완전히 대등하다."

주로 음색을 통해 감동을 일으키는 작품의 예로 가장 잘 알려진 것은 아마 모리스 라벨Maurice Ravel의 〈볼레로Boléro〉일 것이다. 이 작품의 주제는 두 부분으로 이루어졌으며 사실상 변화 없이 18가지 악기 편성으로 반복 연주된다(라벨이 음색에 빠져든 것은 그가 어떤 신경학적 질환으로 음악적인 청각을 잃은 것과 관련이 있다. 182쪽 참조). 오스트레일리아 원주민의 악기 디제리두didgeridoo도 음색멜로디를 만들어낸다. 그 악기는 단

음악 본능

하나의 음을 내지만, 그 음색이 다채롭게 변화한다.

이미 설명했듯이 음색, 곧 음의 '색깔'은 배음들에 의해 결정된다. 즉, 음에 포함된 기본 진동수 이외의 진동수들에 의해 결정된다. 기본음은 매끈한 사인곡선에 대응하지만, 배음들이 추가된 전체 음은 다소 삐죽삐죽한 파형을 지닌다. 그리고 우리의 청각은 그 삐죽삐죽한 파형을 엄청나게 섬세하게 포착한다.

예컨대 클라리넷의 소리 스펙트럼에서는 주로 홀수 번째 배음(즉, 짝수 번째 부분음)이 두드러진다. 다시 말해 진동수가 기본 진동수의 2배, 4배, 6배, 8배 등인 배음들이 스펙트럼을 주도한다. 반면에 트럼펫에서는 모든 배음이 대체로 동등하게 두드러진다. 트럼펫 소리와 클라리넷 소리의 차이는 이처럼 클라리넷 소리에 '누락된' 배음들이 있는 것에 거의 전적으로 기인한다.

이뿐만 아니라 기본음과 어울리지 않는 추가음, 바꿔 말해서 기본 진동수의 정수배가 아닌 추가 진동수들도 있다. 예컨대 금관악기를 잘못 불어서 '헛바람 소리'가 날 때, 그런 추가음들을 분명하게 들을 수 있다. 또는 마림바marimba를 비롯한 타악기에서도 추가음을 쉽게 들을 수 있다. 타악기의 소리는 '거슬리는' 추가음을 많이 포함할수록 더 타악기답다.

그러나 배음이 음에 관한 모든 것을 결정하는 것은 아니다.

음은 어느 악기가 내는 음이냐에 따라서 특징적인 '포락선 envelope'(복잡한 곡선이나 곡선 집합의 대략적인 윤곽에 해당하는 곡선―옮긴이)을 가진다. 다시 말해 각각의 음은 독특한 방식으로 시작되고 일정한 시간 동안 유지되고 고유한 방식으로 사그라진다. 예컨대 현을 비벼서 내는 바이올린 음은 현을 해머로 때려서 내는 피아노 음처럼 갑자기 시작될 수 없다. 실제로 바이올린의 현을 활로 비비는 대신에 손가락으로 잡아뜯으면('피치카토' 주법) 진동수는 동일하더라도 사뭇 다른 소리가 난다. 프랑스 작곡가 피에르 셰페르Pierre Schaeffer는 1950

첼로 소리. 단순한 포락선을 가진다. 음이 부드럽게 시작되어 일정하게 유지된다.

기타 소리. 맨 처음에 현이 튕겨질 때 나는 소리가 기타의 특징인데, 그 부분을 빼면 거의 목관악기 같은 소리가 난다.

스타인웨이 그랜드피아노 소리. 맨 처음에 해머가 현을 때릴 때 나는 소리를 빼면, 나머지 소리가 일정하게 유지되어 마치 현악기 소리처럼 들린다.

음악 본능

년대에 음의 포락선과 관련이 있는 실험을 했다. 그는 다양한 악기가 내는 음들을 녹음한 다음에 음의 시초(이른바 '어택 attack') 부분을 떼어내고 일정하게 유지되는 부분만 남겨서 피실험자들에게 들려주었다. 그러자 피실험자들은 어떤 악기의 음인지를 곧바로 알아맞히지 못했다. 나는 그런 '잘라낸' 음 몇 개를 인터넷에 올려놓았는데, 앞 페이지의 QR 코드를 통해서도 들을 수 있다.

오늘날에는 모든 자연적인 악기의 소리를 전자공학 기술로 흉내 낼 수 있다. 1960년대와 1970년대에 개발된 신시사이저 synthesizer는 새롭고 낯선 음을 창조하기 위한 장치일 뿐 아니라 '진짜' 악기를 모방하기 위한 장치이기도 했다. 처음에 사람들은 악기의 음을 모방하기 위해서 정말로 단순한 기본 파형들을 합성했다. 즉, 어울리는 진동수들을 하나씩 차례로 추가하는 방법을 채택했다. 그 결과는 때로는 대성공이었고 때로는 대실패였다. 예컨대 오르간이나 현악합주는 비교적 쉽게 또한 감쪽같이 모방되었다. 이 악기들의 음은 잘 정의된 배음들로 구성되었고 (특히 음의 길이가 길 때에는) 아주 단순한 포락선을 지녔다.

반면에 관악기, 예컨대 '지저분한' 추가 진동수들을 동반한 색소폰 소리만 해도 합성하기가 더 어렵다. 더구나 아주 복잡한 포락선을 지닌 기타나 피아노의 소리는 합성을 통해 감쪽

같이 재현하기가 거의 불가능하다. 그래서 최신 키보드를 제작할 때는 '샘플링sampling'이라는 또 다른 기술이 쓰인다. 즉, 키보드의 개별 건반을 누르면 녹음해둔 진짜 악기의 음이 재생되도록 만든다. 지금은 예컨대 스타인웨이부터 뵈젠도르퍼까지 모든 고급 피아노의 음을 샘플링을 통해 재현한 인공 음으로 구할 수 있다. 일반인은 컴퓨터 자판으로 연주하는 그런 인공 음과 진짜 악기의 음을 구별하지 못한다.

그러나 샘플링 기술로도 재현하기 어려운 마지막 보루가 있으니, 그것은 인간의 목소리다. 멜로디와 가사를 입력하고 예컨대 '프랭크 시나트라Frank Sinatra'를 클릭해서 그 가수가 생전에 한 번도 부른 적 없는 노래를 그의 음성으로 들을 수 있다면 얼마나 좋겠는가. 그러나 이런 멋진 꿈은 몇 년이 더 지나야지만 실현될 것이다.

다양한 악기들의 소리를 구분하는 것은 어린아이도 완벽하게 해낼 수 있는, 비교적 쉬운 과제이다. 우리의 능력은 그 수준을 능가한다. 훈련된 청각을 지닌 전문가들은 스트라디바리우스 바이올린과 과르네리 바이올린, 현대의 대량생산 바이올린을 소리로 구분할 수 있다. 전문가뿐 아니라 모든 일반인도 아주 대단한 능력을 지녔다. 우리는 베이스기타, 타악기, 기타 두 대, 보컬로 이루어졌으며 음반을 낸 밴드를 수백 팀 안다. 그런데도 비틀스가 연주한 곡을 들으면, 설령 그것이 처음 들어보는 곡일지라도, 대번에 안다.

"비틀스로군. 확실해!"

1960년대에 활동한 가상의 밴드를 다룬 텔레비전 영화 〈러틀스The Rutles〉(몬티 파이턴Monty Python 코미디 그룹의 멤버 에릭 아이들Eric Idle이 감독과 주연을 맡았다)는 그 시절에 나온 비틀스의 영화뿐 아니라 음악도 패러디한다. 이 영화에서 음악이 나올 때 코드를 3개 정도만 들으면, 시청자는 해당 장면이 누구를 희화화하는지 알아챈다.

이런 능력을 발휘할 때 우리의 청각이 해내는 일을 다시 한번 명확히 해둘 필요가 있다. 청각은 소리반죽에서 최소한 일곱 가지 음원(악기 4대와 보컬 3명)이 내는 소리들을 식별한다. 최소한이라는 단서를 붙인 이유는, 기타 한 대만 해도 다성 악기인 데다가 밴드 전체의 사운드는 개별 악기 소리들과 목소리들의 합 그 이상이기 때문이다.

오늘날에는 개인용 컴퓨터로 음악을 생산할 수 있다. 진짜 악기 소리들을 녹음하고 합성해서 컴퓨터로 연주하고 그러면서 직접 노래까지 부를 수 있다. 이런 작업을 해본 많은 아마추어 음악가는 자신의 결과물이 전문가가 제작한 CD와 사뭇 다르다는 점에 놀란다. 아마추어가 제작한 음원은 대개 어딘가 어설프고 싸구려 티가 난다. 흠잡을 데가 없는 연주와 노래를 녹음하더라도 그렇다.

왜 그럴까? 녹음 사운드를 창조하는 것 자체가 대단한 기술이기 때문이다. 녹음에 참여하는 모든 음악가가 자신의 흔적을 취입하고 나면—현대 팝 음악 녹음에서는 그런 흔적이 50개에 달하는 일이 쉽게 있을 수 있다—프로듀서의 창조적 작업이 시작된다. 어떤 흔적도 원래대로 유지되지 않는다. 잔향과 반향 등의 효과가 덧씌워진다. 부정확한 음들은 '오토튠auto tune'을 통해 다듬어진다(이런 작업 덕분에 일부 가수들은 라이브 공연 능력이 부족하면서도 비싼 출연료를 챙긴다). 이른바 '컴프레서compressor'는 곳에 따라 들쭉날쭉한 음량을 고르게 조정한다. 특히 팝 음악 녹음에서는 음량 조절이 과감하게 이루어진다. 그리고 마지막으로 '마스터링mastering' 작업이 이루어진다. 이것은 처리를 거친 흔적들을 모아놓고 다시 한 번 필터와 컴프레서를 적용하는 작업인데, 이 과정에서 전체적인 사운드가 근본적으로 달라질 수 있다. 마스터링 스튜디오는 진정한 의미의 녹음과는 무관함에도 불구하고 이런 식으로 사운드를 고급화하는 대가로 상당한 수수료를 받는다.

왜 우리는 이토록 많은 음색을 구분할 수 있을까? 아마도 대답은 음악이 아니라 언어에 있을 것이다. 당신이 얼마나 많은 사람의 목소리를 알아채는지 생각해보라. 최소한 100명은 넘을 것이다. 그중에는 어린이, 여자, 목소리가 가는 남자와 굵은 남자가 있다. 또한 우리는 목소리의 음높이가 똑같은 사람들도 구분할 수 있다. 더구나 그들과 직접 대화하지 않아도, 즉 그들이 멀찌감치 떨어진 곳에서 다른 사람과 대화하거나 우리와 전화로 대화할 때에도, 따라서 그들 목소리에서 상당히 큰 진동수 범위가 제거되더라도, 우리는 그들의 목소리를 식별할 수 있다. 익숙한 사람과 낯선 사람, 친구와 적을 목소리로 구분하는 것은 우리 조상들에게 중요한 능력이었을 것이다. 그리고 그 구분은 목소리의 특징적인 '사운드'를 알아챔으로써만 가능하다.

## 리듬의 노예

고전음악 연주회의 청중은 엄격한 예절을 지켜야 한다. 객석 바닥에 확실히 고정된 의자에 앉아서 최대한 가만히 있어야 한다. 언제 자신의 의사를 표현해도 되는지에 관한 규칙들도 있다. 즉, 청중은 한 곡의 연주가 끝났을 때만 가능하면 박수로 자신의 의사를 표현해야 한다. 교향곡의 악장 하나가 끝났을 때는 박수를 치면 안 되는데, 초짜 관객은 이 규칙을 늘 위반하곤 한다. 바이올린 독주자가 현란한 카덴차를 마치는 순간, 불쑥 "브라보!" 하고 외쳐도 될까? 감동한 나머지 의자에서 벌떡 일어나 박자에 맞춰 몸을 흔들어도 될까? 그러면 연주회를 음향적으로 방해할 뿐 아니라(방송사가 연주회를 녹음한다면 편집 과정에서 이런 부분들을 잘라낼 것이다) 예절에도 어긋날 것이다.

음악학자 대니얼 레비틴은 2007년 10월에 〈뉴욕 타임스〉에 게재한 기고문에서, 가만히 앉아서 음악을 감상해야 한다는 통념을 비판했다. "음악이 우리의 몸을 움직이는 것까지 허용한다면, 음악은 우리의 뇌에게 더 만족스러운 경험이 될 수 있다."고 레비틴은 썼다. "오케스트라가 라벨의 〈볼레로〉를 연주할 때, 우리는 좌석에서 일어나 춤추면서 감동을 표현하고 싶어진다. 일어서고, 앉고, 소리를 지르고, 모든 것을 표출하고 싶어진다. 혹시 링컨 센터가 개보수를 계획하고 있다면, 나는 이렇게 조언하겠다. 좌석 몇 개를 없애고 청중에게 움직일 공간을 제공하라!"

이 같은 연주회 예절에 대한 공격은 당연히 반발을 불러왔다. 아마도 교양 있는 중산층인 듯한 어느 독자는 이렇게 썼다.

"고전음악 연주회에서 춤을 춘다는 생각은 파괴적이다. 사티로스처럼 발을 구르고 바쿠스처럼 괴성을 지르는 사람 곁에서 어떻게 음악을 들을 수 있겠는가. 아이들은 집과 학교에서 녹음된 음악을 틀어놓고 즐겁게 춤출 수 있다. 나는 〈라보엠La Bohème〉 공연에서 내 뒷좌석의 아이가 내 등받이를 발로 차는 상황을 감내하느니 차라리 200달러라도 기꺼이 지불해서 고요한 객석을 얻겠다."

그러나 열정적인 동의도 있었다. 심지어 음악가들도 공감했다. 유명한 루체른 페스티벌 오케스트라의 어느 바이올린 연주자는 이렇게 썼다.

"나는 고전음악 연주회가 불편해서 거의 가지 않는다. 반면에 내가 무대 위에서 연주를 할 때는 아주 즐겁다. 왜냐하면 그때는 내 악기와 동료 음악가들과 함께 춤을 출 수 있기 때문이다. 객석 몇 개를 뜯어내고 한쪽 구석에 바를 차려라. 그러면 나도 고전음악 연주회에 청중으로서 즐겁게 참여할 것이다."

레비틴의 제안은 아마 반쯤만 진심이었을 테고 실현될 가능성이 낮아 보인다. 실제로 일부 음악은 외적인 자극에 방해받지 않고 명상하듯이 즐기는 것이 가장 좋다. 그러나 음악과 운동을 완전히 분리하는 것, 운동을 불가능하게 만드는 것은 유럽 문화의 기형적인 발전 방향이다. 음악은 리듬, 리듬은 운동이다. 지구 상의 다른 나라들에서는 아무도 이 사실을 의심하지 않는다. 음악과 운동의 결합은 그저 문화의 산물이 아니라 우리의 뇌 회로에 새겨져 있다.

듣기와 움직이기는 아주 밀접하게 연결되어 있어서, 아프리카를 비롯한 여러 문화권에서는 동일한 단어가 음악과 리듬과 춤을 모두 가리킨다. 그러나 많은 서양인들을 보면, 그들이 술에 취해 자제심을 내려놓고 음악에 맞춰 자연스럽게 몸을 흔들 수 있을 때만 음악과 운동의 연결이 드러난다. 참으로 안쓰럽다. 울름의 신경과학자 만프레드 슈피처Manfred Spitzer는 이렇게 말한다.

"그래서 여기 독일에서는 (남극에 얼음 장수가 없듯이 아프리카에는 없을 가능성이 높은) 춤 치료사의 활동 범위가 넓다. 이에 대한 과학적 연구는 앞으로 더 발전할 필요가 있다."

◇◇◇◇◇◇

나는 손가락으로 탁자의 상판을 최대한 규칙적으로 두드리면서 생겨나는 소음을 녹음하는 실험을 했다. 처음에는 스크린 상에서 커서가 일정한 간격으로 기준점들이 표시된 직선을 따라 일정한 속도로 움직이게 만들어놓고 스크린을 보면서 커서가 기준점에 도달하는 순간마다 손가락을 두드렸다. 그 다음에는 ("틱, 틱, 틱, 틱.") 소리가 나는 메트로놈을 작동시켜놓고 그 소리에 맞춰 손가락을 두드렸다. 두 경우 모두 내가 정한 빠르기는 분당 120박, 즉 초당 2박이었다. 이것은 팝송의 표준 빠르기라 할 수 있으며 우리의 리듬감과 아주잘 맞는다. 나는 실험 결과로 소리파동 다이어그램을 얻었다. 다이어그램에 나타난 파형은 손가락이 책상에 닿은 순간마다 삐죽하게 돌출했고, 나는 그 파형을 박자 패턴과 상세히 비교

음악 본능

할 수 있었다.

비교 결과는 이러했다. 시각적 '박자 알림 장치'에만 의지한 첫 시도에서는 나의 손가락 동작이 기준 패턴과 그리 잘 일치하지 않았다. 손가락 동작이 때로는 너무 빠르고 때로는 너무 느렸는데, 최대 오차는 약 100분의 3초였다. 이 정도면 아주 작은 오차처럼 보이지만, 실제로 손가락 박자를 들어보면 상당히 불규칙적이라는 것이 느껴진다. 이 정도의 오차를 동반한 메트로놈에 맞춰서 연주를 하라고 하면 음악가들은 못하겠다고 항의할 것이다.

반면에 청각적 메트로놈에 의지한 둘째 시도에서는 최대 오차가 겨우 100분의 1초였다. 게다가 모든 두드림에서 거의 같은 오차가 발생했다. 매번 손가락 동작이 기준보다 약간 느렸다. 이 오차의 대부분은 메트로놈의 스피커에서 나온 소리가 내 귀에 도달할 때까지 거쳐야 하는 거리만 가지고도 설명할 수 있을 텐데, 아무튼 중요한 것은 나의 손가락이 완벽하게 규칙적인 리듬을 산출했다는 점이다. 그 리듬과 전자 장치로 만들어낸 리듬을 청각으로 구별할 수 있는 사람은 없다.

요컨대 이 실험에서 얻을 수 있는 첫째 결론은 이것이다. 우리의 신체 동작(이 경우에 손가락 동작)을 시각 신호에 맞추기보다 청각 신호에 맞추기가 우리에게는 더 쉬운 과제인 것이 분명하다.

이어서 나는 또 다른 실험을 했다. 첫째 실험에서와 마찬가지로 한 번은 시각 신호에 맞춰서 박자를 두드리고 또 한 번은 청각 신호에 맞춰서 그렇게 했다. 하지만 이번에는 16박까지 두드린 후 박자 알림 장치를 끄고 그 다음에는 나의 '내면의' 박자에만 의지해서 계속 두드렸다. 두 시도 모두에서 꽤 규칙적인 박자가 산출되었지만, 시각 신호에 의지한 첫 시도에서는 장치를 끄기 전과 후가 사뭇 달랐다. 장치를 끈 다음에 나는 분당 약 125박을 두드렸다. 반면에 청각 신호에 의지한 둘째 시도에서는 장치를 끈 다음에 나는 약간만 더 빨라져서 분당 약 120.5박을 두드렸다. 겨우 0.4퍼센트의 오차가 발생한 것이다(내가 더 빨라진 것은 우연이 아니다. 음악가가 예컨대 독주를 해야 하기 때문에 긴장하면 더 느려지지 않고 더 빨라지는 경향이 있다).

이 결과에서 다음과 같은 둘째 결론을 얻을 수 있다. 우리의 뇌는 규칙적인 청각 신호에 '동조'하여 그 박자를 아주 정확하게 내면화할 수 있는 것이 분명하다. 시각 신호가 주어질 때는 이런 동조와 내면화가 이루어지더라도 훨씬 더 부정확하게 이루어진다. 따라서 우리의 청각과 운동 장치 사이에는 모종의 직접 연결이 존재하는 듯하다. "이 음악은 다리로 스며든다."는 독일어 표현은 일리가 있다.

한마디 덧붙이자면, 나는 타악기 연주 솜씨가 변변치 않다.

　　　　　　　　　　음악 본능

내가 위의 실험을 이야기한 것은 나의 음악적 리듬감을 증명하기 위해서가 아니다. 실제로 이런 능력은 음악에 문외한인 사람을 포함해서 누구나 가지고 있다(이 대목에서도 보충설명이 필요하다. 리듬감이 전혀 없는 사람들도 있다. 이른바 리듬감 장애auditory arrhythmia를 지닌 극소수의 사람들이 그러하다. ─저자). 당신 스스로 확인해보라. 이 책의 웹사이트(http://www.droesser.net/droesser_musik/hoeren.php)에서 깜박이는 점을 통해 리듬을 알려주는 동영상과 똑같은 리듬을 소리로 알려주는 음향 파일을 열어볼 수 있다. 어느 리듬을 타기가 더 쉬운지 직접 실험해보라!

이와 비슷한 실험들이 과학 연구에서도 이루어졌다. 취리히 대학 신경심리학 연구소의 루츠 엥케Lutz Jäncke는 실험실에서 이런 (내가 한 것과 사실상 같은) 실험을 하면서 피실험자의 뇌를 스캔했다. 그의 실험에서 시각 자극을 줄 때의 박자 오차는 청각 자극을 줄 때의 오차보다 대략 6배나 컸다. 또한 뇌영상에서 다음과 같은 사실을 알 수 있었다. 우리가 시각 자극을 받으면, 주로 뇌의 시각피질, 즉 시각 정보를 처리하는 부위가 활성화되는데, 이것은 시각 자극 장치를 끈 다음에도 마찬가지였다. 뇌는 계속해서 시각 자극을 상상하면서 그 상상의 자극을 운동으로 변환해야 했다. 반면에 청각 자극 장치를 끄면, 청각 중추의 활성화 없이 곧바로 피질의 운동 중추가 활성화되었다. 운동 중추의 활성화는 청각 자극이 있건 없건 상관없이 일어났다. 따라서 연구자들은 운동 중추가 어떻게 활성화되고 계속 '리듬을 타는지'를 생생하게 관찰할 수 있었다(이런 실험에서 촬영한 뇌 영상에서 개별 박자를 볼 수는 없다. 다만 일반적인 활동만 볼 수 있다. 이런 실험에 쓰이는 fMRI 기술은 시간적 해상도가 그리 높지 않기 때문이다).

리듬은 말 그대로 우리의 핏속에 녹아 있다. 청각과 운동 능력은 직접 연결되어 있는 것이 분명하다. 음악이 시간적 구조를 갖춘 소리라면, 리듬은 그 시간적 구조가 형성되는 방식이다. 그리고 리듬을 포착하는 우리의 감각은 아주 오래되었다. 아마 모든 음악과 인간보다 더 오래되었을 것이다. 리듬 있는 음악에 맞춰 자발적으로 움직이는 동물 종들이 있다. 예컨대 유튜브에서 'dancing parrot(춤추는 앵무새)'을 검색해보라 (https://www.youtube.com/results?search_query=dancing+parrot&search=Search). 리듬에 맞춰 춤추는 앵무새를 촬영한 아마추어 동영상이 무더기로 나올 것이다. 반면에 대다수의 동물은 춤추거나 발가락을 까딱거리지 않는다. 녀석들은 리듬을 전혀 습득하지 못하는 것으로 보인다. 실제로 가장 단순한 리듬이라도 배울 수 있는 유인원 종은 없다.

'흠' 원초 언어는 애초부터 리듬 및 춤과 결합되어 있었다고 전제할 수 있다. 우리 조상들이 언제부터 여러 물건을 리듬 있게 두드리기 시작했는지는 밝혀지지 않았지만, 아마도 그들이 단순한 음성으로 서로 소통하기 전에도 그렇게 했을 것이다.

고인류학자 스티븐 미슨은 우리의 리듬감이 약 180만 년 전 호모 에르가스터의 시대에 발생했다고 본다. 호모 에르가스터는 진정한 의미에서 두 발로 걸은 최초의 조상이다. 발굴된 골격에서 알 수 있듯이, 그들은 오늘날 우리처럼 걷고 달리고 뛸 수 있었다. 두 발로 걸으려면 아주 높은 수준의 신체 협응이 필요하다. 다시 말해 리듬이 필요하다.

어떤 연유로 우리 조상들은 다른 네발짐승들을 능가하여 두 발로 걷기 시작했을까? 당시에 그들이 살던 아프리카에 기후 변화가 일어나 생활 조건이 바뀌었다. 호미니드들은 숲을 떠나 드문드문 나무가 자라는 초원에서 살기 시작했다. 곧추 선 자세는 나무 열매를 따기에 유리했다. 그뿐만 아니라 직립의 최대 장점은 몸에 햇빛을 덜 받게 된다는 것이었다. 직립은 (체모體毛 상실과 더불어) 일종의 체온 관리법이었던 셈이다.

그러나 두 발로 걷기는 네 발로 걷기와 근본적으로 다르다. 네발짐승은 항상 안정적으로 서 있다. 녀석의 무게중심은 항상 네 발로 둘러싸인 지면 위쪽에 놓인다. 따라서 녀석은 한 발을 들더라도 넘어지지 않는다. 반면에 인간은 안정적으로서 있는 경우가 거의 없다. 우리의 두 발로 둘러싸인 면적은 아주 작기 때문이다. 게다가 우리가 걸을 때는 항상 한 발이 공중에 있다. 우리의 균형은 정적이지 않고 동적이다. —쉽게 말해서 우리는 항상 통제된 방식으로 넘어지는 중이다. 그러면서도 바닥에 고꾸라지지 않으려면 모든 신체 동작들이 시간적으로 아주 정확하게 조화를 이루어야 한다. 바로 이것이 리듬이다.

두 발로 걷기는 여러 귀결을 가져왔다. 첫째, 신체 동작들을 실수 없이 조화시키기 위하여 뇌가 커져야 했다. 이 같은 뇌의 크기 확대가 용량 확대를 수반하여 나중에 '흠' 언어와 음악의 발생으로 이어졌다는 추측도 가능하다. 둘째, 팔과 손이 이동 이외에 다른 일을 할 자유를 얻었다. 즉, 섬세한 동작들을 전문적으로 익힐 수 있었다. 또한 팔과 손을 소통에 이용할 수 있었다. 분화되지 않은 최초의 소통 방식들은 두드러진 몸짓과 결합되어 있었을 것이 거의 확실하다. 그리고 그 새로운 몸짓이 최초의 춤이었다는 것은 특별한 상상력이 없어도 짐작할 수 있는 바이다.

리듬이 없는 음악은 없다시피 하다. 동요부터 교향곡까지, 팝송부터 자유분방한 재즈 즉흥 연주까지, 모든 음악의 바탕에 박자가 있다. 박자는 누구나 대체로 쉽게 알아맞힐 수 있다. 리듬 없는 음악의 예로 내 머리에 떠오르는 것은 전위파

(아방가르드) 작품들뿐이다. 예컨대 존 케이지John Cage의 〈4′
33″〉가 있는데, 이 작품은 4분 33초 동안의 고요로 이루어졌
다. 역시 케이지의 작품인 오르간 연주곡 〈최대한 느리게As
Slow As Possible〉는 2001년부터 할버슈타트Halberstadt의 장트－부
하르디 교회St.-Buchardi-Kirche에서 연주되는 중이다. 총 연주 시
간은 639년이며 대략 1년에 음 하나가 연주된다. 그러나 이것
도 리듬이라고 할 수 있다. 실제로 작품의 제목을 보면, 음악
의 리듬을 최대한 잡아늘여서 우리가 자연적으로 느끼는 모
든 시간 규모를 벗어나게 만드는 것이 케이지의 의도임을 알

존 케이지, 〈4′ 33″〉 page 1, 1952(1989년 데이비드 튜더
David Tudor가 재작성)

독일 할버슈타트의 장트－부하르디 교회에서 존 케이지의 〈최
대한 느리게〉가 연주되고 있는 오르간

수 있다.

심지어 거의 모든 음악적 관습에서 벗어난 프리 재즈Free Jazz도 리듬 없는 음악과는 거리가 한참 멀다. 단지 바탕에 깔린 '맥박pulse'이 통상적인 음악에서보다 더 자유롭고 가변적이고 개인적일 뿐이다.

맥박은 재즈에서 매우 중요한 단어인데, 벌써 이 단어에서 리듬이 어디에서 유래했는지 추측할 단서를 얻을 수 있다. 우리 몸의 많은 기능들은 주기적이다. 즉, 일정한 시간 간격으로 이루어지며, 일부 경우에는 그 간격이 매우 정확하다. 심장이 규칙적으로 박동하지 않으면 우리의 생명은 위태로워진다. 규칙적인 호흡도 다행히 자동으로 이루어져 우리 몸에 산소를 안정적으로 공급한다. 이런 다양한 신체 리듬들은 뇌에서 조화롭게 통제되어야 한다. 마치 협주곡을 지휘하듯이 신체 기능들을 지휘하는 중앙 장치가 하나나 여러 개 있어야 하는 것이다. 우리가 음악을 들으면, 음악과 신체 리듬들이 통합되고, 우리는 그것들을 조화시키려 한다. 예컨대 나는 아무 음악이나 들으면서 조깅을 할 수 있게 되기까지 아주 오랜 시간이 걸렸다. 처음에는 나의 호흡 및 달리기 리듬을 헤드폰에서 나오는 음악에 맞추려는 충동이 매번 일어 애를 먹었다. 빠른 록 음악을 들으면서 달리면 금세 숨이 턱까지 차오르기 마련이다. 실제로 달리기에 적합한 빠르기로 연주되는 특별한 조깅 음악이 있는가 하면, 음악의 빠르기를 달리기 속도에 맞추는 기능을 가진 재생 장치도 있다.

## 리듬에서 박자로

지금까지 나는 '리듬'이라는 단어를 아주 느슨하게 사용했지만, 이제는 용어를 정확히 할 필요가 있다. 리듬이란 음악 작품을 이루는 음들 또는 악센트들의 시간적 연쇄를 의미한다. 리듬은 매우 불규칙적일 수 있고 다양한 길이의 음들로 이루어질 수 있다. 반면에 박자beat란 바탕에 깔린 규칙적인 맥박이다. 우리는 그 맥박을 규칙적인 토막들로 세분한다.

리듬 있는 악절에 포함된 음들의 길이는 대개 서로 간에 짝수배 관계를 이룬다. 간단한 예를 들겠다.

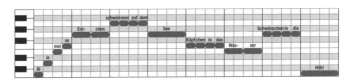

 **〈내 모든 꼬마오리들**Alle meine Entchen**〉의 도입부**
(그림 속 독일어 가사 "알-레-마이-네-엔트-헨-슈빔-멘-아우프-덴-제-쾨프-헨-인-다스-바-서-슈벤-첸-인-디-회."를 번역하면 이러하다. "내 모든 꼬마오리들이 호수에서 헤엄치네. 머리는 물속으로, 꼬리는 허공으로.—옮긴이)

긴 음들('엔트', '헨', '제' 등)은 가장 짧은 음보다 두 배 또는 네 배 길다. 이 음들의 연쇄에서 박자를 정제해내기는 비교적 쉽다. 가장 짧은 음의 길이를 단위로 삼아 네 단위씩 묶고 한 묶음의 첫 음에 강세를 주면 된다. 음악에서는 이 박자를 4분의 4박자라고 한다. 왜냐하면 단위로 삼은 음 길이가 이른바 '4분음표'(음악 용어는 종종 비논리적이다)로 표기되고, 4분음표 네 개가 한 묶음을 이루기 때문이다.

음들이 항상 이렇게 깨끗하게 박자 단위들로 분할되는 것은 아니다. 특히 팝과 재즈에서는 규칙적인 박자와 음 길이가 어긋나는 경우가 흔하다. 심지어 동요를 연상시키는 단순한 팝송들도 그렇다. 예컨대 네나스Nenas(1980년대 독일 밴드—옮긴이)의 히트곡 〈풍선 99개99 Luftballons〉를 보자. 이 노래를 단순한 동요처럼 부를 수도 있다. 이런 식으로 말이다.

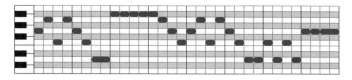

 **〈풍선 99개〉의 도입부**
(그림의 음들에 해당하는 독일어 가사 "하스트—두—에트—바스—차이트—퓌어—미히—징—에—이히—아인—리트—퓌어—디히—폰—노인—운트—노인—치히—루프트—발—론스—아우프—이—렘—벡—춤—호—리—촌트."를 번역하면 이러하다. "나에게 시간 좀 내줄래? 널 위해서 내가 수평선으로 날아가는 풍선 아흔아홉 개에 관한 노래를 불러줄게."—옮긴이)

그러나 네나(밴드 네나스의 보컬—옮긴이)는 그렇게 부르지 않고 대충 다음처럼 부른다.

음들의 길이가 심하게 들쭉날쭉하다. 나는 의도적으로 수

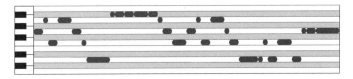

**음들의 길이가 불규칙적인 〈풍선 99개〉의 실제 도입부**

직선들을 지웠다. 왜냐하면 네나가 노래의 도입부에서 느린 신시사이저 화음에만 맞춰서 노래를 부르기 때문이다. 타악기가 연주되면 우리가 박자를 세는 데 도움이 될 텐데, 그 도입부에는 타악기가 참여하지 않는다. 요컨대 명확한 박자는 전혀 없다. 그럼에도 우리는 박자를 느낀다. 심지어 이 노래를 처음 듣는다 하더라도 말이다!

이런 자유로운 노래에서 리듬과 박자를 추출하는 컴퓨터 프로그램을 짜려면 어떻게 해야 할까? 우선 네나의 노래에서 개별 음들을 구별해야 할 것이다. 그 다음엔 모든 음들에 통용되는 리듬 단위를 찾아야 한다. 이 과제는 우리가 학교에서 배운 최대공약수 찾기와 같다. 그런데 네나는 음들을 심하게 '이어서' 부르므로, 공통 단위 찾기는 근사적으로만 가능하고, 우리는 편차가 가장 작은 단위를 채택할 수밖에 없다. 이것은 수학적인 최적화 문제일 텐데, 이것만 해도 벌써 상당한 계산 능력을 필요로 한다.

게다가 이런 수학적 접근법은 이미 제시된 멜로디를 전체적으로 분석할 때만 통한다. 그러나 우리는 노래의 박자를 알아맞히려 할 때 노래를 끝까지 들은 다음에 한동안 계산을 하고 나서 "한 번 더 들어볼 수 있을까요?" 하고 묻지 않는다. 두세 음만 들어도 우리의 발은 벌써 까딱거리기 시작한다. 파티에서 〈풍선 99개〉가 연주되면, 도입부가 끝나기도 전에 춤판이 가득 차고, 타악기가 끼어들어 박자를 명확하게 알려주기도 전에 많은 이들이 박자에 맞춰 들썩거린다.

이 사실에서 짐작할 수 있는 것은 우리의 뇌가 음악에서 규칙적인 맥박을 알아채는 일에 제대로 중독되어 있다는 것이다. 뇌는 어떻게 음악의 맥박을 알아챌까? 어디에 '리듬 중추'가 있을까? 속귀에서 오는 신호는 곧바로 '리듬 중추'라고 할 만한 어딘가로 전달되는 것으로 보인다(99쪽 그림 참조). 음높이 인지는 리듬을 알아채기 위해 필요하지 않다. 오로지 소리 신호의 절대적 세기, 이른바 진폭을 인지하는 것만 필요하다. 소리의 세기가 최대가 되는 순간, 즉 피크peak는 음악의 박자가 세어지는 순간이다. 바로 이 피크가 중요하다.

영국 케임브리지 대학의 뇌과학자 제시카 그란Jessica Grahn은 우리 안의 박자 지휘 장치를 찾아내기 위한 실험을 했다. 그녀는 피실험자들에게 세 가지 리듬 신호를 제시했다. 각각의 신호는 음높이와 크기가 일정한 순음들로 구성되었다. 첫째 신호를 구성하는 음들은 길이가 정수배 관계를 이루면서 항상 네 '박자'씩 묶였다. 둘째 신호도 길이가 기본 단위의 정

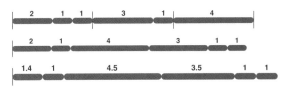

제시카 그란의 실험에 쓰인 신호들

수배인 음들로 이루어졌으나, 그 음들은 박자를 알아챌 수 없게 배열되었다. 마지막 셋째 신호는 길이에 공통 단위가 없는 음들로 이루어져서 우연적인 소리 배열처럼 들리게 되어 있었다.

피실험자들은 이 신호들을 세 번 들은 다음에 손가락으로 바닥을 두드려 재현하는 과제를 부여받았다. 결과는 예상대로였다. 박자가 있는 리듬은 피실험자의 75퍼센트가 정확히 재현한 반면, 다른 두 신호는 60퍼센트에 못 미치는 참가자만 정확히 재현했다. 또 보편적으로 나타나는 오류는 긴 음을 너무 짧게 재현하는 것이었다. 이것은 멜로디를 따라 부르는 실험에서 거의 모든 참가자가 범하는 오류이기도 하다. 앞에서 예를 든 〈내 모든 꼬마오리들Alle meine Entchen〉을 불러보라고 하면 사람들은 "제" 다음에 너무 서둘러 "쾨프헨Köpfchen"으로 넘어가곤 한다.

요컨대 규칙적인 박자를 가진 리듬은 더 쉽게 인지되는 것이 분명하다. 음들의 길이가 서로 간에 정수배 관계를 이루는 것(즉, 음들이 서양 기보법의 음표로 표현되는 것)만으로는 부족하다. 음들이 의미 있고 규칙적인 묶음을 이뤄야 한다.

하지만 가장 흥미로운 것은 두 번째 실험의 결과였다. 이 실험에서는 피실험자 27명을 뇌 스캐너에 집어넣고 똑같은 신호들을 들려주었다. 이번에 피실험자들은 손가락으로 바닥을 두드릴 필요 없이 연달아 들리는 두 리듬이 똑같은지 비교하기만 하면 되었다. 실험 결과, 세 가지 리듬 가운데 어느 것을 들려주든 상관없이 항상 운동에 관여하는 뇌 구역들이 활성화되었다. 다시 말해 첫째, 운동을 준비하는 전운동피질 premotor cortex이 활성화되었다(피실험자들은 움직이지 말아야 했으므로, 준비된 운동을 실행하는 운동피질은 활성화되지 않았다). 요컨대 리듬은 뇌에서 곧바로 운동과 연결된다. 둘째, 소뇌가 활성화되었다. 소뇌는 진화 역사에서 운동피질보다 더 오래된 뇌 부위로 인간과 여러 동물들이 공유하며 때로는 파충류 뇌로 불리기도 한다. 소뇌가 활성화된다는 것은 리듬이 아주 오래된 뇌 구조를 활성화한다는 것, 따라서 우리의 리듬감은 아주 오래전에 생겨났다는 것을 의미한다. 소뇌는 항공기의 자동 조종 장치처럼 우리 몸의 다양한 자율 기능들을 조화시킨다. 따라서 기능들 각각의 다양한 리듬을 조화시켜야 한다.

실험에서 세 가지 리듬 가운데 어느 것을 들려주든 상관없이 언급한 두 구역이 활성화되었다. 그러나 박자를 알아챌 수 있는 신호를 들려줄 때에는 특별히 제3의 구역인 기저핵basal ganglia이 활성화되었다. 기저핵은 양쪽 대뇌반구의 피질 아래에 위치한다. 그러므로 청각 신호에서 규칙적인 패턴을 찾으려 하는 우리 내면의 박자 지휘 장치는 기저핵에 있는 것으로 보인다.

한마디 덧붙이자면, 제시카 그란의 실험에서 기저핵의 활성화는 피실험자가 음악가인지 아니면 일반인인지와 무관했다. 요컨대 박자 추구는 적어도 건강한 피실험자라면 보편적으로 공유하는 속성인 것으로 보인다.

이 결론은 기저핵이 손상된 환자를 대상으로 한 실험에서도 입증된다. 미국 콜로라도 주립대학의 마이클 타우트Michael Thaut는 파킨슨병 환자들을 진료한다. 파킨슨병 환자들은 기저핵의 기능이 온전하지 않아서 의지와 상관없이 운동을 하고 운동 협응에 곤란을 겪는다. 특히 걸음걸이가 불안정한데, 이는 두 발로 걷기가 인체에 부과되는 가장 어려운 협응

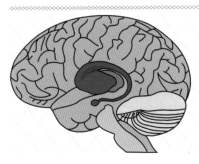

박자를 알아챌 수 있는 신호를 들려주면 기저핵(보라색 부위)이 활성화된다.

과제의 하나이기 때문이다. 타우트는 스스로 '리듬 청각 자극 Rhythmic Auditory Stimulation, RAS'으로 명명한 치료법을 개발했다. 이 치료법에서 환자는 걷기 연습을 하면서 단순한 박자를 듣는다. 타우트의 실험 결과에 따르면, RAS의 도움을 받은 환자들은 걸음걸이가 갑자기 훨씬 더 안정적으로 바뀌었다.

리듬의 비밀이 기저핵에 숨어 있는 것일까? 미국 샌디에이고 신경과학 연구소의 아니루드 파텔은 춤추는 앵무새들을 보고 리듬과 명확한 발음 사이의 연관성을 숙고하기 시작했다. 앵무새는 인간과 마찬가지로 목소리와 노래를 흉내 내는 능력, 일반적으로 말해서 명확하게 발음하는 능력을 지녔다(심지어 〈마술피리Die Zauberflöte〉에 나오는 〈밤의 여왕Königin der Nacht〉의 아리아를 부를 수 있는 앵무새도 있다. 다음 사이트에 들어가보길 바란다. https://www.youtube.com/watch?v=sWh_2Iit3Ek). 이 능력을 지닌 종들은 동물계를 통틀어 아주 드물며 서로 관련성이 희박하다. 인간 외에 앵무새와 명금류, 고래, 돌고래가 그런 종이다. 인간은 이 능력을 발휘하기 위해 아주 정확한 시간적 운동 협응을 필요로 하는 것으로 보인다. 또한 다른 종들에서도 우리의 기저핵에 상응하는 뇌 구조가 특별한 구실을 하는 것으로 보인다.

우리의 박자감이 아주 이른 나이에 발현하고 심지어 선천적이라는 것을 2009년 봄에 보고된 한 실험에서 추론할 수 있다. 부다페스트 소재 헝가리 과학아카데미의 심리학자 이스트반 빙클러István Winkler를 중심으로 한 과학자들은 잠든 신생아들에게 헤드폰을 씌우고 비교적 단순한 타악기 리듬을 들려주었다(태어난 지 며칠밖에 안 된 아기를 과학 실험의 대상으로 삼는 것이 과연 바람직한지는 나도 모르겠다). 실험자들은 뇌 전도를 통해 신생아의 뇌가 리듬에 어떻게 반응하는지 측정했다. 구조가 명확한 리듬에서 타악기 소리 몇 개를 제거하자, 아기 뇌의 뇌 전도는 급강하로 반응했다. 연구자들은 이 반응을 놀람으로 해석했다(293쪽 참조). 적어도 전체 박자에서 중요한 대목, 예컨대 "하나, 둘, 셋, 넷"으로 세는 4박자에서 "하나"를 빼버리면, 그런 반응이 나왔다. 중요하지 않은 대목을 뺄 때는 아기들이 그다지 놀라지 않는 것으로 보였다. 이 결과를 볼 때 신생아의 청각 시스템은 주기성을 포착하고 새 주기가 시작되는 순간을 기대하는 것이 분명하다고 연구자들은『미국 과학아카데미 회보Proceedings of the National Academy of Sciences』에 게재한 논문에서 주장했다.

리듬 있는 신호에서 기본 박자를 포착하려는 성향은 놀랄 만큼 강하다. 예컨대 우리는 "삑" 하는 전자음이 똑같은 크기로 잇따르므로 특별히 강조되는 대목이 없는 신호에서도 박자를 포착하려 애쓰고 실제로 박자를 듣는다. 대개 3박자나 4박자를 듣는다. 또한 신호가 예컨대 미숙한 타악기 연주여서 어느 정도 불규칙적일 경우, 우리는 그 불규칙성을 내면에서 보정하여 규칙적인 박자를 듣는다. 이는 앞서 언급한 음높이 보정과 마찬가지다.

박자를 제대로 파악할 수 없을 때, 우리는 불편함을 느낀다. 유명한 팝송의 도입부는 흔히 박자가 불명확해서 듣는 사람이 박자를 모르거나 틀리게 아는 수가 많다. 내 경우에는 마크 콘Mark Cohn의 〈멤피스에서 걸으며Walking in Memphis〉가 그렇다. 이 노래의 도입부의 기타 연주는 박자에서 첫 박의 위치를 착각하게 만든다. 그래서 나중에 타악기가 끼어들면, 잠깐 동안 혼란이 일어난다. 멜로디와 박자가 어긋나서 시종일관 듣는 사람을 불편하게 만드는 곡들도 있다. 나는 레드 제플린의 〈검은 개Black Dog〉를 들으면 항상 혼란스럽다. 이 곡의 멜로디와 박자가 교묘하게 어긋나기 때문이다.

유럽인들은 자유분방한 라틴아메리카 리듬을 들을 때에도

Black Dog
《레드 제플린 4집Led Zeppelin IV》, 1971
〈검은 개Black Dog〉가 1번 곡으로 수록된 레드 제플린의 4집 앨범.

가끔 난감해진다. 라틴아메리카 리듬은 아주 복잡하고 센 대목과 여린 대목이 뒤바뀔 때가(이른바 싱커페이션syncopation이) 많아서, 유럽인들에게는 그 혼란스러운 리듬의 갈피를 잡기가 쉽지 않다. 뻣뻣한 유럽인이 춤판에서 삼바 리듬에 맞춰 움직이면 때로는 뜻하지 않게 우스꽝스러운 동작이 나온다. 몸으로 리듬을 타지 못하니 어쩔 수 없는 일이다.

일반적으로 서양음악의 리듬은 그다지 복잡하지 않다. 서양음악의 전통에서 미묘한 변화는 멜로디를 통해서, 또한 무엇보다도 정교한 화음을 통해서 이루어진다. 리듬은 의붓자식에 가깝다. 본질적으로 서양음악에는 2와 3에 바탕을 둔 두 가지 박자가 있다.

우리 인간은 두 발로 걷는 동물이고 리듬은 두 발의 움직임에서 기원했으므로, 2의 배수에 바탕을 둔 박자들은 일단 가장 자연스럽다. 우리는 이 박자들에 맞춰 다양한 속도로 걷거나 행진할 수 있다. 이 박자들은 4분의 2박자와 4분의 4박자다. 4분의 2박자에서는 한 음이 강조되고, 이어서 여린 음이 나오고, 그 다음 음이 다시 강조된다.

4분의 2박자

더 흔한 것은 4분의 4박자인데, 이 박자에서는 셋째 음이 첫째 음보다 조금 덜 강조된다.

 4분의 4박자

예컨대 "알레 마이네 엔트헨"에서 "알레"는 "마이네"보다 약간 더 강조된다.

반면에 4분의 3박자에서는 첫 음이 강조된 다음에 두 음 건너 셋째 음이 강조된다.

 4분의 3박자

4분의 3박자 곡 중에 가장 잘 알려진 것은 당연히 온갖 왈츠들이다. 예컨대 〈아름답고 푸른 도나우An der schönen blauen Donau〉가 4분의 3박자다. 하지만 재즈와 팝에도 3에 바탕을 둔 리듬들이 쓰인다. 예를 들어 잘 알려진 재즈 스탠더드곡 〈내가 좋아하는 것들My Favorite Things〉(영화 〈사운드 오브 뮤직〉에 삽입되었으며 왈츠의 나라 오스트리아를 연상시킨다)이 4분의 3박자다.

이 박자에 맞춰 춤을 추려면, 처음 센박에는 오른발을 내딛고 그 다음 센박에는 왼발을 내디뎌야 한다. 그래서 춤사위가 더 복잡해지고 가볍게 너울거리는 움직임이 만들어진다. 군악에 4분의 3박자 곡이 없는 것은 놀라운 일이 아니다. 귄터 그라스Günter Grass가 쓴 『양철북Blechtrommel』의 한 대목에서 북 치는 꼬마 오스카 마체라트는 고집스럽게 4분의 3박자 리듬을 쳐서 군악대를 당황시킨다. 군인들은 곧 대열을 이탈하여 춤을 추고 왈츠 리듬에 맞춰 둘씩 맞잡고 돌기 시작한다. 그 장면에서 왈츠는 반역의 향기를 내뿜는다!

2와 3이 아닌 수에 바탕을 둔 박자는 서양음악에서 드문 편이다. 가장 먼저 떠오르는 수는 5이겠는데, 5에 바탕을 둔 박자의 곡으로 데이브 브루벡Dave Brubeck의 연주로 유명하며 제목에서부터 박자가 특이함을 짐작할 수 있고 영화 〈미션 임파서블〉의 주제곡으로 쓰인 재즈곡 〈테이크 파이브Take Five〉가 있다. 그 다음 수는 7일 텐데, 7/4박자 곡의 예로는 핑크 플로이드의 〈머니Money〉와 피터 가브리엘Peter Gabriel의 〈솔즈베리 힐Solsbury Hill〉을 들 수 있다. 이런 7박자 곡은 대개 음 하나가 빠진 것처럼 느껴진다. 듣는 사람의 예상을 깸으로써 음악을 변화무쌍하고 흥미롭게 만드는 기법의 전형적인 예인 셈이다 (일곱 번째 장 참조).

### 스윙이 없으면 아무것도 아니지 ●

이미 언급했듯이 유럽 음악에서는 단순한 기본 박자 위에서 음악이 취하는 리듬이 대체로 간단하다. 유럽인은 "하나"

---

● It Don't Mean a Thing If It Ain't Got That Swing. 이 제목은 듀크 엘링턴Duk Ellington이 작곡한 노래 제목이다.―옮긴이

와 "셋"에 박수를 칠 수 있는 음악을 좋아한다(이른바 '민속음악'에서는 네 박자 모두에 박수를 칠 수 있는 곡이 가장 선호된다). 이런 경향은 고전음악의 대부분에서도 나타난다. 반면에 다른 문화권의 음악은 흔히 리듬의 기본 패턴이 훨씬 더 복잡하다. 예컨대 인도 음악에는 유럽 음악에서의 박자 같은 것은 전혀 없이 다양한 길이들의 연쇄로만 이루어진 리듬 주기들이 존재한다. 아프리카 음악의 영향을 받은 남미 리듬은 대개 4분의 4박자에 기초를 두지만 기본 박자 4개를 아주 복잡하게 세분한다. 예컨대 아래 도식에서 보듯이, 8박자에 걸쳐서 음 다섯 개를 연주하되 유독 "하나"는 빼는 방식으로 세분하기도 한다.

**남미 리듬의 박자 예**

유럽인의 귀에 낯설게 들리는 또 다른 현상으로 재즈와 블루스의 스윙이 있다. 이 경우에도 기본 박자는 4분의 4박자이지만, 세분된 8분음 8개의 길이가 일정하지 않다. 첫째, 셋째, 다섯째, 일곱째 8분음이 둘째, 넷째, 여섯째, 여덟째 8분음보다 더 길다.

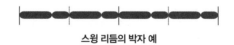

**스윙 리듬의 박자 예**

　　　　　　　　음악 본능

'고전적인' 교육을 받은 유럽 음악가들은 스윙 리듬을 자기네 음악의 언어로 번역하여 '셋잇단음표'나 '점음표'로 연주하려는(긴 음과 짧은 음의 길이 비율을 정확히 2 : 1이나 3 : 1로 연주하려는) 경우가 많다. 그래서 대개는 진짜 재즈 음악가들의 헛웃음만 자아낸다. 그렇게 연주하면 '딱딱하다'거나 '리듬을 타지 못한다'는 평가를 듣기 마련이다. 스윙의 개념을 이론적으로 파악하기는 어렵지만, 궁극적으로 스윙이란 박자에 대한 자유로운 해석의 하나이며 정확히 지켜야 할 길이 따위는 없다.

다른 문화권의 사람들은 유럽인과 달리 무엇을 가지고 있기에 이런 복잡한 리듬을 즐기는 것일까? 복잡한 리듬이 그들의 유전자에 들어 있을까? 당연히 아니다. 유럽인 중에도 훌륭한 재즈 음악가가 얼마든지 있으며, 몇몇 백인 남성(또한 여성)은 몸과 마음에 블루스가 배어 있다. 모든 사람은 비슷한 음악적 재능을 가지고 태어난다. 그러나 우리가 단순한 리듬만 듣다 보면, 우리의 리듬 레퍼토리가 빈곤해진다는 것을 뒷받침하는 증거들이 있다.

적어도 미국 코넬 대학의 에린 하논Erin Hannon과 캐나다 토론토 대학의 샌드라 트레헙의 공동연구에서 나온 결론은 그러하다. 이들은 불규칙한 리듬이 섞여 있는 불가리아 음악을 미국 대학생들과 불가리아 출신 이민자들에게 들려주었고 불가리아인들이 그 음악을 더 잘 이해한다는 것을 발견했다. 이 것은 그리 놀라운 결과가 아니다.

하지만 그 다음에는 똑같은 음악을 생후 몇 개월 된 북미의 아기들에게 들려주었다. 당연히 그 아기들은 음악에 대해서 말할 수 없었다. 이런 실험에서는 흔히 음악을 들려줌과 동시에 모니터 화면을 보여주고 아기들이 화면에 얼마나 집중하는지를 측정한다. 실험 결과는 놀라웠다. 아기들은 불규칙한 리듬을 아무 문제없이 즐겼다. 적어도 아기들이 단순한 서양 리듬에 집중하는 정도와 불규칙한 리듬에 집중하는 정도가 대등했다.

"우리는 음악에 대한 경험이 성인보다 훨씬 적은 아기들은 감각의 선입견이 없음을 보여주었다."라고 하논은 어느 인터뷰에서 말했다. "그래서 아기들은 익숙한 리듬뿐 아니라 낯선 리듬에도 끌린다."

좋은 리듬감이란 리듬 패턴을 들은 다음에 최대한 정확하게 재현해내는 능력이라고 보아야 할 것이다. 빠르기를 일정하게 유지하지 못하는 타악기 연주자는 자격 미달이다. 그러나 자세히 들어보면 알 수 있듯이, 최고의 음악가들은 때때로 음을 수학적으로 정확한 시점에 연주하지 않는다. 컴퓨터가 정확한 리듬으로 연주하는 음악은 우리가 듣기에 밋밋하고 지루하다(오히려 기계적인 리듬을 생명으로 삼는 테크노 음악과 싸구려 팝 음악은 예외다). 인간 음악가들은 리듬 규칙을 약간씩 벗어나는 것을 음악적 표현 수단으로 삼는다. 빈 특유의 왈츠에서는 오케스트라가 세 박자를 똑같은 길이로 연주하지 않는다. 대개 첫째 4분음이 약간 더 짧고 둘째 4분음이 약간 더 길다. 이 편차가 왈츠에 너울거리고 회전하는 느낌을 부여한다. 재즈에서는 음악가가 스윙을 통해 어떤 식으로든 리듬의 자유를 더 많이 누린다.

이런 주관적이고 미세한 리듬 편차를 정확히 기술하는 것은 사실상 불가능하다. 그러나 음악이 '리듬을 타는지' 여부는 이 편차에 의해 결정된다. 팝과 록과 재즈에서는 타악기와 베이스가 곡의 '맛을 살리는 데' 결정적인 역할을 한다. 타악기 연주자와 베이스 연주자는 정확한 시점보다 약간 먼저 연주하여 리듬을 이끌기도 하고 북을 때리거나 현을 뜯는 순간을 최대한 뒤로 미뤄 '느긋하게laid back' 연주하기도 한다. 리듬에 중독된 우리의 뇌는 이런 1000분의 1초 정도의 편차를 충분히 포착한다. 그럴 때 우리는, 지금 인간이 연주하면서 우리에게 나름의 해석을 들려주는구나, 하고 느낀다.

# 피아노 정도는 칠 줄 알아야 한다는데
# 음악적 재능이란 무엇일까?

감탄할 이유가 전혀 없다.
단지 제때에 제 건반을 누르기만 하면, 악기가 알아서 연주한다.
― 요한 제바스티안 바흐

드디어 이 장에서 나는 이 책을 시작하면서부터 던졌던 "왜 우리는 누구나 음악적 재능을 지녔을까?"라는 질문에 답하고자 한다. 이제부터 엄밀한 증명이 시작된다. 나는 당신도 놀라운 음악적 재능을 지녔음을 보여줄 것이다. 설령 당신이 어떤 악기도 연주하지 못하고 심지어 음높이를 맞춰 노래할 수 없더라도(또는 그렇다고 스스로 믿더라도) 상관없다. 나는 평범한 사람들의 놀라운 능력을 입증한 몇 가지 실험을 소개할 것이다. 어쩌면 당신은 이 장에서 새로운 확신을 얻어 당신의 음악적 재능을 살려보겠다는 희망을 품게 될지도 모른다.

설문조사를 해보면 대개 최소 15퍼센트의 응답자가 자신은 음악적 재능이 없다고 답한다. 하지만 대체 어떤 사람이 음악적 재능이 없는 것일까? 가능한 대답을 몇 가지 살펴보자.

- 음악에 별로 관심이 없는 사람
- 악기 연주를 배우거나 음악교육을 받은 적이 없는 사람
- 학교에서 음악 성적이 항상 나빴고 악보를 전혀 볼 줄 모르는 사람
- 노래할 때 음을 잘 못 맞춰서 학교 합창단에서 쫓겨난 적도 있는 사람
- 춤출 때 동작이 어색한 사람
- 서로 다른 두 음을 구별하지 못하는 사람

우리는 '음악적 재능 없음'이라는 속성을 다른 속성들보다 훨씬 더 자주 자신에게 부여하곤 한다. 예컨대 노래를 하거나 춤을 추라는 요구를 받을 때 그렇게 한다. "지금은 곤란해." 또는 "하기 싫어."라고 말할 수도 있겠지만, 그러면 곧바로 반론이 들어올 것이다. 그러나 "난 음악적 재능이 없어."라는 말은 다르다. 이 말은 일종의 영구적이며 회복 불능인 장애를 선언한다. 따라서 논의가 종결되기를 우리는 바란다. 장님에게 영화를 보러 가자고 할 사람은 없지 않은가.

그러나 내가 위에 나열한 여섯 유형 가운데 처음 다섯 유형

에 속하는 사람은 영구적인 장애를 지닌 것이 전혀 아니다. 꼭 음악 수업을 좋아해야 하는 것은 아니며, 노래와 춤과 악기는 늦은 나이에도 배울 수 있다. 그러나 마지막 유형만큼은 심각한 장애가 맞다. 두 음을 구별할 수 없는 사람은 음악을 진정으로 즐길 수 없다. 음높이의 차이는 음악의 본질에 속하기 때문이다.

영어에는 이 장애를 정확히 가리키는 개념이 있다. 바로 'tone deaf'(우리말로는 '음 귀머거리'에 해당함—옮긴이)라는 멋진 개념인데, 독일어에는 이것에 대응하는 표현이 없다. 영어 사전을 보면, 'tone deaf'는 상대적으로 음높이에 둔감한 사람에게 붙이는 술어다. 우리 중에는 이런 음 귀머거리가 얼마나 많을까? 음 귀머거리들은 음악적인 관점에서 볼 때 정말로 구제 불능일까? 아니면 그들도 연습을 통해 숨은 재능을 키울 수 있을까?

## 음치

우선 음악 관련 기관에 정말로 장애가 있는 사람들부터 논하자. 세 번째 장에서 나는 뇌에서의 음악 처리가 매우 분산적인 작업임을 지적했다. 공간적으로 흩어져 있는 여러 구역이 그 작업에 참여한다. 따라서 뇌 손상으로 인해 다른 구역들은 멀쩡한데 한 구역만 기능을 잃는 경우가 있을 수 있다. 이 같은 뇌의 부분적 손상은 뇌 연구의 초기에만 해도 여러 뇌 구역의 기능을 알아낼 유일한 기회였다. 아마 가장 유명한 사례는 좌뇌에 있는 이른바 브로카 영역의 발견일 것이다. 프랑스 의사 폴 브로카Paul Broca는 1860년에 한 환자를 만났는데, 그는 타인의 말을 완벽하게 알아들으면서도 '탄tan'이라는 외마디 외에는 아무 말도 하지 못했다. 그는 계속 문장을 발설하려 애썼지만 오직 그 한 음절만 되풀이했다. 그 '탄 씨Monsieur Tan'가 사망한 뒤에 브로카는 그의 뇌를 검사하여 국소적인 부상을 발견했다. 그리고 그 손상된 영역이 말하기를 담당한다고 추론했다. 이후 그 영역은 브로카 영역으로 불린다.

뇌 손상은 여러 원인으로 발생할 수 있다. 이를테면 사고, 뇌졸중 등으로 인한 혈류 부족, 혈전, 종양, 노인성 퇴화, 알츠하이머병 때문에 뇌가 손상될 수 있다. 뇌 손상은 흔히 한 구역에서 시작되어 처음에는 한 기능에만 타격을 주다가 점차 뇌 전체로 번져 환자의 정신적 능력 전체를 앗아간다.

바로 이런 형태의 뇌 손상을 작곡가 모리스 라벨이 겪었다. 그 손상의 정확한 원인은 오늘날 알려져 있지 않다. 라벨은 뇌수술을 받은 뒤에 사망했는데, 그 수술에서 종양이나 이렇다 할 부상 부위는 발견되지 않았다. 아무튼 그의 뇌 기능 장애는 사망하기 10년 전부터 시작되었다. 그의 언어 능력은 거의 멀쩡했지만, 그는 생각과 손을 협응시키는 데 점점 더 큰 어려움을 겪었다. 결국 그는 음표 하나도 그릴 수 없게 되었다. 천재적인 음악가에게는 절망적인 상황이었다.

"내 머릿속에는 아직 많은 음악이 들어 있다. 나는 아직 아무 말도 하지 못했다. 나의 모든 말은 아직 발설되지 않았다."

라벨은 마지막 오페라(〈잔다르크Jeanne d'Arc〉)에 착수했으나 완성하지 못했다.

놀랍게도 라벨은 병에 걸린 뒤에 가장 유명한 작품인 〈볼레로〉를 작곡했다. 그러나 많은 이들은 이 작품에서 멜로디 구성 능력의 퇴화가 드러난다고 느낀다. 이미 언급했듯이 〈볼레로〉는 하나의 주제를 다양한 악기 편성으로 계속 되풀이한다. 이 작품은 고전음악을 통틀어 최고의 인기곡 중 하나로 꼽히지만, 라벨 자신의 평가는 상당히 자조적이었다.

"나의 걸작이요? 당연히 〈볼레로〉죠. 다만, 그 걸작에 음악

〈볼레로Boléro〉, 2008
모리스 라벨이 뇌 손상을 겪은 후 1928년도에 작곡한 〈볼레로〉를 요스 판 임머젤Jos van Immerseel이 지휘하고 아니마 에르테나Anima Eterna 관현악단이 연주한 것을 녹음하여 발매한 CD.

이 전혀 들어 있지 않다는 게 유일하게 아쉬운 점이긴 하지만."

라벨은 마지막으로 대중 앞에 선 1933년에 바로 〈볼레로〉를 지휘했다. 그러나 그때 이미 사람들은 오케스트라가 스스로 자신을 지휘한 것과 다름없다고 수군거렸다.

라벨의 경우, 음과 음악을 듣고 상상하는 능력은 망가지지 않았다. 다만 이런 내면적인 체험과 외면적인 표현이 연결되지 않을 뿐이었다. 그리하여 그는 머릿속에 음악이 가득 찬 채로 삶을 마쳐야 했다. 하지만 음을 지각하는 능력을 망가뜨리는 뇌 손상도 있다. 예컨대 1997년에 이탈리아 페루자 대학의 의사들은 갑작스러운 두통으로 병원에 온 남성 환자의 사례를 보고했다. 그의 두통은 메스꺼움과 구토, 갑작스러운 언어 장애를 동반했다. 의료진은 수술을 통해 환자의 뇌에서 혈종血腫 하나를 제거하는 데 성공했다. 이후 며칠에 걸쳐 환자는 서서히 언어 능력을 회복했고 보름 후에는 과거와 거의 다를 바 없게 되었다. 그러나 한 가지 중요한 차이가 있었다. 그는 과거에 잘 치던 기타를 칠 수 없게 되었고 노래도 잘 부를 수 없게 되었다. 또한 그는 자신의 소리 세계가 "공허하고 차가워졌다."고 푸념했다. 그는 과거에 알던 노래를 알아들을 수 없었다. 이후 여러 번의 검사에서 드러났듯이, 그는 다양한 리듬과 음색을 여전히 잘 구분할 수 있었다. 또 언어의 운

음악 본능

율, 즉 우리가 말할 때 음높이의 변화로 표현하는 바를 이해했다. 그러나 음악적인 멜로디를 포착하는 감각은 사라져버렸다.

전문 용어로서 '음치amusia'는 음높이를 구분하는 데 큰 어려움을 겪는 사람들이 지닌 장애를 가리킨다. 요컨대 영국인과 미국인이 일상에서 'tone deafness(음 귀머거리 증상)'라고 부르는 것이 곧 '음치'다. 유명한 신경학자 올리버 색스Oliver Sacks는 뇌의 병과 부상이 음악적 감각을 어떻게 변화시킬 수 있는가라는 주제에 책(『뮤지코필리아: 뇌와 음악에 관한 이야기 Musicophilia: Tales of Music and the Brain』) 한 권을 통째로 할애했다. 항상 부정적인 변화만 일어나는 것은 아니다. 믿기 어려운 이야기지만, 어느 날 벼락을 맞고 살아남아 난생 처음으로 자신이 음악을 사랑한다는 것을 깨닫고 작곡가가 된 남자도 있다.

◇◇◇◇◇◇

그러나 우리는 음악적 재능에 대해 논하는 중이므로 일차적으로 타고난 음치, 전문 용어로 '선천성 음치'에 관심을 기울여야 할 것이다. 쉽게 말해서, 유전적인 원인으로 음 지각에 영구적인 장애를 가진 사람들에 집중하기로 하자.

말을 배우는 능력이 선천적으로 약한 사람들이 있다는 것은 오래전부터 잘 알려진 사실이다. 제대로 말할 수 없는 사람은 일상에서 큰 곤란을 겪는다. 반면에 노래할 수 없거나 연주할 수 없거나 춤출 수 없는 사람은 비록 많은 아쉬움을 겪겠지만 일반적인 사회적 생존 능력은 멀쩡하다. "음악적 재능이 많은 사람도 있고 적은 사람도 있다. 이게 뭐가 중요한가?"라는 것이 과거에 이 분야에 대한 통념이었다.

음치에 대해서 어느 정도 과학적인 서술이 처음 이루어진 것은 1878년이었다. 그랜트 앨런Grant Allen이라는 연구자가 『뇌Brain』라는 학술지에 발표한 글에서였다. 그는 교육 수준이 높은 어느 30세 남성의 사례를 서술했다. 그 남성은 눈에 띄는 뇌 손상이 없었고 세 가지 언어를 유창하게 구사했다. 그러나 두 음을 구별하지 못했고 아는 멜로디를 알아듣지 못했으며 박자를 맞추지 못했다. 어린 시절에 음악교육을 받았는데도 말이다(물론 그의 심각한 장애를 감안할 때 그가 받은 음악교육을 진정한 교육이라고 할 수 있을지 의문이기는 하다).

그러나 앨런의 글은 일화적인 사례 보고에 지나지 않았다. 음악을 지각하는 능력이 선천적으로 없는 사람들이 있는 것은 분명해 보인다. 하지만 이 특이한 장애는 얼마나 널리 분포할까? 이 질문에 답하기 위한 최초 시도는 1948년에 프라이Fry라는 연구자에 의해 이루어졌다. 그는 1200명을 대상으로 높이가 다른 두 음을 구분하는 능력을 조사했다. 그리고 모든 영국인의 5퍼센트가 음치라는 추정치를 내놓았다. 더 나중에 그는 동료 칼머스Kalmus와 함께 특정 멜로디에서 틀린 음을 알아채는 능력을 조사했고, 조사 대상 전체의 4.2퍼센트가 음치라는 결과를 얻었다.

이 초기 연구들은 거센 방법론적 비판을 받았다. 일반적으로 타당성을 인정받는 음치 검사는 몇 년 전에야 비로소 등장했다. 몬트리올 대학의 이사벨 페레츠를 중심으로 한 연구팀은 '몬트리올 음치 평가Montreal Battery of Evaluation of Amusia, MBEA'라는 검사를 개발했다. 이 검사는 기본적인 음악적 능력 여섯 가지, 즉 음계와 멜로디 인지, 음정 구분, 리듬 재현, 곡의 박자 감지, 곡을 기억해내기를 평가한다. 이들 가운데 셋은 음높이에 관한 것이고, 둘은 리듬, 마지막 검사는 피검사자가 음악 사전을 보유하고 있고 거기에서 원하는 곡을 찾아낼 수 있는지를 알아본다.

페레츠의 팀은 2002년에 역시 학술지『뇌』에 발표한 첫 학술논문에서 음치인 피검사자 집단에 대한 연구 결과를 보고했다. 피검사자는 광고를 통해 모집했다. 그러나 알다시피 많은 사람들은 실제로는 음치가 아니면서도 음치로 자처하므로, 우선 정말로 음악적 장애가 심한 자원자들을 선별해야 했다. 그리하여 총 100명 중에 11명이 선별되었는데, 이들은 다음과 같은 추가 조건들도 갖춘 사람들이었다. 즉, 이들은 교육 수준이 어느 정도 되고, 음악교육을 받은 적이 있으며(이 조건은 음악과 접촉할 기회가 적어서 음악적 장애를 얻은 경우를 배제하기 위해서 요구했다) 음악적 장애를 평생 가지고 살아왔고, 신경학적으로나 정신의학적으로 다른 병력은 없었다.

이 진지하고 체계적인 검사의 결과, 음치가 정말로 존재한다는 것이 드러났다. 피검사자 11명 전원이 음높이를 옳게 파악하는 데 어려움이 있었고 따라서 멜로디를 기억하는 능력도 약했다. 대부분의 피검사자는 리듬과 관련해서도 어려움이 있었지만, 전원이 그렇지는 않았다. 이 결과는 음악 지각의 다중 모듈성을 뒷받침한다(99쪽 참조). 리듬이 처리되는 뇌 구역과 음높이가 처리되는 뇌 구역은 공간적으로 다르다. 그리고 한 구역의 결함이 반드시 다른 구역의 결함을 동반하는 것은 아니다.

또 하나 흥미로운 결과는 음치가 거의 유일하게 음악 지각에만 국한된 장애라는 것이다. 음치인 피검사자의 대부분이 언어에는 문제가 없었다. 물론 문장의 멜로디가 미묘할 경우에는 음치인 사람이 일반인보다 의문문과 평서문을 구분하는 데 더 큰 어려움을 겪음을 시사하는 최신 연구들이 있기는 하다. 그러나 일반적으로 음치는 음악 지각에만 영향을 끼치고, 음치인 사람의 기타 인지 능력은 완전히 정상이다.

음치의 원인은 대체로 밝혀지지 않았다. 지금까지 알려진 바로는, 음치인 사람들은 청각 능력에 근본적인 장애는 없고 더 높은 수준에서 음을 처리하는 데만 장애가 있다. 2008년에 미국 국립보건원의 앨런 브라운Allen Braun과 동료들은 흥미로운 연구 결과를 발표했다. 이들은 '멜로디 귀머거리'인 피검사자들의 뇌 전도를 조사했다. 영어에서 'tone deafness'로 표현하는 멜로디 귀머거리는 멜로디를 잘 구분하지 못하는 사람을 가리키기 위해 학술논문에서 사용하는 또 다른 용어다.

연구진은 피검사자들에게 널리 알려진 멜로디와 그것에 틀린 음들을 삽입하여 변형한 멜로디를 들려주었다. 그리고 흥미로운 현상을 발견했다. 피검사자들은 옳은 멜로디와 틀린 멜로디를 구분하지 못했고, 뇌 전도에서도 틀린 멜로디를 들을 때 의식적인 반응이 나타나지 않았다. 그러나 더 늦은 무의식적 뇌 반응인 이른바 'P300-반응'은 멜로디 귀머거리인 피검사자의 뇌 전도에서도, 그것도 틀린 멜로디를 들려줄 때만 나타났다. 요컨대 일반적으로 받아들여지는 서양 음악 문화의 관습에 어긋나는 멜로디를 들려줄 때만, P300-반응이 나타났다(293쪽 참조).

이로부터 연구진은 "멜로디 귀머거리인 피검사자들은 틀린 음들을 의식적으로 지각하지는 못하는 채로 처리한다."는 결론을 내렸다. 다시 말해 겉보기에 음악적 재능이 전혀 없는 그 사람들도 비교적 높은 지각 수준에서의 규범 일탈을 다른 사람들 못지않게 잘 '알아채는데' 단지 그 정보가 그들의 의식에 진입하지 못할 뿐이라고 결론지었다.

혹시 당신이 앞선 몇 페이지에서 '음 귀머거리'와 '멜로디 귀머거리'라는 표현을 읽으면서, "그래, 바로 내 얘기야!"(또는 "그래, 바로 당신 얘기야, 여보!") 하고 생각했다면, 어쩌면 음악적 능력을 검사받아보는 것이 좋을 수도 있겠다.


### '음 귀머거리' 자가진단

"음악적 재능이 없다."고 자처하는 사람들 중에 얼마나 많은 이들이 실제로 음치일까? 비관적인 자체 평가가 객관적인 검사 결과와 일치할까?

캐나다 온타리오 주 퀸스 대학의 심리학자 로라 커디Lola Cuddy는 이 질문에 답하기 위해 자신의 학과에서 자원한 학생들을 대상으로 삼아 검사를 했다(요컨대 이 연구도 심리학과 대학생들의 능력에 관한 것이다). 신입생들을 조사해보니, 약 17 퍼센트가 '음 귀머거리'를 자처했다. 커디는 그들 중 100명을 선정하고, 정상인으로 자처한 학생 100명을 추가로 선정하여 대조군으로 삼았다.

모든 참가자들은 MBEA 검사(몬트리올 음치 평가 검사)를 치러야 했다. 결과는 이러했다. 음 귀머거리로 자처한 학생들은 실제로 자체 평가가 그렇게 박하지 않은 학생들보다 성적이 더 나빴다. 그러나 두 집단의 차이는 그리 크지 않았다. 특히 음 귀머거리로 자처한 학생들 가운데 실제로 음치인 사람만큼 성적이 나쁜 경우는 극소수였다. 겨우 2퍼센트만이 음치로 분류할 수 있을 만큼 성적이 나빴다. 나머지는 음악 신동은 아닐지 몰라도 음악적 재능이 전적으로 정상이었다.

그렇다면 왜 이런 비관적인 자체 평가가 나오는 것일까? 참가자들은 설문에도 응해야 했는데, 그 설문에서는 그들의 음악적 경험에 영향을 끼친 요인 4가지를 더 자세히 조사했다. 첫째 요인은 노래하기와 관련이 있었다. 당신이 좋아하는 노래를 사람들과 함께 부를 때 당신은 음을 얼마나 잘 맞춥니까? 당신은 노래할 때 당신이 내는 음이 틀렸는지 여부를 알아챕니까? 둘째 질문 그룹은 음악교육에 관한 것이었다. 당신은 악기를 연주할 줄 압니까? 몇 년 전부터 연주할 줄 알게 되었습니까? 악기 연주를 자주 연습합니까? 셋째 요인은 음악 듣기 습관에 관한 것이었다. 당신은 음악을 얼마나 자주 듣습니까? 음악이 뇌리를 떠나지 않고 이명처럼 들리는 일이 자주 있습니까? 넷째 질문 그룹의 주제는 어린 시절에 대한 기억이었다. 당신은 어린 시절에 노래를 하라는 격려를 받았습니까? 당신의 가족이 당신 앞에서 노래를 부른 적이 있습니까?

결과는 명료했다. 자신이 음 귀머거리라는 자체 평가는 과거에 받은 음악교육이나 어린 시절의 체험과 별로 상관이 없었다. 그런 평가를 부추기는 요인은 두 가지였다. 첫째, 그런 평가를 내리는 학생들은 음악에 흥미가 별로 없었다. 이는 납득할 만한 결과다. 자신을 음악 분야의 실패자로 여기는 사람은 아마 음악이 별로 재미있지 않을 것이다. 그러나 "음악성이 없다."는 자체 평가는 특히 첫째 질문 그룹에 대한 답변과 강한 상관성을 나타냈다. 그런 평가를 내린 학생들은 자신이 노래를 못한다고 답변했다. 자신의 노래 실력에 대한 판단이—옳은 판단이든 아니든—자신의 음악적 재능에 대한 판단을 크게 좌우하는 것이 분명했다.

참가자들이 정말로 노래를 못 부르는지는 이 연구에서 조사하지 않았다. 만약에 조사를 했더라면, 몇몇 참가자는 노래를 못 부르면서도 대단히 많은 음을 맞춰 연구진을 놀라게 했을 가능성이 높다. 아무튼 우리는 일단 음을 지각하는 능력과 노래 실력은 별개라고 가정하자. 왜 일부 사람들은 음을 지각하는 능력이 완전히 정상이고 옳은 음과 틀린 음을 잘 구분하는데도 노래를 잘 못할까? 그들은 자신이 틀린 음을 내는 것을 알아채지 못하는 것일까? 알아채는데도 자신의 목소리를 뜻대로 조절할 수 없는 것일까? 그들은 어린 시절에 노래 실력을 박탈당한 것일까? 바야흐로 음악적 표현의 가장 원초적인 형태를 살펴볼 때가 되었다. 인간과 인간의 조상들이 수십만 년 전부터 해왔는데도 이 시대의 놀랍도록 많은 인간들이 양면적으로 대하는 그 활동, 곧 노래하기를 이제부터 살펴보자.


### 노래? 아이고, 안 돼, 안 돼!

얼마 전에 나의 일가친척이 한자리에 모였다. 어린아이부터 90세 노인까지, 4세대에 걸쳐 대략 60명이 모인 것이다. 분위기가 무르익자 누군가 이렇게 제안했다.

"우리, 노래 좀 불러봅시다!"

우선 두 가지를 언급해야겠다. 첫째, 내 친척의 대다수는 동독 출신이며, 내 사촌들은 동독에서 성장했다. 둘째, 우리 어머니와 이모들의 세대는 노래하기를 무척 즐겼다. 당시 사람들은 집권당인 사회주의통합당SED을 외면하면서 기독교를 앞세워 침묵으로 저항했다. 그리고 독일 민요에 관심을 기울였다.

반면에 서독에서 성장한 나와 여동생은 독일 민요와 거의 관계가 없다. 또한 독일의 젊은 세대는 늙은 세대가 옛날 노래를 부르면 대체로 잠자코, 때로는 난감한 표정으로 앉아만 있는다. 〈집시의 삶은 유쾌해Lustig ist das Zigeunerleben〉라는 독일 민요가 있다. 강제수용소에서 죽어간 수많은 집시들을 생각하면서 이 노래를 부를 수 있을까? 후렴구 "파리아, 파리아, 호"가 흥겹게 나올까? 부를 수 있는 사람도 틀림없이 있겠지만, 속이 울렁거려서 도저히 못 부르는 사람이 대다수일 것이다.

그렇다면 우리 모두가 함께 부를 만한 노래로 1848년 혁명을 앞두고 탄생했으며 정치적으로 올바른 메시지를 담은 민요 〈생각은 자유로워Die Gedanken sind frei〉와 가수 라인하르트 마이Reinhard Mey의 히트곡 〈구름 너머Über den Wolken〉가 있었다. 라인하르트 마이는 많은 서독 사람들 사이에서는 웬일인지 인기가 전혀 없지만, 50대 중반인 나의 사촌은 1970년대에 서독 가요를 많이 들은 탓에 가사를 꽤 정확하게 알고 있었다.

내 차례가 돌아오고 사람들이 영어 노래를 한번 불러보라고 요구했을 때, 나는 돈 매클린Don McLean의 〈아메리칸 파이 American Pie〉를 선택했다. 1972년에 나온 이 아름다운 포크송

《아메리칸 파이American Pie》, 1971
포크록 스타일의 〈아메리칸 파이American Pie〉가 타이틀 곡으로 실린 돈 매클린의 싱글 앨범. 〈아메리칸 파이〉의 가사는 비유와 상징으로 가득한데, 이에 대해 돈 매클린은 "내 가사가 많은 해석을 낳고 있지만, 유감스럽게도 나는 침묵을 지킬 수밖에 없다."고 말한 바 있다.

음악 본능

의 가사는 비트 세대 전체를 암시하는 비유로 가득하다. 반응은 뜨거웠다. 나의 기타 반주에 맞춰 많은 친척들이 후렴을 함께 불렀다.

그쯤 되면 내가 비교적 완벽하게 부르는 비틀스의 곡들로 옮겨갈 만도 했건만, 나는 왠지 의욕을 상실했다. 모든 세대의 독일인이 공유하는 노래가 1960년대와 1970년대의 영어 명곡들뿐이란 말인가? 18세 청년과 80세 노인이 함께 부를 수 있는 독일어 노래는 없단 말인가?

독일 민족은 파란만장한 역사 속에서 노래를 상실한 듯하다. 일부 사람들은 독일어 노래를 함께 부르는 광경에서 나치 시대의 군사 훈련, 발맞춰 행진하는 군인들, 나치 독일의 국가를 연상한다. 또 어떤 이들은 동독의 노동자 투쟁가와 '프롤레타리아의 젊은 호위대'로 자처했던 동독의 지도부를 떠올린다. 그리고 젊은이들은 어쩌면 텔레비전 프로그램 〈무지칸텐슈타들Musikantenstadl〉에 나와 사이비 민요를 부르는 백발의 연예인들이나 연상할 것이다.

바다에 외딴 섬이 있듯이 사랑받는 독일어 노래도 당연히 있기는 하다. 축구장에서 팬들이 부르는 노래들 말이다. 또 오늘날의 40대와 50대들은 '새로운 독일의 물결Neue Deutsche Welle'로 불리는 장르(1980년대 초에 전성기를 누린, 독일어로 된 펑크 및 뉴웨이브 노래들—옮긴이)의 히트곡들을 공유한다. 예컨대 〈폐쇄 구역 스캔들Skandal im Sperrbezirk〉과 〈만세, 만세, 학교가 불탄다Hurra, hurra, die Schule brennt〉를 말이다. 20대들은 록 밴드 비어 진트 헬덴Wir sind Helden('우리는 영웅이다'라는 뜻)이나 힙합 밴드 페테스 브로트Fettes Brot('뚱뚱한 빵'이라는 뜻)의 히트곡들을, 이를테면 〈베티나, 제발 뭘 좀 입어Bettina, zieh dir bitte etwas an〉를 함께 부를 수 있다. 하지만 대부분의 경우에는 후렴에서만 가사가 정확해지고 원곡을 틀어놓지 않으면 합창이 이루어지지 않는다. 녹음기를 틀지 않고도 함께 부를 수 있는 독일어 노래는 이제 없다시피 하다. 독일인은 술 마시고 노래방에 가야만 노래를 부르는 민족이란 말인가?

다른 민족들의 사정은 조금 더 낫다. 예컨대 영국인과 미국인이 그러하다. 그들은 우선 음악에 악영향을 미칠 만한 역사적 단절을 겪지 않았다. 게다가 지난 100년 동안 국제적으로 성공한 노래는 거의 전부 영어로 쓰였다. 비틀스, 롤링 스톤스The Rolling Stones, 밥 딜런Bob Dylan, 피트 시거Pete Seeger, 그리고 이들의 노래보다 100년은 앞선 명곡들까지, 영어 노래는 넘쳐난다. 그러나 내가 미국인 친구들과 교류하면서 확실히 알았는데, 미국인은 노래를 부르는 일이 거의 없다. 요컨대 노래 상실은 국제적인 현상이다.

## 누구나 노래를 잘 할 수 있을까?

음악학자 대니얼 레비틴은 저서 『뇌의 왈츠This Is Your Brain on Music』에서 오래전부터 알고 지낸 인류학자 짐 퍼거슨Jim Ferguson의 이야기를 들려준다. 레비틴이 묘사하는 퍼거슨은 남아프리카 레소토의 한 마을에서 오랫동안 현장 연구를 해온 수줍음 많은 과학자다. 어느 날 원주민들이 자기네 노래를 함께 부르자고 했을 때, 퍼거슨은 "나는 노래 못해요." 하고 대답했다. 그러자 의심이 듬뿍 담긴 대꾸가 돌아왔다. "노래를 못한다니, 그게 무슨 뜻이에요? 당신은 말을 하잖아요!" 레비틴은 퍼거슨의 말을 인용한다.

"그들에게 나의 대답은 두 다리가 건강한데도 걷거나 춤출 수 없다는 말처럼 우습게 들렸던 것이다."

"나는 노래 못해요." 나는 이 말을 음악과 전혀 무관한 사람뿐 아니라 오보에를 아주 잘 부는 사람에게서도 들었다. 근처에 오보에가 있었다면, 어쩌면 그는 그 멜로디를 연주했을 것이다. 하지만 바로 그런 식으로 고전음악가들은 목소리를 오랜 시간을 투자해서 익혀야 하는 악기로 간주하곤 한다. 그렇게 투자하지 않은 사람은 공개 석상에서 노래를 하지 않는 편이 더 낫다고 말이다.

노래를 해야 하는 상황이 닥치면 많은 사람들은 당혹감을 느낀다. 특히 사람들 앞에서 혼자 노래를 하려면 큰 용기를 내야 한다. 목소리가 악기라는 것은 옳은 말이다. 더 나아가 목소리는 듣는 사람의 감정을 가장 직접적으로 건드리는 악기, 노래하는 사람의 감정을 많이 드러내는 악기다. 그러나 인공적인 악기와 달리 우리 대부분은 가장 오래된 악기인 목소리를 사용하는 능력을 갖추고 태어난다. 다만 그 악기를 사용하는 사람이 갈수록 줄어들고 있을 뿐이다. 요새 사람들은 과거 어느 때보다 더 많은 음악을 듣는데도 말이다. 혹시 음악을 많이 듣는 것과 노래를 안 하는 것이 한통속일까? 라디오와 아이팟에서 나오는 완벽한 음들에 주눅이 들어서 우리가 스스로 노래를 해볼 엄두를 못내는 것일까? 인류는 극소수의 잠재적 슈퍼스타들과 허다한 음악적 문맹들로 분명하게 구분된다는 텔레비전 오디션 프로그램들의 이데올로기가 우리를 옭아매고 있는 것일까?

특히 독일에서 합창이 매도되는 것은 당연히 역사 때문이다. "1933년 이후 사람들은 노래를 많이 불렀다."라고 독일 하노버의 음악학자 에카르트 알텐뮐러는 말한다. 나치의 횃불 행렬을 따라 행진곡이 연주되었다. 이처럼 공동체가 악을 추구할 때에도 음악은 공동체를 결속하는 힘을 발휘한다. 2차 세계대전이 끝난 후 많은 사람들은 나치의 공동체 이데올로기에 대한 증오를 모든 형태의 합창에 대한 증오로 전이시켰다. "노래가 꼭 필요하다는 말은 어디에도 쓰여 있지 않다."라고 철학자 겸 음악 이론가 테오도르 아도르노Theodor Adorno는 썼다. 추상적이고 멜로디가 빈약해서 아무도 따라 흥얼거리거나 부를 수 없는 음악이—적어도 문화 엘리트층에서는—득세하기 시작했다. 많은 이들은 합창을 독일 민족의 음울한 정서와 동일시한다.

그러나 노래는 너무나 원초적인 음악적 표현이어서 군국주의자와 행진곡 애호가와 민속음악 애호가에게만 맡겨둘 수 없다. 방금 인용한 아도르노의 문장과 정반대로 노래는 어떤 의미에서 인간에게 필수적이다. 아기들은 생후 18개월부터 노래를 따라 부르고 나름대로 멜로디를 지어내기 시작한다. 그때는 말을 시작하기 전인데도 말이다. 왜 이토록 원초적인 욕구를 삶의 나중 단계에서 새삼 내팽개쳐야 할까? 왜 노래하기를 부끄러워해야 할까?

◇◇◇◇◇◇◇

이 책에는 모든 사람이 음악적 재능을 지녔다는 말이 여러 번 나온다. 하지만 나는 일부 사람들은 노래를 정말 못한다는 것을 부인하지 않는다. 내가 합창단에 참여해온 세월이 10년이 다 되어가는데, 예나 지금이나 단원들의 노래 실력은 심하게 들쭉날쭉하다. 그 편차 때문에 몇 가지 일도 겪어보았다.

합창단에서 노래를 부르는 것은 만만치 않은 과제이다. 적어도 서양세계에서 합창은 대개 여러 성부로 이뤄지는데, 대부분의 사람들은 다성 음악 자체에 익숙하지 않다. 생일잔치에서 노래를 부를 때 우리는 대개 '제창'으로 부른다. 즉, 모든 사람이 동일한 음(또는 한 옥타브 높거나 낮은 음)을 낸다. 나란히 선 두 사람이 한 멜로디를 서로 다른 조로 부르는 것은 전혀 쉬운 일이 아니다. 그렇게 하려면 연습이 필요하다. 나는 경험이 적은 단원들, 예컨대 아이들을 데리고 다음과 같은 실험을 여러 번 해보았다. 우리는 익숙한 멜로디를 함께 부르기 시작한다. 그러다가 내가 작은 목소리로 조를 바꿔서 부르기 시작한다. 그러면 얼마 지나지 않아 다른 사람들이 나를 따라온다. 이런 반응은 그들의 음악적 무능을 드러내기는커녕 도리어 음악적 재능을 증언한다. 왜냐하면 그들은 듣는 대로 노래하려 했고 아주 신속하게 적응한 것이기 때문이다.

흔히 합창단에서는 그렇게 들리는 대로 부르는 단원들을 다른 성부가 들리지 않는 곳에 배치한다. 예컨대 불안한 베이스를 다른 베이스들로 둘러싸서, 그가 테너를 따라 부를 위험을 없앤다. 그러면 결과가 좋을 수 있다. 반면에 옳은 음을 내려고 하지만 내지 못하는 사람들에게는 이런 '귀에 대고 불러주기' 전략이 도리어 역효과를 낸다.

옳은 음을 내지 못하는 사람이 실제로 있다. 하지만 그런 사람이 과반수일까? 설문조사를 해보면 대개 응답자의 약 60

퍼센트가 자신은 노래를 못한다고 밝힌다. 사람들의 음 맞추기 능력이 텔레비전 오디션 프로그램들의 이데올로기에 부합한다면, 오른쪽으로 갈수록 하강하는 분포 곡선이 나와야 할 것이다. 즉, 음을 못 맞추는 사람을 왼쪽에 놓고 잘 맞추는 사람을 오른쪽에 놓으면, 왼쪽에 대다수가 몰리고 오른쪽으로 갈수록 사람이 드물어질 것이다. 그러나 실제로 사람들의 노래 실력은 대체로 정규분포를 이룬다. 노래를 아주 못하거나 유별나게 잘하는 사람은 극히 드물고, 대다수는 곡선이 불룩 올라간 중심부에 위치한다. 그리고 그 대다수는 아주 깨끗한 음을 충분히 낼 수 있다.

'대다수'의 노래 실력에 대한 과학적 연구는 지금까지 극히 드물게 이루어졌다. 폴란드 바르샤바 대학의 심리학자 시모네 달라 발라Simone Dalla Balla는 몇 년 전에 몬트리올의 캐나다 과학자 두 명과 함께 실험을 했다. 그중 한 명은 음치 분야의 최고 권위자 이사벨 페레츠였다. 실험은 프랑스어를 쓰는 퀘벡 주에서 이루어졌는데, 그곳에는 싱어송라이터 질 비뇨Gilles Vigneault가 만든 〈이 나라의 사람들이여Gens du Pays〉라는 아주 인기 있는 노래가 있다. 퀘벡 사람들은 생일잔치에서 국제적인 〈해피 버스데이〉 대신에 이 노래를 즐겨 부른다. 실험 참가자는 대학 관계자(주로 심리학과 학생이었을 것이다) 20명, 거리에서 모집한 사람 42명, 직업 가수 4명, 그리고 〈이 나라의 사람들이여〉의 작곡자였다. 거리에 나간 연구자는 낯선 사람들에게 노래를 시키기 위해서 이런 이야기를 꾸며냈다. 오늘이 내 생일인데, 내가 친구들과 내기를 했다. 내가 낯선 사람 100명을 설득하여 〈이 나라의 사람들이여〉를 부르게 하면 내기에 이긴다. 그러니 제발 노래를 해달라. 그리하여 그는 어렵지 않게 노래 견본들을 수집했다.

녹음된 견본들은 심사위원단의 평가뿐 아니라 컴퓨터의 채점도 받았다. 컴퓨터 채점은 최근에야 가능해졌다. 지금은 적어도 단성부 노래의 멜로디를 알아들을 수 있는 신뢰성 높은 소프트웨어가 존재한다. 연구자들은 견본 각각을 여러 기준으로 평가했다. 처음 음높이를 얼마나 잘 유지하는가(참가자들에게 첫 음을 들려주지는 않았다), 틀린 음이 얼마나 많이 나오는가, 멜로디의 윤곽마저 틀리는가(이를테면 점점 아래로 내려가야 하는 멜로디를 점점 위로 부르는가), 처음 빠르기가 어떠하고 잘 유지되는가, 리듬이 정확한가 등이 평가 요소였다.

실험 결과는 일단 예상대로였다. 직업 가수 네 명이 노래를 가장 잘했고, 그 다음은 작곡자였다. 일반인들은 이들보다 모든 기준에서 일관되게 점수가 낮았지만 그들의 노래를 틀렸다고 규정할 수 있을 정도로 점수가 낮은 것은 결코 아니었다.

그러나 가장 눈에 띄는 것은 이런 결과였다. 일반인들은 직

음악 본능

업 가수보다 거의 두 배로 빠르게 노래를 불렀다. 그들은 멜로디와 친해질 시간을 갖지 않고 몹시 서둘러 멜로디를 읊었다. 이런 특징을 일반인의 노래에서 자주 볼 수 있다. 많은 이들이 노래를 최대한 신속하게 불러 젖히려 한다. 마치 노래가 무슨 무거운 짐이라도 되는 것처럼 말이다. 연구자들이 빠르기와 다양한 감점의 규모를 비교하는 그래프를 그려보니, 뚜렷한 상관성이 나타났다. 노래를 빠르게 부르는 사람일수록 더 많은 오류를 범했다. 생각해보면 지극히 당연한 결과다.

그래서 달라 발라와 동료들은 3년 후에 다시 실험을 했다. 이번에는 일반인 참가자들이 자기 마음대로 노래를 부른 다음에 두 번째 기회를 주었다. 메트로놈을 분당 120박의 빠르기(직업 가수들이 대충 이 빠르기로 노래를 불렀다)로 작동하게 해놓고, 거기에 맞춰서 다시 노래를 하게 한 것이다. 결과는 놀라웠다. 노래에 재능이 없는 두 명을 뺀 나머지 참가자들은 첫 번째 시도에서보다 훨씬 더 높은 점수를 받았다. 그들의 점수는 직업 가수들이나 그 노래의 작곡자의 점수에 뒤지지 않았다! "평균적인 사람은 직업 가수와 거의 다름없이 정확하게 음을 맞출 수 있다."라고 연구자들은 결론지었다. "노래의 재능은 아주 널리 퍼져 있는 듯하다."

◇◇◇◇◇◇

한 가지 짚어두어야 할 것이 있다. 위의 연구에서는 참가자들의 노래가 얼마나 아름다운지를 평가하지 않았다. 사실 특정한 목소리를 아름답게 느끼느냐 여부는 무엇보다도 취향의 문제다. 고전음악에서 이상적이라고 여기는 목소리는 오늘날 많은 사람들의 반감을 산다(기꺼이 고백하거니와 나도 이 문제로 고민이 많다). 오페라 가수들이 배우는 정교한 발성법은 무엇보다도 과거의 기술적 한계와 관련이 있다. 예나 지금이나 오페라 가수는 확성 장치의 도움 없이 자신의 목소리로 오케스트라 전체를 돌파해야 한다. 평범한 목소리의 진동수 패턴을 보면, 450헤르츠를 중심으로 한 중간 대역의 음파가 가장 강하다. 그런데 그 대역은 대부분의 악기 소리가 가장 커지는 대역이기도 하다. 그러므로 목소리가 악기 소리를 뚫고 나가려면 가수가 비명을 지르다시피 아주 크게 노래하든지 아니면 악기들의 진동수 스펙트럼에서 틈새를 찾아내야 한다. 전자는 부질없는 짓이다. 그렇게 크게 노래하다가는 성대를 다칠 것이 뻔하니까 말이다. 후자는 바로 고전적인 성악교육에서 추구하는 바다. 오페라 가수들은(남녀를 불문하고) 2500에서 3000헤르츠 범위의 배음들을 특히 강하게 내는 훈련을 받는다. 이 훈련을 거친 목소리를 일컬어 '가수의 포먼트singer's formant'를 가진 목소리라고 한다. 가수의 포먼트를 가진 목소리는 오케스트라 전체의 소리를 쉽게 뚫고 나간다.

가수의 포먼트를 가지려면 모음들이 어둡게 왜곡되는 것을 감수해야 한다. 이 때문에 오페라 관객은 흔히 가사를 알아듣는 데 애를 먹는다. 팝과 재즈에서는 목소리의 크기가 문제가 되지 않는다. 가수의 목소리가 어차피 확성기를 거쳐서 전달되니까 말이다. 따라서 가능한 소리의 스펙트럼이 엄청나게 넓어진다. 속삭임부터 울부짖음까지 모든 것이 가능하다. 그리고 대중음악에서 우리가 선호하는 발성은 고전음악의 이상적 발성보다 더 말하는 소리에 가깝다.

그렇다고 팝 음악가는 발성 연습을 할 필요가 없다는 말은 아니다. 팝 음악가들도 복잡한 발성 기관을 자유자재로 놀리는 기술을 터득해야 한다. 즉, 올바른 호흡법, 목소리를 횡격막으로 '떠받치는' 법, 음을 깨끗하게 내는 법을 배워야 한다. 그렇기 때문에 우리는 팝 음악가의 노래도 일반인의 노래와 금세 구분할 수 있다. 게다가 팝 음악가의 노래는 거의 항상 녹음된 상태로 듣게 된다는 점도 고려해야 한다. 현대적인 녹음 기술은 몇 가지 수정 작업을 허용한다. 하지만 더없이 가냘픈 목소리도 녹음 스튜디오에서 풍성한 목소리로 뻥튀길 수 있다는 생각은 착각이다. 특히 음악적 표현은 나중에 추가로 집어넣기가 결코 쉽지 않다. 반면에 음높이는 어느 정도 교정할 수 있다. 특히 1997년에 '안타레스Antares' 사가 출시한 프로그램 '오토튠Auto-Tune'이 중요한 구실을 했다. 이 소프트웨어는 '틀린' 음들을 포착하고 약간 올리거나 내려 '옳은' 음으로 교정한다. 음을 너무 올리거나 내리면 '기계음 효과'가 발생한다. 여가수 셰어가 (〈빌리브Believe〉라는 곡에서) 널리 알린 이 효과는 최근 들어 다시 예컨대 알앤비R&B 가수 티페인T-Pain 등에 의해 많이 쓰인다.

그러나 오토튠은 많은 요소들에 대한 조작을 허용하므로, 정교하게 교정하고 나면 평범한 청자는 가수가 음높이를 아주 정확하게 맞춘다는 것 외에는 아무것도 알아채지 못한다. 오토튠과 유사 제품들은 라이브 콘서트에서도 효과를 발휘할 수 있다. 요새는 고전음악 가수들의 노래도 녹음 과정에서 교정을 거친다는 소문이 있다. 가수가 노래를 정확하게 부를 수 있는지 여부를 확실히 알려면 오로지 직접 대면하고 들어보

〈빌리브Believe〉, 1998
그래미상 최우수 댄스 레코딩 부문에서 상을 받은 〈빌리브Believe〉가 타이틀 곡으로 수록된 셰어의 스물두 번째 앨범. 〈빌리브〉는 기계음 효과를 이용한 곡으로 유명하다.

음악 본능

는 수밖에 없다.

그래서 더욱 강조하는데, 과반수의 사람은 노래를 잘 할 수 있다. 적어도 음높이를 맞출 수 있다. 그럼 노래를 잘 할 수 없는 소수는 어떤 사람들일까?

그들도 완전한 구제 불능은 아님을 적어도 노래 솜씨에 관한 연구들은 시사한다. 만성적으로 노래를 못하는 사람이 반드시 청각에 문제가 있는 것은 결코 아니다.

미국 텍사스 대학의 피터 포드레서Peter Pfordresher는 2005년에 노래를 틀리게 부르는 사람들을 심층적으로 연구했다. 실험에 앞서 그는 가능한 가설 네 가지를 채택했다. 노래를 틀리게 부르는 사람은 올바로 듣지 못하기 때문에 그러는 것일 수도 있었다. 혹은 둘째, 발성 기관을 완전히 통제하지 못해서 내고 싶은 음을 내지 못하는 것일 수도 있었다. 셋째, 처음 듣는 멜로디를 따라 부르지 못하는 사람들은(이미 아는 노래를 틀리게 부르는 사람들은 해당이 없다) 음을 옳게 기억하지 못하기 때문에 그러는 것일 수도 있었다. 넷째, 음높이에 관한 정보를 상응하는 운동으로 정확히 변환하지 못하기 때문에 노래를 틀리게 부르는 것일 수도 있었다. 요컨대 다양한 뇌 구역들 사이의 소통에 문제가 있어서 노래를 틀리게 부르는 것일 수도 있었다.

포드레셔는 실험 참가자들에게 다양한 멜로디를 들려주고

따라 부르게 했다. 그들은 음악을 전공하지 않는 평범한 대학생들이었다. 처음에는 단순히 한 음만 반복되는 멜로디를 들려주고 차차 더 복잡한 멜로디를 들려주었는데, 나중 멜로디들에는 따라 부르기 어려운 음 도약도 포함시켰다. 알려진 멜로디는 철저히 배제했다. 왜냐하면 일부 참가자가 이미 아는 멜로디를 제시받아서 더 유리한 상황에 놓이는 것을 막기 위해서였다.

실험 결과는 네 가지 가설 가운데 세 가지를 반박할 수 있음을 함축했다. 노래를 못한다는 것이 판명된 참가자의 약 15퍼센트는 청음 시험에서 노래를 잘하는 참가자들과 정확히 대등한 점수를 얻었다. 노래를 못하는 참가자들은 음을 발성하는 것과 관련한 운동 기관에 근본적인 문제가 있는 것도 아니었다. 그들은 노래를 부를 때 예측 불가능하게 틀리지 않고 어느 정도 규칙성을 나타냈다. 그들이 내는 음은 항상 너무 높든지, 아니면 항상 너무 낮았다. 그뿐만 아니라 그들은 음정(두 음의 높이 차이)을 너무 줄이는 경향이 있었다. 음을 옳게 기억하지 못해서 노래를 못 부른다는 설명도 타당성이 없었다. 오히려 정반대로, 노래를 못하는 사람들은 한 음이 반복되는 멜로디보다 복잡한 멜로디를 약간 더 잘 불렀다.

실험에서 흥미로운 부수 결과도 하나 나왔다. 노래를 못하는 사람 옆에 노래를 잘하는 사람을 세워놓고 함께 노래를 시

음악 본능

켜도, 노래를 못하는 사람의 솜씨는 더 나아지지 않았다. 그렇게 하면 노래를 못하는 사람은 더 큰 혼란에 빠질 뿐이었다. 그 사람 자신의 기본 문제는 그대로인데다가 자신의 목소리를 옆 사람의 목소리와 구분해야 하는 문제까지 가중되기 때문인 것 같았다.

포드레셔는 실험의 결론을 이렇게 내렸다. 노래를 못하는 사람은 뇌에서 내고자 하는 음높이에 관한 정보를 근육에 내리는 운동 명령으로 정확하게 번역하지 못하기 때문에 노래를 못하는 것이다. 이 결론이 옳다면, 뇌에서 일어나는 '번역 오류'를 수정하는 것이 노래 연습의 목적이어야 할 것이다.

평범한 사람들의 노래 솜씨에 대해서 현재 우리가 아는 바를 이렇게 요약할 수 있다. 인구의 약 60퍼센트는 자신이 노래를 잘하지 못한다고 믿는다. 하지만 실제로 정확한 음을 내지 못하는 인구는 약 15퍼센트에 불과하다. 더 나아가 음높이 지각에 결함이 있어서 노래 솜씨를 학습할 수 없다고 판정할 만한 사람은 5퍼센트에 지나지 않는다. 요컨대 인류의 95퍼센트는 완전한 구제 불능이 결코 아니다.


듣는 사람의 음악적 재능

과거 수백 년, 아니 수천 년 동안 음악 연주와 음악 듣기는 하나였다. 그러나 오늘날 대다수의 사람들은 음악을 거의 일방적으로 듣기만 한다. 살아가는 동안 우리는 헤아릴 수 없이 많은 노래와 음악을 듣는다. 이것도 음악적 능력의 향상을 가져온다. 물론 지금 말하는 음악적 능력은 고전적인 기준으로 측정할 수 있는 것—예컨대 노래할 때 정확하게 음을 내는 능력이나 음정을 알아듣는 능력—은 아니지만 말이다. 평생 음악을 수동적으로 듣기만 한 비음악가의 음악적 능력은 최근 들어 음악학자들의 주목을 받았다. 그리고 그들은 일반인이 전문가 못지않게 음악을 '이해한다'는 일치된 결론에 도달했다. 일반인은 추상적·분석적 차원에서는 음악을 잘 이해하지 못할 수도 있다. 왜냐하면 일반인은 그런 추상적인 이해에 필요한 개념들을 모르기 때문이다. 그러나 정서적이고 '문법적인' 차원에서는 일반인도 음악을 충분히 잘 이해할 수 있다.

전통적으로 우리는 음들의 연쇄를 음악이라고 한다. 하나의 멜로디는 노래로 부르든 피아노로 연주하든 동일한 멜로디다. 그 멜로디는 음높이가 바뀌더라도 동일한 멜로디다. 구전된 멜로디들은 명확하게 정해진 음높이가 없다. 누구나 각자의 목소리에 맞는 음높이로 부른다.

음악가들이 악보를 적고 작곡가들이 멜로디에 대한 저작권을 주장하기 시작한 이래로 확정된 음높이가 생겨났다. 바흐의 『평균율 클라비어 곡집』에 속한 〈C장조 서곡〉은 항상 C장조로 연주된다. 이 곡을 D장조로 들어본 사람은 거의 없을 것이다. 조율이 심하게 잘못된 피아노가 아닌 한, 이 곡이 D장조로 연주되는 경우는 상상하기 어렵다. 우리가 들어본 수많은 『평균율 클라비어 곡집』 음반들은 해석과 음색만 차이가 난다. 모든 피아노가 제각각 다른 소리를 내고, 쳄발로cembalo 연주를 녹음한 음반도 있다.

현대 팝 음악의 히트곡 대부분에도 '공식' 녹음이라는 것이 있어서, 우리는 대부분의 노래를 한 버전으로만 듣는다. 비틀스의 〈예스터데이Yesterday〉나 리한나Rihanna의 〈엄브렐라 Umbrella〉처럼 다른 음악가가 나름의 버전으로 다시 녹음하는 일이 잦은 노래는 드물다. 〈호텔 캘리포니아Hotel California〉를 생각하라고 하면 우리는 이글스Eagles의 인상적인 도입부 기타 연주를 생각하지, 지난번 마을 잔치에서 어느 댄스 밴드가 부른 버전을 생각하지 않는다. 내가 이 노래를 몇 번이나 들었는지 정확히는 모르겠지만 틀림없이 100번은 훌쩍 넘을 것이다. 이런 히트곡들은 우리의 음악 기억에 얼마나 깊이 각인되어 있을까?

텔레비전을 보면 가끔 거리의 행인이 진행자의 요구에 부응하여 자기가 좋아하는 히트곡을 부르는 장면이 나온다. 그런 장면에서 제작자는 시청자에게 흔히 행인의 노래와 원본 녹음을 함께 들려준다. 그러면 두 노래는 아주 자연스럽게 어울리고, 대부분의 시청자는 그냥 그러려니 하지만, 음악가라면 누구나 곧바로 묻게 된다. 어쩌면 이렇게 잘 맞지? 왜 거리의 일반인이 원본과 똑같은 음높이로, 빠르기까지 거의 정확히 맞춰서 노래를 부르지?

캐나다 몬트리올 소재 맥길 대학의 음악학자 대니얼 레비틴은 1990년대에 두 가지 실험을 통해 사람들이 히트곡을 얼마나 정확하게 기억하는지 연구했다. 첫째 실험은 음높이에 관한 것이었다. 대학생(심리학 전공 대학생!) 46명이 실험에 참가했다. 참가자는 어떤 방에 들어가서 음악 CD 58개 중 하나를 골랐다. CD 각각에는 그들이 아주 잘 아는 노래 한 곡이 수록되어 있었다(사전에 조사를 통해 참가자들이 아주 잘 아는 노래들을 선별해서 수록했다). 곡을 고른 참가자는 연구진의 지시에 따라 눈을 감고 상상 속에서 CD를 재생시켰다. 그러면서 그 곡을 노래나 허밍이나 휘파람으로 연주했다. 곡의 어느 부분을 연주하느냐는 참가자의 자유에 맡겼다. 연구진은 참가자의 연주의 음높이를 컴퓨터 프로그램으로 측정하여 원본 녹음과 비교했다.

결과는 놀라웠다. 만약에 참가자들이 음높이를 아무렇게나 선택했다면, 원본과 그들의 연주 사이에는 −6부터 +5까지 12가지 값(서양음계의 12음에 해당함)의 음높이 차이가 각각 약 8퍼센트씩 고르게 나타나야 할 것이었다(한 옥타브 차이는 차이 없음으로 간주된다). 그러나 실제 실험에서는 참가자의 1/4 가량이 원본의 음높이를 정확히 맞혔고 절반 이상이 온음 하나 이하의 오차를 나타냈다. 이 결과는 아직까지 제대로 해명되지 않았다. 절대음감을 지닌 사람, 즉 임의의 음을 정확하게 알아듣고 무슨 음인지 맞힐 수 있는 사람은 극소수에 불과하다(128쪽 참조). 그러나 잘 아는 노래에 대해서는 아주 많은 사람들이 절대 음높이를 기억하는 듯하다.

레비틴은 이런 절대 기억이 곡의 빠르기에도 적용되는지 궁금했다. 사실 전통적인 노래들은 정해진 빠르기가 없다. 누구나 느낌대로 부른다. 고전음악에는 작곡자가 제시하는 빠르기가 '아다지오adagio'부터 '프레스티시모prestissimo'까지 있긴 하지만, 이것의 가치는 주관적이어서, 실제 연주의 빠르기는 해석에 따라 천차만별이다. 베토벤의 교향곡 9번의 경우, 헤르베르트 폰 카라얀Herbert von Karajan의 지휘로 녹음한 음반은 연주 시간이 66분인데 비해, 빌헬름 푸르트벵글러Wilhelm Furtwängler의 음반은 74분이다. 길이 차이가 무려 12퍼센트나 난다.

반면에 대중음악의 표준 녹음들은 당연히 음높이뿐 아니라 빠르기도 확정되어 있다. 그 빠르기도 모종의 방식으로 의식에 새겨질까? 레비틴은 첫 실험에서 녹음해둔 참가자들의 연주를 원본과 대조하며 빠르기를 비교했다. 이번에도 그는 일반인의 노래와 원본이 얼마나 유사한지에 놀랐다. 참가자의 72퍼센트는 원본과의 차이가 8퍼센트 이하인 빠르기로 연주했다. 우리가 4퍼센트 이하의 빠르기 차이를 거의 감지하지 못한다는 점을 감안할 때, 이것은 대단한 정확도가 아닐 수 없다. 결론적으로 우리는 자주 들은 곡의 빠르기도 모종의 방식으로 절대적으로 기억하는 듯하다.

하지만 기억은 멜로디와 빠르기에만 국한되지 않는다. 아마 누구나 경험한 적이 있을 텐데, 20년 전에 마지막으로 들은 노래가 라디오에서 흘러나올 때가 있다. 그럴 때 뇌는 곧바로 감정 호르몬들을 콸콸 쏟아낸다. 특히 사춘기에 들은 노래, 어쩌면 행복했거나 불행했던 사랑과 관련이 있는 노래가 이런 플래시백을 잘 유발한다. 이를 위해 노래 전체를 들어야하는 것은 아니다. 한 소절, 심지어 한 마디를 다 들을 필요도 없다. 멜로디를 포함하지 않은 짧은 대목만으로도 충분하다. 우리의 뇌 회로에 영구적으로 각인되어 있는 것은 노래의 사운드, 노래의 음색인 듯하다. 롤링 스톤스의 노래 〈앤지Angie〉는 단순한 A마이너 기타 코드로 시작된다. 그런 식으로 시작되는 노래는 수백 곡이지만, 우리는 첫 부분만 들어도 그것이 〈앤지〉라는 것을 안다. 무슨 곡인지 알아채려면 우리는 얼마나 오래 들어야 할까?

아주 조금만 들어도 충분한 듯하다. 라디오 프로그램들이

음악 본능

자주 내는 퀴즈에서 청취자들은 히트곡의 한 부분을 1초 동안 듣고 무슨 곡인지 알아맞혀야 하는데, 늦어도 세 번째 도전자는 정답을 맞힌다. 이런 퀴즈는 과학에서도 활용되었다. 예컨대 캐나다 토론토 대학의 글렌 스켈렌버그Glenn Schellenberg가 1999년에 이 퀴즈로 실험을 했다. 그는 대학생 100명(무슨 과학생인지는 독자 스스로 맞혀보길)에게 지난 몇 개월 동안 빌보드 차트에 오른 히트곡 다섯 개를(그중 하나는 한 번 들으면 귀에서 떠나지 않는 로스 델 리오Los del Rio의 〈마카레나Macarena〉였다) 제시했다. 참가자들은 그 노래 다섯 곡 모두를 이미 알고 있었고 실험에 앞서 다시 한 번 각 곡의 꽤 긴 대목을 들을 기회를 가졌다. 그러고서 다양한 실험 조건에서 아주 짧은 소리 파일을 듣고 무슨 곡인지 객관식으로 알아맞혀야 했다.

한 실험에서는 200밀리초, 즉 0.2초 길이의 소리 파일을 들려주었다. 이어진 실험에서는 파일의 길이를 100밀리초로 줄였다. 그 다음에는 그 짧은 파일을 거꾸로 재생하기도 하고 두 가지 방식으로 변형해서(한 번은 1000헤르츠 이하의 소리를 제거하고, 또 한 번은 그 이상의 소리를 제거해서) 재생하기도 했다. 이런 퀴즈를 체험해보고 싶은 독자는 다음 페이지에서 몇 곡의 일부를 담은 짧은 소리 파일들을 들어보기 바란다.

스켈렌버그가 얻은 결과는 이러했다. 100밀리초짜리 파일을 들려주었을 때에도 과반수의 참가자가 무작위로 선택할 때보다 더 높은 확률로 정답을 맞혔다. 반면에 파일을 거꾸로 재생했을 때와 고주파수 대역을 제거한 다음에 재생했을 때는 참가자들의 정답률이 낮았다.

잘 아는 곡의 아주 짧은 대목을 듣고 무슨 곡인지 알아맞히는 이 놀라운 능력은 다른 많은 실험에서도 입증되었다. 오스트리아 장트 푈텐St. Pölten 전문대학의 과학자 한네스 라파제더Hannes Raffaseder는 해마다 자신의 학생들과 다음과 같은 실험을 한다. 그는 학생들에게 특정 노래, 예컨대 오아시스Oasis의 〈기적의 벽Wonderwall〉이나 노 다웃No Doubt의 〈말하지 마Don't Speak〉의 첫 화음을 들려주고 무슨 곡인지 알아맞히게 한다. 그러면 과반수의 학생은 리듬도 멜로디도 듣지 못했는데도 정답을 맞힌다. 라파젠더는 특히 이런 음색 기억의 영구성에 감탄한다.

"그 노래가 발표된 때와 상술한 실험을 처음 수행한 때 사

  QR 코드를 통해서 각각의 소리 파일을 듣고서 무슨 곡인지 알아맞혀보세요.

(정답)
❶ 레드 제플린의 〈천국으로 가는 계단Stairway to Heaven〉
❷ 모차르트 교향곡 40번    ❸ 오아시스의 〈기적의 벽Wonderwall〉
❹ 바흐 클라비어 C장조 전주곡    ❺ 비틀스의 〈헬프!Help!〉

이에 7년이 넘는 간격이 있다는 사실은 음색이 상당히 오랫동안 기억될 수 있음을 시사하는 또 하나의 증거다."

마지막으로 프랑스 부르고뉴 대학의 엠마뉘엘 비강Emmanuel Bigand은 이 실험 방법을 극한까지 밀어붙였다. 그는 안토니오 비발디Antonio Vivaldi의 〈사계The four seasons〉를 비롯한 고전음악 멜로디들을 겨우 50밀리초 동안 들려주었다. 그래도 그의 실험에 참가한 사람들은 무슨 곡인지 알아맞혔다. 비강은 음성 파일을 가지고도 실험해보았다. 참가자들이 음성 파일을 듣고 뭐라도 알아채려면 최소 250밀리초 동안 들을 필요가 있었다. 요컨대 음악에 대한 우리의 기억은 극도로 짧은 자극에도 반응하여 음악 저장소에서 곡 하나를 온전히 불러낸다.

이 모든 실험에서 음악가와 비음악가의 차이는 나타나지 않았다. 그러므로 이런 의미에서 우리는 누구나 음악 전문가다. 이 결론은 방금 언급한 실험에 국한되지 않는다. 음악에 대한 심층적인 이해, 음악의 효과, 음악의 정서적 내용과 관련해서는 일반인도 놀랄 만큼 유능하고 직업 음악가에 뒤지지 않는다. 우리가 음악을 어떻게 이해하고 음악이 어떤 감정을 불러일으키는가는 다음 장에서 다룰 것이다.

# 느낌
# 음악과 감정

> 음악은 감정을 속기速記하는 기술이다.
> — 레프 톨스토이

   지난 몇 년을 통틀어 내가 음악을 듣다가 눈물을 흘린 적은 세 번인데, 나는 그 순간들을 당장 떠올릴 수 있다.

   첫째는 2009년 1월 미국 대통령 버락 오바마Barack Obama의 취임식에서 아레사 프랭클린Aretha Franklin이 등장했을 때다. 그러지 않아도 감정이 북받치는 상황에서 중후한 솔soul 가수인 그녀가 단상에 올라 〈내 나라는 당신의 것My Country, 'tis of Thee〉을 불렀다. 애국심을 담은 오래된 미국 찬가인 이 곡의 멜로디는 영국 국가(〈신이여, 여왕을 구하소서God Save the Queen〉)와 동일하다.

   둘째는 캐나다의 늙은 싱어송라이터 레너드 코헨Leonard

Cohen의 콘서트에서였다. 나는 청소년 시절에 코헨의 어둡고 서정적인 음악을 몹시 좋아했고 지난 몇 년에 걸쳐 그를 내 나름의 방식으로 재발견했다. 73세의 나이에 또 다시 세계 일주 공연에 나선 그 음유시인의 노래를 나는 함부르크에서 라이브로 들을 수 있었다.

셋째는 내가 과거에 속했던 합창단이 부른 노래를 녹음으로 들으면서였다. 우리가 레겐스부르크에서 열린 독일 전국 합창대회에 참가해서 부른 그 노래를 들으니 그 시절이 단박에 아주 생생하게 떠올랐다. 아주 아름다운 공동체 체험과 복잡하게 얽힌 연애가 지배하던 시절이었다.

이 세 가지 사례는 음악이 아주 강한 감정을 일으킬 수 있음을 보여준다. 조금 더 기억을 더듬으면 나는 더 많은 사례를 발견할 것이다. 틀림없이 어느 독자나 음악 때문에 감정이 북받쳤던 일을 기억할 것이다. 이 효과는 아주 즉각적이며 모든 합리성을 뛰어넘는다. 음악은 어떻게 이런 효과를 일으키는 것일까? 물론 우리는 영화를 보다가도 눈물을 흘리곤 하지만, 이 경우에는 메커니즘이 비교적 명확하다. 영화가 풀어놓는 것은 이야기이고, 그 이야기가 영화로 (특히 훌륭한 음악과 함께) 잘 구현되었을 때 우리 안에서 공감이 일어난다. 우리는 등장인물들의 입장에 서서 그들과 함께 기뻐하고 슬퍼한다.

음악 본능

## 다정다감한 여행

반면에 음악은 이야기를 풀어놓는다 해도 제한적으로만 그렇게 한다. 음악은 곧바로 파악할 수 있는 정보를 전달하지 않는다. 그렇다면 음악은 어떻게 우리의 감정을 건드릴 수 있을까? 음악심리학은 수십 년 전부터 이 수수께끼를 연구해왔지만 솔직히 말해서 해결은 아직 요원하기만 하다.

방금 언급한 세 사례를 다시 자세히 살펴보자. 오바마의 취임식은 미국 정치사의 전환점이었다. 최초로 흑인이 대통령이 되었다. 턱이 떨릴 정도로 추운 날씨에도 수십만 명이 미국의 수도 워싱턴 시에 모여 흑인 대통령의 취임을 지켜보았다. 사실 나는 유럽인으로서 미국의 정치에 대해서 건강한 회의를 가지고 있다. 물론 기본적으로 미국의 민주주의 전통을 존중하지만 말이다. 또 나는 정치적인 행사나 예식에 거의 관심이 없다. 그러나 아레사 프랭클린이 (그날 온종일 구설수에 오른 모자를 쓰고) 무대에 올라 그 노래를 불렀을 때, 그녀는 그날의 감정을 유일무이한 방식으로 최고조로 끌어올렸다. 카메라 한 대는 미국 국기를 확대해서 포착하고, 다른 한 대는 숨죽이고 경청하는 군중을 훑었지만, 그 늙은 솔 가수의 목소리에는 애국심보다 더 많은 것이 들어 있었다. 그녀는 그 뻣뻣한 앵글로색슨 멜로디를 아무도 흉내 낼 수 없는 그녀만의 방식으로 휘어잡고 주물러 재즈로 만들었다.

그렇게 그녀는 흑인들의 자부심을 선포했다. 다들 보라, 우리는 이 나라의 전통을 존중하지만, 그 전통에 우리 고유의 도장을 찍는다. 오늘부터는 우리도 주류 문화다! 그 음악의 구조가 듣는 사람의 감정이 북받치는 데 기여한 것은 틀림없다. 장중한 빠르기와 감정에 호소하는 폭발적인 가창력을 결코 무시할 수 없다. 그러나 진정한 마법은 그 음악이 울려퍼지는 상황, 그 유일무이한 상황에 의해 발생했다. 그리고 그 마법은 동시에 수백만 명에게 작용했다. 적어도 희망을 품고 그날의 행사를 지켜본 모든 사람에게 말이다.

그럼 둘째 사례에서 레너드 코헨은 나에게 어떤 영향을 미친 것일까? 여기에서는 여러 가지 개인적 취향을 언급해야 한다. 코헨의 어두운 목소리는 그전에도 늘 나를 크게 감동시켰다. 그의 노래는 대부분 음악적으로 아주 단순한데다가 흔히 싸구려로 제작되며 간절하고 절제된 여성의 목소리를 배경에 깐다. 그런 노래들에 코헨은 정서적인 깊이를 부여한다. 열일곱 살 때 나는 가사를 잘 이해할 수 없었다. 왜 수잔이 당신을 데리고 강으로 내려가는지, 왜 그녀가 구세군의 복장을 하고 있는지 몰랐다. 영어가 모어인 성인들도 코헨의 가사를 설명하려면 애를 먹을 것이다. 나를 건드린 것은 오히려 저변에 깔린 느낌이었다. 세상에 대한 절망을 노래로 토로하지만 보아하니 아직은 수수께끼 같은 여자 이야기를 몇 개 할 수 있을 만큼 세상으로부터 사랑받는 성인 남자의 목소리가 나를 사로잡았다. 코헨의 음악은 충분히 모호해서, 듣는 사람은 남들이 보면 사소하지만 자기 자신에게는 실존이 걸린 모든 문제를 그 노래에 투사할 수 있었다.

30년이 지난 지금, 나는 당연히 코헨의 노래들을 다르게 느끼고 가사를 더 잘 이해하며 음악을 더 섬세하게 구분해서 다룬다. 하지만 무엇보다도 코헨이라는 인물에 대한 나의 느낌이 달라졌다. 과거에 나는 그를 약간 허무주의 색채를 띤 바람둥이로 보았지만 이젠 다시 한 번 따스한 가슴으로 청중에게 다가가 자신의 과거보다 두 배 많은 감정을 노래에 담는 늙은 가수로 본다(코헨이 재정 문제로 다시 연주 여행에 나섰다는 소문도 있기는 하다). 여기에서도 마찬가지다. 코헨의 음악은 온갖 감정으로 가득 차 있지만 나에게는 아주 특수한 방식으로 작용한다. 아마 내 세대의 일부 사람들만이 나와 같은

 Suzanne

《레너드 코헨의 베스트*The Best of Leonard Cohen*》, 1975

레너드 코헨의 히트곡들만 따로 모은 앨범. 〈수잔 Suzanne〉은 이 앨범에서 첫 번째로 수록될 정도로 레너드 코헨의 대표곡이자 그가 자신이 가장 좋아하는 곡으로 꼽는다. 한때 사랑했던 여인에 대한 마음이 담겨 있다.

방식으로 감동받을 것이다.

셋째 사례는 어떨까? 그 녹음(독일 밴드 퓨리 인 더 슬로티하 우스Fury in the Slaughterhouse('도살장 안의 분노'라는 뜻)의 〈의문을 품 을 시간Time to Wonder〉의 합창 버전)을 듣고 눈물을 흘릴 사람은 극소수에 불과하겠지만, 나의 것에 견줄 만한 사연이 그 노래 에 얽혀 있는 사람이라면 눈물을 흘릴 것이다. 비록 그 노래 의 리듬이 지루하고 기본 분위기가 음울하더라도 말이다. 이 경우에는 감정이 일어나는 원인이 전적으로 음악 바깥에 있 고, 음악은 단지 강렬한 재체험을 촉발하는 방아쇠의 구실을 할 뿐이다. 그런데 흥미롭게도 이때 음악의 효과는 예컨대 언 어적인 회상의 효과와 전혀 다르다. "3년 전에 레겐스부르크 에서 있었던 일 아직 기억나니?"라는 문장은 일반적으로 그 런 감정적 반응을 일으키지 않는다. 이 문장을 들은 사람은 의식적으로 기억을 더듬는다. 반면에 그 노래는 의식을 거치 지 않고 곧장 기억을 움켜쥔다. 그것도 부분적으로가 아니라 전체적으로 말이다. 그 노래를 듣는 사람은 당시 상황을 떠올 리는 정도에 머물지 않고 말 그대로 다시 그 상황 안으로 들 어간다. 자기 자신의 과거와 직접 연결되는 것이다.

음악으로 인해 감정이 북받친 사례들에 대한 지금까지의 언급을 이렇게 요약할 수 있다. 내 눈물을 유발한 노래들을 내가 몰랐고 내가 아무런 외적인 맥락 없이 실험실에서 그 노

　　　　　　　　음악 본능

래들을 들었다면, 나의 반응은 달랐을 것이다. 첫째 사례에서는 외부 세계의 상황이 매우 중요했고, 나머지 두 사례에서는 개인적인 기억, 즉 일반적인 삶의 느낌이나 심지어 구체적인 사건이 중요했다. '순수한' 음악은 격한 감정을 일으키지 못한다. 음악 때문에 감정이 북받친 사례를 이해하려면 항상 문화적 상황과 개인적 상황을 함께 고려해야 한다.

## 보편적인 소름을 찾아서

독일에서 가장 저명한 음악학자인 하노버 음악 연극 전문대학의 에카르트 알텐뮐러도 나와 같은 경험을 해본 것이 분명하다. 그는 동료들과 함께 '소름'의 원인을 탐구했다. 듣는 사람의 등줄기에 소름이 끼치게 만드는 음악을 찾아 나선 것이다.

탐구를 위해서는 일단 그 효과를 실험실에서 일으켜야 했다. 나이가 11세부터 72세까지인 실험 참가자 38명은 연구자들이 선정한 일곱 곡 가운데 하나를 듣거나 자신이 집에서 가져온 CD를 들었다. 그들은 음악을 들으면서 자신의 감정이 얼마나 고조되었는지를 화면 속의 그래프에 표시하고 소름이 끼칠 때는 단추를 눌렀다(이 실험을 위한 프로그램을 인터넷에서 실행할 수 있다. 이 책의 웹사이트 http://www.droesser.

net/droesser_musik/links.php를 참조하라). 실험 결과, 소름 끼침은 놀랄 만큼 자주 일어났다. 전체 듣기 체험의 1/3에서 소름 끼침이 일어났다. 또 몇몇 참가자는 유난히 소름이 잘 끼치는 체질인 것이 분명했다. 그들은 2시간 동안에 최대 70번 소름이 끼쳤다.

하지만 연구자들은 소름 끼침 여부를 주관적인 보고에만 의지하여 판단하지 않고 심장박동과 피부 전도도skin conductance 등의 신체적 변수들도 측정했다. 측정 결과는 참가자들의 보고와 아주 잘 일치했다. 소름이 끼치기 4초 전에 심장박동이 빨라졌고, 소름이 끼치고 2초 후에 피부 전도도가 상승했다.

그런데 반드시 이런 감정 상태를 유발하는 음악이 있을까? "우리의 꿈은 그 효과를 뉴기니와 그린란드에서 똑같이 일으키는 궁극의 소름 음악을 발견하는 것이었다."라고 알텐뮐러는 설명한다. 그는 누구에게나 격한 감정을 일으키는 음악이 있다고 굳게 확신하고 있었다.

그가 생각한 대표적인 예는 바흐의 〈마태수난곡Matthäus-Passion〉 중에서 빌라도가 예수에 대한 재판에서 군중에게 누구를 풀어주기를 바라냐고 묻자 군중이 "바라바!"라고 외치는 대목이었다. 이 대목은 전체 길이가 3시간에 달하는 〈마태수난곡〉에서 극적으로나 음악적으로나 결정적인 장면의 하나다. "바라바!"라는 외침은 듣는 이의 귓속으로 마치 채찍처럼 날아든다. 바흐는 합창단과 오케스트라를 동원하여 요란한 불협화음을 냄으로써 이제 예수에게 비극이 일어날 것임을 확실하게 예고한다. "그 외침은 음악적인 따귀다."라고 알텐뮐러는 말한다. "나는 그것을 들으면 곧바로 소름이 끼치는 사람을 내 주위에서만 당장 40명은 댈 수 있다."

그러나 이 같은 알텐뮐러의 장담은 그의 주위에 어떤 사람들이 있는지 알려줄 뿐, 음악의 효과에 대해서는 알려주는 바가 없다. 누구에게나 확실하게 소름을 유발하는 방법이 있다는 생각은 실험을 통해 입증되지 않았다. 대부분의 실험 참가자는 감정이 북받치는 체험과 관련이 있는 음악을 들을 때만, 예컨대 첫사랑의 사연이 얽힌 음악을 들을 때만 소름이 끼쳤다. 그런 음악들이 공유하는 음악적 특징을 발견하려는 노력에서 나온 것은 아주 일반적인 속성들뿐이었다. 예컨대 소름

대 루카스 크라나흐, 〈슬퍼하는 그리스도〉, 1537년 이전
바흐의 〈마태수난곡Matthäus–Passion〉은 예수의 수난과 고뇌를 그린 종교음악의 걸작이다.

이 끼치는 순간에 앞서 거의 항상 음악 소리가 커진다. 인간의 목소리가 높은 음을 내는 경우도 흔하다. '음악으로 소름을 일으키는' 방법 중에 투박하다고 할 만한 것 하나는 듣는 이를 놀라게 하는 것이라고 알텐뮐러 등은 말한다.

"이 경우에 모든 효과는 아마도 일종의 놀람 반응에서 비롯되는 듯하며, 어둠 속의 총소리도 아마 똑같은 효과를 일으킬 것이다."

하지만 공통점은 여기까지가 전부였다. 그 밖에 소름−요인들은 개인마다 달랐다.

소름은 우리의 체모가 곤두설 때 발생한다. 벌거숭이 유인원인 우리에게 체모 곤두섬은 아무 쓸모없는 반응이며 우리의 몸이 털로 뒤덮였던 과거의 잔재다. 영장류 친척들처럼 우리도 털가죽을 가졌더라면 그 반응은 전적으로 유의미할 것이다. 털이 곤두선 털가죽은 더 많은 공기를 품어서 몸에서 열이 빠져나가는 것을 더 잘 막는다. 미국 워싱턴 주립대학의 심리학자 자크 팡크셉Jaak Panksepp은 몇몇 유인원 어미가 새끼와 분리될 때 이른바 '분리 울음separation call'을 내지르는 것을 관찰했다. 그 울음소리를 들은 새끼는 털을 곤두세운다.

이 같은 관찰 결과는 소름 체험이 집단적인 반응임을 시사한다. 반면에 적어도 오늘날의 서양인은 음악을 통한 정서적 체험을 혼자 만끽하기를 더 좋아한다. 서양인은 집단 안에서는 감정을 덜 드러낸다. "우리는 부끄러움 문화 속에서 산다."고 알텐뮐러는 말한다. "소름 끼침은 아주 내밀한 체험이어서 타인이 곁에 있으면 오히려 억제된다." 이 지적은 소름이 끼치는 순간에 전두엽의 여러 구역이 동시에 진동하기 시작한다는 그의 가설과 맥이 닿는다. 그런 동시 진동은 생각이 차단되고 사람이 그 순간에 몰입한다는 증거다. 오르가슴을 느낄 때에도 아주 유사한 일이 일어난다. 우리는 오르가슴 역시 내밀하게 체험하기를 더 좋아하지만 말이다.

하지만 유인원 어미의 '분리 울음'이 정말로 소름 유발 음악의 기원일까? "이 견해는 유지될 수 없다는 것이 우리의 판단이다."라고 알텐뮐러는 말한다. 그가 관찰한 소름 끼침 체험들은 분리 불안에서 유래하지 않았으며 정반대로 변연계의 보상 중추를 활성화하곤 했다. 그곳은 섹스를 하고 맛있는 음식을 먹을 때 행복 호르몬을 분비하는 뇌 구역이다.

사람들이 제각각 다른 음악을 듣고 소름이 끼친다는 것은 음악이 일으키는 감정이 음악의 유형과 전혀 무관함을 의미할까? 단지 우리가 객관적으로는 특별할 것 없는 특정 청각 신호에 소름이 끼치도록 조건화되어 있을 뿐일까? 아니면 음악 속에 모든 사람에게 작용하거나 적어도 한 문화권에 속한 모든 사람에게 작용하는 상수들이 존재할까?

음악이 활용되는 두 가지 사례는 음악으로 사람의 감정에 의도적인 영향을 끼칠 수 있음을 보여준다. 첫째, 음악은 상품 판매에 동원되고, 둘째, 영화의 감정적 효과를 강화한다. 두 사례 모두에서 음악은 다소 무의식적으로 작용한다. 우리는 대개 이런 음악에 귀를 기울이지 않으며 전혀 의식하지 못하는 경우도 많다. 그런데도 음악은 효과를 발휘한다. 그 효과를 증명할 수도 있다.

## 어디에나 있는 음악

엘리베이터와 슈퍼마켓 등에서 늘 배경에 깔리는 음악을 가리키는 독일어 '무자크muzak'(영어이기도 함—옮긴이)는 한 회사의 명칭에서 유래했다. 1934년에 미국에서 창업한 회사 무자크는 호텔 경영자와 상점 주인에게 자신의 사업장에 항상 깔아둘 배경음악을 제공했다. 이를 위해 처음 몇 십 년 동안에는 익숙한 멜로디들을 오케스트라 연주로 새로 녹음했다. 배경음악을 까는 목적은 사업장 내의 모든 곳에 음악이 울려퍼지게 하는 것이었다. 소리의 크기는 사람들이 음악을 들을 수 있으면서도 음악 때문에 쇼핑을 멈추지는 않을 만큼으로 정확히 조절되어야 했다. 무자크의 효과에 대한 제대로 된 과학적 연구는 전혀 없었지만, 무자크는 특히 미국의 모든 대형 쇼핑센터와 호텔에서 울려퍼졌다.

많은 음악가에게 무자크 사는 음악의 탈음악화, 음악의 상업적 착취를 대표하는 악당이었다. 록 음악가 테드 뉴전트Ted Nugent는 심지어 그 회사를 사들여 곧바로 폐업하려고 구매 금액으로 1000만 달러를 제안하기도 했다. 그의 제안은 수용되지 않았다.

1970년대에 마케팅 전문가들은 주로 청소년에 초점을 맞췄다. 당시 청소년의 생활에서 음악은 큰 비중을 차지했다. 그리하여 음악을 동원하는 목적이 구매 충동 유발로 바뀌었다. 상점들은 아무 음악이나 트는 것이 아니라 특별한 음악적 배경을 선택함으로써 이미지를 차별화할 수 있었다. 이런 추세에 발맞춰 무자크 사도 음악을 공들여 자체 제작하는 대신에 위성 채널 80개를 통해 다양한 '색깔'의 원본 음악을 공급했다. 그러나 이 선택은 독점 시장을 잃는 결과도 가져왔다. 무자크 사는 2009년 2월에 파산했다.

배경음악은 부정적인 감정을 일으키는 데도 쓰일 수 있다. 반드시 추하고 귀에 거슬리는 음악만 그런 효과를 발휘하는 것은 아니다. 함부르크 중앙역 앞 광장에는 여러 해 전부터 고전음악이 울려퍼진다. 마약 거래상들과 중독자들에게 경각심을 주기 위해서라는데, 실제로 효과가 있는 것으로 보인다. 이 경우에 음악은 불청객에게 "여기는 당신이 있을 곳이 아니다. 당신은 불청객이다."라는 신호를 보낸다.

영화음악이 효과를 발휘한다는 것을 의심하는 사람은 비교적 덤덤한 장면, 이를테면 어둠이 깔린 대도시의 거리를 멀리에서 찍은 화면을 두 가지 음악을 배경에 깔고 감상해보라. 어떤 음악을 까느냐에 따라 장면의 성격이 단박에 바뀔 수 있다. 졸음이 오는 밤거리의 풍경이 길모퉁이마다 범죄자가 숨어서 기다리는 위협적인 상황으로 바뀌기도 한다. 이런 식으로 감정을 일으키는 기술은 어느 문화권에서나 통하는 듯하다. 물론 어차피 전 세계의 문화가 할리우드의 힘에 의해 대체로 통일되어 있을 수도 있겠지만 말이다.

에카르트 알텐뮐러는 영화음악가의 역할을 인정하면서 "영화음악가야말로 진정한 경험주의적 감정 연구자다."라고 말한다. 흥미롭게도 관객의 감정을 쥐락펴락하는 영화음악은 집에서 오디오로 들으라면 거의 아무도 듣지 않을 만한 음악일 때가 많다. 왜냐하면 영화음악 작곡가들은 주로 19세기와 20세기의 고전음악—후기낭만파 음악부터 실험적이고 기괴한 12음계 음악까지—을 애용하기 때문이다.


## 음악은 어떻게 감정을 일으킬까?

음악은 대체 어떻게 감정을 일으키는 것일까? 이 질문에 답하려면 먼저 감정이 무엇인지를 명확히 해야 한다. 한 가지 가능한 정의는 이것이다. 인간에게는 목표가 있다. 그 목표는 생물학적으로 정해진 것일 수도 있고 문화적으로 정해진 것일 수도 있다. 또한 목표에 부합하거나 반하는 사건이 있는데, 그런 사건이 긍정적 감정이나 부정적 감정을 일으킨다. 따라서 감정이란 우리를 이를테면 '옳은 길'로 이끄는 수단이다. 예컨대 섹스의 쾌감은 번식을 북돋고, 배설물과 기타 건강에 해로운 물질 앞에서 느끼는 역겨움은 우리가 유독물질과 접촉하는 것을 막는다. 그러나 음악은 우리의 목표 달성 여부에 전혀 영향을 미치지 않는다. 물론 밤중에 이웃이 음악을 크게 틀어서 우리의 잠을 방해하면 곧바로 화가 치민다. 왜냐하면 잘 자고 내일 아침에 개운하게 일어나려는 목표를 그 음악이 망쳐놓기 때문이다. 하지만 이런 예외적인 경우를 제쳐 둔다면, 음악 듣기가 직접 일으키는 귀결은 비교적 적다. 음악이 감정을 일으킨다면, 그것은 오로지 우리가 음악을 어떤 사건과 연결하기 때문이다.

스웨덴 음악학자 파트릭 유슬린Patrick Juslin은 음악이 감정을 일으키는 메커니즘을 6가지로 나열한다.

1. 뇌간 반사: 우리는 끊임없이 청각 인상들을 '스캔'하여 잠재적인 위험 신호를 포착한다. 이 스캔 작업은 의식 수준에서가 아니라 진화적으로 아주 오래된 뇌 부분인 뇌간(파충류 뇌)에서 이루어진다. 근처에서 총소리가 나면, 우리는 거의

불가피하게 경악 반응alarm reaction을 나타낸다(예외적으로 끊임없이 폭죽이 터지는 새해 첫날에는 근처의 총소리에도 경악 반응이 나타나지 않을 수 있겠다). 선사시대에는 총기가 없었지만, 그때에도 큰 소리는 대개 위험과 직결되었다. 위험은 벼락일 수도 있었고 덤불 속의 호랑이일 수도 있었다. 그리고 위험은 신속한 반응, 거의 자동적인 반응을 요구했다. 그런 반사 반응을 일으키는 소리는 갑자기 크기가 변하는 소리, 음들의 빠른 연쇄, 아주 높거나 낮은 진동수, 그리고 불협화음이다. 이런 소리에 대한 반응은 말하자면 뇌에 고정 배선되어 있다. 우리는 그 반응을 배울 필요가 없지만, 훈련을 통해 그 반응을 없애는 것도 불가능하다시피 하다. 에카르트 알텐뮐러를 매혹한 바라바 외침의 효과는 적어도 부분적으로는 이런 반사에서 비롯하는 것으로 보인다. 중요한 것은, 청각 자극에 대한 이런 '원시적인' 반응이 반드시 부정적인 느낌을 동반하는 것은 아니라는 점이다. 우리는 좋은 음악을 들을 때에도 어느 정도의 흥분과 놀람을 기대한다. 중요한 것은 흥분과 놀람의 정도, 그리고 그것들과 다른 요소들의 혼합이다.

2. 평가 조건화evaluative conditioning: 조건화라는 개념은 파블로프의 개를 통해 널리 알려졌다. 연구자는 종이 울릴 때마다 그 개에게 먹이를 주었다. 이 훈련을 거치고 나자 개는 종소리가 나자마자 먹이가 없는데도 침을 흘리기 시작했다. 음악

과 관련한 조건화에서는 우리가 개인적인 경험 때문에 특정 음악 장르를 특정 상황과 연결하게 된다. 예컨대 나는 바로크 음악을 일요일 아침에 갓 구운 빵의 냄새와 연결한다. 내가 어릴 때 부모님이 평일 아침에는 항상 뉴스와 최신 대중음악이 나오는 라디오 채널을 틀어놓고 일요일에는 고전음악 채널을 틀어놓았기 때문이다. 이런 조건화는 아주 오래갈 수 있다. 나이를 더 먹은 뒤에 나는 온갖 상황에서 바로크 음악을 들었지만, 이 연상 버릇은 아마 평생 유지될 것 같다. 어쩌면 함부르크 중앙역 광장의 고전음악이 일으키는 효과도 이런 연상에서 나올 것이다. 물론 나의 연상과 달리 마약 취급자의 연상은 부정적이겠지만 말이다. 이른바 '전통가요Schlager'가 많은 이들에게 일으키는 반감도 조건화에서 비롯할 것이다. '전통가요'는 멜로디와 화음이 아주 무난하고 고분고분한데도, 주로 수구守舊적인 분위기에서 그 음악을 접한 많은 사람들은 그 분위기를 연상하기 때문에 음악을 혐오할 수 있다.

3. 감정적 감염: 이 설명의 배후에는 음악이 표현하는 감정이 듣는 이의 내면에서 같은 감정을 일으킨다는 생각이 있다. 인간은 공감하는 능력을 가졌다. 즉, 자신을 상대방의 감정 세계 안에 집어넣을 수 있다. 더 나아가 1992년에 뇌에서 이른바 '거울뉴런'이 발견된 이래로 사람들은 공감 현상의 뇌 생리학적 토대를 발견했다고 믿는다. 당시에 유인원에서 아

주 특별한 뇌세포들이 발견되었다. 그것들은 유인원이 스스로 특정 행위를 할 때뿐 아니라 다른 유인원이 그 행위를 하는 것을 볼 때에도 활성화되었다. 우리가 타인의 감정적인 표정을 무의식적으로 흉내 내는 것, 혹은 낭만적인 영화를 보면서 주인공과 자신을 동일시하는 것도 공감 능력의 소산이다. 그러나 음악이 일으키는 감정을 공감으로 설명하면, 이런 질문이 제기된다. 음악가가 실제로 품었거나 가장하여 표현하는 감정을 우리가 어떻게 알아챌까? 노래는 가사가 있으니까 감정 전달을 설명할 수 있겠지만, 악기로 연주하는 음악은 어떨까? 몇몇 연구자는 악기가 인간 목소리의 연장이라고 말한다. 예컨대 바이올린 소리는 여자의 노래 소리와 비슷한데, 다만 범위가 훨씬 더 넓은 음들을 더 빠르고 강렬하게 낼 수 있어서 감정 표현을 말하자면 더 강하게 할 수 있다고 말이다. 하지만 다른 연구자들은 이 설명이 약간 억지스럽다고 지적한다. 왜냐하면 교향악단이나 재즈 밴드가 내는 소리는 한데 모인 사람들이 울거나 웃는 소리와 다르기 때문이라는 것이다.

감정적 감염에서 또 하나 흥미로운 것은 음악이 표현하는 감정에 우리가 반드시 똑같은 감정으로 반응하는 것은 아니라는 점이다. 실연을 당한 청소년은 실연과 우울을 다룬 노래를 들으면서 더욱 우울해지기는커녕 오히려 함께 아파하

음악 본능

는 사람이 있다고 느끼며 위로를 받는다. 이미 언급했듯이 나는 청소년 시절에 레너드 코헨을 무척 좋아했는데, 그 취향은 확실히 위로와 관련이 있다. 성인 남성인 코헨도 이 세상에서 방황하고 있다는 느낌은 확실히 사춘기의 나를 위로하고 나의 혼란을 약간 가라앉혔다.

4. 시각적 이미지: 음악은 우리를 꿈으로 이끌고 아름다운 자연이나 일출의 광경을 불러낼 수 있다. 이 작용은 특히 심리치료나 온갖 신비적 치료술에 동원된다. 음악은 우리로 하여금 생각의 세계에 더 쉽게 빠져들게 한다. 이 '여행'은 치료 목적으로 활용될 수 있다.

5. 일화 기억: 음악의 작용은 일반적인 연상을 일으키고 추상적인 상황에 대한 기억을 되살리는 것에 국한되지 않는다. 때때로 우리는 음악을 들으면서 불현듯 과거에 그 음악을 들었던 때의 상황을 생생하게 떠올린다. 요새 우리는 끊임없이 음악을 들으면서 생활하기 때문에(357쪽 참조) 그 상황은 아주 다양할 수 있다. 강한 감정과 결부된 상황들, 이를테면 연애 시절의 한 장면, 휴가여행, 친지의 죽음 따위가 특히 잘 떠오르는 것은 당연하다. 그러나 특정 음악과 특별히 강한 연결을 형성하는 것은 어린 시절과 청소년기의 결정적 사건들이다. 더 늦은 시기에 형성된 연결은 더 약하다.

6. 음악적 기대: 일반적으로 사건의 진행이 기대한 대로거

나 기대를 벗어날 때 우리는 만족이나 놀람의 감정을 강하게 느낀다. 옳게 예측하는 능력은 인간과 동물의 생존에 필수적이며(281쪽 참조) 그에 걸맞게 감정의 뒷받침을 받는다. 음악은 몇몇 규칙을 준수한다. 다음 장에서 더 자세히 다룰 그 규칙들을 우리는 아주 어릴 때부터 배우며, 그것들이 위반되거나 지켜질 때 우리 안에서 감정이 일어난다. 전하는 이야기에 따르면 모차르트는 병든 아버지 앞에서 피아노로 화음 진행을 연주하면서 맨 마지막 으뜸화음을 빼먹음으로써 아버지를 괴롭혔다. 그러자 늙은 아버지는 침대에서 벌떡 일어나 빠진 화음을 채워 넣었다고 한다.

지금까지 나열한 메커니즘들을 살펴보면, 문화적·개인적 경험과 무관한 것은 단 하나, 첫 번째 메커니즘뿐이다. 즉, 음악이 곧장 뇌간에 도달할 때 거치는 통로만이 보편적이다. 이러니 에카르트 알텐뮐러가 궁극의 소름 음악을 발견하는 데 실패한 것은 놀라운 일이 아니다. 유럽 고전음악의 걸작들이 비유럽인에게는 별다른 감흥을 일으키지 못함을 알텐뮐러도 인정한다. 그는 아프리카 어느 나라의 대통령이 베를린 오페라를 관람했을 때의 일화를 이야기한다. 관람 후에 그 대통령은 맨 처음 대목, 즉 오케스트라 단원들이 악기를 조율할 때가 듣기에 가장 아름다웠다고 소감을 밝혔다.

라이프치히 인지과학 및 신경과학 막스플랑크 연구소에서

음악 본능

5년 동안 음악 연구팀을 이끌었으며 지금은 브라이턴에서 교수로 일하는 슈테판 쾰시는 모든 사람에게 동일하게 작용하는 보편적인 음악적 구조가 최소한 두 개 있다고 믿는다.

"리듬이 신나는지 아니면 따분한지, 혹은 정열적인지 아니면 잔잔한지는 누구나 들으면 안다. 멜로디가 즐거운지 아니면 슬픈지도 마찬가지다."

쾰시의 동료 토마스 프리츠Thomas Fritz는 카메룬 산악지대에 사는 '마파Mafa' 족을 방문하고서 똑같은 결론을 얻었다. 그 부족은 아주 독특하고 유럽인에게는 낯선 음악을 가지고 있다(이렇게 고립되어 서양음악의 영향을 전혀 받지 않은 부족을 발견하기는 점점 더 어려워지고 있다). 프리츠는 그 토착민들에게 지난 400년 동안 서양에서 만들어진 피아노곡과 춤곡을 들려주었다. 바흐부터 탱고와 로큰롤까지 말이다. 그러면서 토착민들에게 곡들을 세 가지 감정적 범주로, 즉 즐거운 곡, 슬픈 곡, 위협적인 곡으로 분류할 것을 요청했다. 분류 결과는 놀랄 만큼 타당했다. 또 거꾸로 서양인들도 마파 족 음악의 감정적 내용을 옳게 파악할 수 있었다.

이 장에서 나는 아직까지 '화음'을 다루지 않았다. 화음, 곧 음들의 아름다운 어울림은 모든 음악의 보편적 요소가 아닐까? 혹은 의도적인 불협화음 삽입도 보편적 요소가 아닐까? 무엇이 아름다운 화음이냐에 대해서는 모든 사람이 동의할 수 있지 않을까? 이 질문들에 답하려면 다시 물리적인 토대로 돌아가서, 음들이 언제 협화음을 이루고 언제 불협화음을 이루는지 살펴보아야 한다.

## 서로 어울리는 음들과 거슬리는 음들

서양음악에서는 약 1200년 전에 혁명이 일어났다. 그때까지의 노래―주로 교회에서 불린 노래들이며, 다른 형태의 음악은 현재까지 전승된 것이 드물다―는 본질적으로 단성부였다. 수도사들은 '오르가눔organum'(당시에 통용된 '오르간'에서 유래한 명칭임)이라는 다성 음악에서 처음으로 교회 노래의 멜로디를 5도나 4도 옮겨서 함께 부르기 시작했다. 즉, 동일한 멜로디를 두 가지 조성으로 함께 부른 것이다. 그레고리안 성가는 지금 들어도 매혹적이다. 왜냐하면 그 노래는 다성부이긴 하지만 우리가 아는 화성과 다르기 때문이다. 5도와 4도는 긴장이 작은 음정이다. 이 음정들은 화성적으로 퍽 무난해서 당시 수도사들이 아직 감히 사용하지 못한 다른 음정들처럼 마찰을 일으키지 않는다.

세 번째 장에서 보았듯이 멜로디가 기초로 삼는 음계에서 음높이들의 상대적 관계는 실은 그리 중요하지 않다. 또한 문화마다 사뭇 다른 음계가 존재하며, 어떤 음계도 다른 음계보다 우월하지 않다. 그러나 음들을 차례로('수평으로') 나열하여 멜로디를 만드는 대신에 동시에('수직으로') 울리게 하면, 이런 수직 배열에서는 서양음계가 이상적임이 드러난다. 앞서 언급한 대로 피타고라스의 수학적 이상에 따르면, 음들의 진동수 사이의 비율은 되도록 작은 정수비를 이뤄야 한다.

그런데 어떤 음들이 '잘 어울리고' 어떤 음들이 그렇지 않을까? 어떤 음들이 '협화음'을 이루고, 어떤 음들이 '불협화음'을 이룰까? 특정한 음들이 잘 어울린다고 우리가 느끼는 것에는 객관적 생리학적 이유가 있을까? 협화음과 듣기 좋은 소리는 동일할까, 아니면 이 둘은 전혀 다른 범주일까? 수백 년 전부터 작곡법에서는 협화음을 이루는 음정들을 선별했지만, 그 음정들의 일부에는 당대의 문화가 깊이 연루되어 있다. 협화음과 불협화음에 대한 생리학적 설명은 100여 년 전부터 비로소 시도되었다. 그리고 어떻게 뇌가 음들을 서로 '어울리는' 음들로 느끼게 되는지는 지난 10년 동안에 비로소 밝혀졌다.

이 성과의 바탕이 된 최초의 주요 지식은 헤르만 폰 헬름홀츠에게서 유래했다. 그는 19세기 말에 음악 지각을 체계적으로 연구했다. 그가 출발점으로 삼은 생각은, 우리가 듣는 다성부 음정은 대부분 인간의 목소리나 악기에 의해 산출되므로 우리는 그 음들의 기본 진동수뿐 아니라 배음들 전체를 듣는다는 것이었다.

두 음이 함께 울리면, 예컨대 두 목소리가 함께 노래하면, 우리는 첫째 음의 기본 진동수와 그것의 정수배 진동수들을 들음과 동시에 둘째 음의 기본 진동수와 그것의 정수배 진동수들을 듣는다. 이 대목에서도 인간 청각의 분별 능력은 경탄을 자아낸다. 훈련받은 사람은 수많은 진동수들이 엉킨 덩어리에서 서너 개, 또는 다섯 개의 성부를 쉽게 분리해서 듣고 지적할 수 있다. 그 모든 성부들이 동시에 고막을 울리고 단일한 파동으로 중첩되는데도 말이다.

불협화음은 그 배음들 중 두 개가 아주 가까이 놓여서 서로를 방해할 때 발생한다고 헬름홀츠는 생각했다. 더 정확히 말하면, 두 배음의 진동수들이 매우 유사해서, 우리가 그 배음들을 동일한 음으로 느끼지도 않고 명확히 떨어진 음들로 느끼지도 않을 때 불협화음이 생긴다는 것이었다. 그런 두 배음은 '임계 띠너비' 안에 놓여(109쪽 참조) 거슬리는 소리를 내고, 그 소리가 전체 소리에 영향을 끼친다는 것이었다.

예를 들어 두 음이 한 옥타브 간격으로 울리면, 불협화음 문제는 전혀 없다. 기본 진동수가 f인 낮은 음은 배음으로 2f, 3f, 4f 등을 가지고, 기본 진동수가 2f인 높은 음은 배음으로 4f, 6f, 8f 등을 가진다. 이때 후자의 배음들은 전자의 배음들이기도 하다. 따라서 한 옥타브 음정을 정확히 맞추면, 마찰은 전혀 발생하지 않는다. 이 때문에 우리는 옥타브 간격의

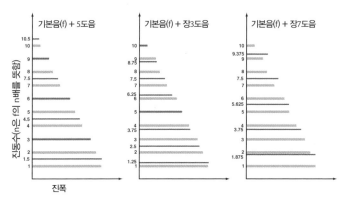

기본음과 5도음이 함께 울리면, 배음들 사이의 마찰이 비교적 적게 발생한다. 기본음과 장3도음이 함께 울릴 때는 가끔 배음들이 밀착하여 마찰이 일어나고, 기본음과 장7도음이 함께 울리면 더 많은 마찰이 일어난다. 출처: 만프레드 슈피처, 『머릿속의 음악*Musik im Kopf*』

두 음을 본질적으로 같은 음으로 느낀다.

그런데 두 음의 진동수 비율이 $p : q$이면, 첫째 음의 제$q$부분음(진동수가 기본 진동수의 $q$배인 배음)과 둘째 음의 제$p$부분음이 일치하게 된다. 더 나아가 첫째 음의 제$2q$부분음과 둘째 음의 제$2p$부분음, 첫째 음의 제$3q$부분음과 둘째 음의 제$3p$부분음 등도 마찬가지로 일치하게 된다. 예컨대 5도음의 진동수는 기본 진동수의 3/2배인데, 이 진동수의 정수배들(즉, 기본 진동수의 6/2, 12/2, 18/2배 등)은 기본음의 제3부분음의 진동수의 정수배와 일치한다. 따라서 기본음과 5도음 사이에서는 '마찰'이 발생할 기회가 그만큼 적다.

두 음의 진동수 비율이 복잡할수록, 더 많은 마찰이 발생한다. 앞의 그림은 기본음의 부분음들과 함께 5도음(기본음과의 진동수 비율 3 : 2)의 부분음들, 장3도음(5 : 4)의 부분음들, 장7도음(15 : 8)의 부분음들을 보여준다. 보다시피 오른쪽으로 갈수록 부분음들이 '엉키는' 경우가 더 많다.

헬름홀츠는 배음이 풍부한 바이올린 소리를 대상으로 삼아서 다양한 음정의 마찰 정도를 계산하고 그 결과를 곡선으로 나타냈다. 곡선에서 '골'이 깊을수록, 해당 음정은 더 완벽한 협화음이다.

이 곡선은 고전적인 화성학과 작곡 이론에서 개별 음정들에 대해서 이야기하는 바를 아주 잘 반영한다. 보다시피 기본음과 가장 잘 융합하는 음들은 옥타브음과 5도음 외에 단3도음과 장3도음, 4도음, 단6도음과 장6도음이다(한 가지 제한을 둘 필요가 있다. 수백 년 전에는 장3도와 4도가 완전한 불협화음으로 여겨졌다).

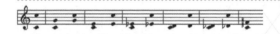

**협화음과 불협화음1**
1도부터 8도(옥타브)까지의 모든 음정을 QR 코드를 통해서 들을 수 있다. 어떤 음정이 잘 융합해서 듣기 좋은 협화음이고, 어떤 음정이 서로 마찰하는 불협화음인가?

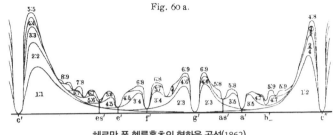

헤르만 폰 헬름홀츠의 협화음 곡선(1862)

이 같은 헬름홀츠의 이른바 '방해 이론Störtheorie'은 대략 100
년 동안 듣기 좋은 소리와 화음에 관한 표준 설명이었다. 이
이론은 전통적인 미적 판단을 청각 생리학적 현상과 연결했
다. 즉, 지각되는 음들 사이의 간격 및 마찰과 연결했다.

그러나 근래에 음악 이론가들은 이 설명에 점점 더 강하게
반발하고 있다. 뚜렷한 반론은 두 가지다. 첫째, 헬름홀츠의
이론은 엄밀히 말해서 배음이 풍부한 소리에만 적용된다. 배
음들이 많아야만 마찰이 발생할 수 있으니까 말이다. 이 이론
이 옳다면 간격이 충분히 (3도보다 더 멀리) 떨어진 두 순음(사
인음파)은 항상 협화음으로 들려야 할 것이다. 왜냐하면 그런
순음들은 서로 마찰할 리 없으니까 말이다. 하지만 실제로 그
럴까? 실험 결과들은 서로 엇갈린다. 음악가들은 예컨대 장7
도 음정의 두 순음을 불협화음으로 느낀다. 왜냐하면 그들은
자신의 음악적 경험을 토대로 판정하기 때문이다. 반면에 일
반인을 상대로 한 실험에서는, 간격이 멀리 떨어지기만 하면

어떤 순음 쌍이든지 "충분히 잘 어울린다."는 판정을 받았다(여러분도 직접 실험해볼 의향이 있다면 아래의 QR 코드를 통해서 여러 순음 쌍을 듣고 각각의 어울림을 평가해보라!).

하지만 '방해 이론'에 대한 주요 반론은 이것이다. 피타고라스의 생각에 기초한 음계 이론과 마찬가지로 헬름홀츠의 이론도 너무 이상주의적이다. 두 음의 배음들이 서로 일치하거나 약간 어긋나서 협화음이나 불협화음을 이루려면, 기본적으로 두 음이 '피타고라스 음정'에 정확히 맞게 발생해야 할 것이다. 그러나 현실에서는 그런 경우가 거의 없다. 현대의 악기들은 흔히 평균율로 조율되어 있어서 5도음조차도 순정5도음이 아니다. 게다가 (이를테면 노래할 때) 사람이 정하는 음 높이는 어차피 놀랄 만큼 부정확하기 마련이다. 그런데도 음정이 전혀 틀리지만 않는다면, 우리는 부정확한 협화음을 약간 마찰이 있더라도 협화음으로 느낀다.

협화음과 불협화음2
동일한 간격으로 울리는 순음들. 어떤 순음 쌍이든지 충분히 잘 어울리는가? 혹은 불협화음으로 느끼는가?

음들의 어울림에 대한 오늘날의 설명을 이해하려면 다시 음높이 지각으로 돌아가야 한다. 나는 지금까지 중요한 세부 사항 하나를 언급하지 않았다. 벌써 논의가 복잡하다고 느끼는 분들도 있을지 모르지만, 안타깝게도 나는 이렇게 고백하지 않을 수 없다. 실은 훨씬 더 복잡하다!

세 번째 장에서 나는, 속귀에 있는 기저막의 특정 구간에 위치한 감각세포들이 자극을 받으면 특정 음높이가 지각된다고 설명했다. 물론 맞는 설명이지만, 다른 한편으로 음악적인 소리는 규칙적으로 위아래로 진동하는 주기적 신호이기도 하다. 우리가 들을 수 있는 가장 낮은 음은 초당 약 20회, 가장 높은 음은 2만 회 진동한다. 또 우리의 뇌는 청신경을 통해 전달되는 주기적 신호를 적어도 진동수 1000헤르츠(초당 1000회 진동)까지는 실제로 시간적으로 분해할 수 있다. 바꿔 말해서, 진동수가 1000헤르츠 이하인 소리를 감지할 때는 신경의 전기 신호도 소리와 똑같은 리듬으로 진동한다. 그 전기 신호를 처리하는 뇌 구역들이 어디인지는 이미 실험적으로 확인되었다.

독일 뮌헨글라트바흐의 음악학자 마르틴 에벨링Martin Ebeling은 이를 바탕으로 삼아 협화음에 관한 수학적 이론을 개발했다. 그 이론은 배음들의 겹침이 아니라 지각된 음 주기들의 '자기상관autocorrelation'에 기초를 둔다. 이 이론을 다 설명하려면 너무 장황하지만 원리만 소개하자면, 서로 협화음을 이루는 음들은 불협화음을 이루는 음들에 비해 주기들이 더 자주 겹친다는 것이 그 원리다. 이 이론은 음들이 약간 틀리게 조율되었지만 서로 어울려 협화음을 이루는 현상도 설명할 수 있다.

에벨링은 이런 복잡한 수학적 관계들에서 협화음 함수를 도출했다. 그 연속 함수는 한 옥타브 안에 드는 임의의 음이 기본음과 얼마나 잘 어울리는지 보여주며 일찍이 헬름홀츠가 전혀 다른 수학적 관계를 토대로 계산해낸 곡선과 놀랄 만큼 유사하다.

이 연구는 2007년에 발표되었다. 그러니까 우리가 언제 두 음을 어울린다고 느끼는가 하는 간단한 질문에 대해서 정말로 만족스러운 대답이 처음 나온 것이 불과 몇 년 전이라는 얘기다. 아무튼 이 연구로 우리가 두 음의 어울림을 생리학적으로 지각한다는 것이 입증되었다. 모든 사람이 마찬가지다. "우리의 신경생리학, 정신물리학psychophysics, 음악학 연구의 결론은 화음 지각의 근본 특징들은 문화적 유산이 아니라 우리 뇌에 내장된 속성으로 보아야 한다는 것이다."라고 다름슈타트의 신경음향학자 게랄트 랑그너Gerald Langner는 말한다.

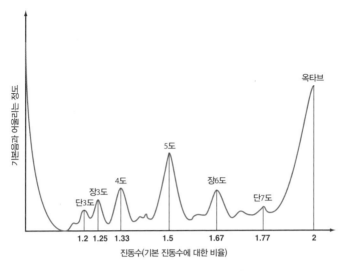

마르틴 에벨링이 계산한 음정들의 어울림(2007)

바꿔 말해서 화음의 토대는 이미 머릿속에 들어 있다. 현대 유럽인이든 1000년 전의 아프리카인이든 상관없이 모든 사람의 머릿속에 말이다.

그러나 두 음의 어울림을 이해하는 것은 화음에 대한 완전한 설명으로 나아가는 미약한 첫걸음에 불과하다. 왜냐하면 서양음악에서 화음은 항상 최소 3개의 음으로 이루어지기 때문이다. 그런 3화음 가운데 특히 두 개가 약 500년 전 이래로 서양음악사를 주도해왔다. 장3화음과 단3화음이 그것이다. 조금 단순화하여 말하면, 장3화음과 단3화음은 악곡의 성격을 결정한다. 그러니 마치 남녀와도 같은 이 두 3화음을 자세히 살펴볼 필요가 있다.


## 장조와 단조

화음은 유럽이 음악계에 안겨준 선물이다. 화음의 시초는 그레고리안 성가의 2성부 합창이었다. 그 후 르네상스 시대에는 4성부가 동시에 울려퍼졌고, 고전주의 음악과 낭만주의 음악에서는(더 나아가 재즈에서도) 6개 이상의 음이 동시에 울려 화음을 이루는 경우도 드물지 않다. 그런 다중음은 서양인의 귀에만 익숙한 것이 아니다. 지금은 세계 전역의 스피커에서 다중음이 쏟아져 나온다. 물론 이 현상은 서양의 생활양식이 경제적·정치적 이유로 확산된 것과 관련이 있겠지만, 다중음이 아시아인과 아프리카인과 아메리카인이 듣기에도 거슬리지 않았다는 점만큼은 분명해 보인다. 오늘날 세계 문화를 지배하는 국제적 팝 음악은 다양한 요소를 다른 문화권에서 들여오기도 한다. 특히 아프리카에서 들여온 리듬과 멜로디를 종종 접할 수 있다. 그러나 팝 음악의 기본 골격은 비교적 멀지 않은 과거에 유럽에서 개발된 화음들이다.

유럽의 고전음악은 화음에 집중하느라고 다른 방면에서는 어느 정도 빈곤해지는 대가를 치렀다. 그 음악의 리듬은 정말 단순하고, 멜로디도 예컨대 아랍이나 인도의 미묘하게 물결

치는 음들의 연쇄와 비교하면 그다지 복잡하지 않다. 라디오 고전음악 프로그램에서 거의 매일 방송되는 위대한 유럽 작곡가들의 히트곡들은 기본 선율이 동요보다 더 복잡하지 않다. 그 곡들을 고급 예술로 만드는 것은 다성부 구성, 곧 화음이다.

화음은 수백 년에 걸쳐 발전한 규칙 체계에서 나온다. 그 체계는 거듭 개량되었지만 또한 끊임없이 새로운 영향을 받아 뒤엎어졌다. 고전음악을 위한 화음 이론과 재즈를 위한 화음 이론이 따로 있다. 복잡하기로 따지면 우열을 가릴 수 없는 이 두 이론을 일반인에게 설명할 길은 없다(대단히 정교한 화음 규칙들을 이해하지 못하는 일반인도 귀로 화음을 음미하는 데는 전혀 지장이 없다. 골수 비밥bebop 팬은 재즈 피아니스트가 화음 규칙을 벗어나면 곧바로 알아챈다.—저자). 어울리는 음들과 그렇지 않은 음들, 음들이 일으키는 긴장과 그것의 해소에 관한 규칙들을 뇌 생리학으로 설명하려는 시도는 아마 성공 가망이 없지 싶다. 이미 보았듯이 두 음의 어울림을 따지는 데만 해도 고급 수학이 필요하다. 거기에 셋째 음까지 추가되면, 겹겹이 쌓인 배음들과 포개진 주기들이 너무 복잡해서 전체를 조망하기가 거의 불가능해진다. 마치 물리학의 3체 문제와 유사한 상황이 되는 것이다. 서로의 주위를 도는 두 천체의 궤도가 중력에 의해 어떻게 결정되는지는 물리학에서 아주 정확하게 기술할 수 있다. 그러나 셋째 천체가 추가되면, 중력 법칙은 그대로인데도, 세 천체의 궤도를 기술하는 공식을 찾기가 사실상 불가능해진다.

하지만 서양음악에서 제대로 된 화음을 구성하려면 최소 3개의 음이 필요하다. 두 음은 단 하나의 음정interval을 이룰 뿐이며, 음정은 어울릴 수도 있고 거슬릴 수도 있지만 화음 문법에서 고유한 기능을 맡지 못하며 감정적인 성격도 갖지 못한다. 세 음으로 구성된 3화음부터는 감정적 성격이 명확해진다. 특히 장3화음과 단3화음이 그렇다. 3화음부터는 장조와 단조가 구분되는데, 서양인이 듣기에 장조와 단조는 느낌의 차이가 뚜렷하다.

나에게 10년 동안 피아노를 가르친 선생은 악보대로 연주하는 것을 넘어서는 과제를 매주 내주었다. 나는 스스로 노래 한 곡을 선정해서 어울리는 반주를 고안해야 했다. 대개는 오른손으로 멜로디를 연주하면서 왼손으로 간단한 3화음들을 곁들이는 것이 나의 해법이었다. 하지만 그런 과제들을 풀면서 나는 고전음악을 정식으로 공부한 많은 음악가들도 잘 못하는 것을 배웠다. 즉, 노래를 듣고 즉석에서 반주할 줄 알게 되었다. 처음에는 화음들을 애써 짜 맞춰야 하지만, 어느 정도 익숙해지면 머리로는 화음을 들으면서 손으로는 기타나 피아노에서 거의 자동으로 화음을 짚게 된다. 그렇게

음악 본능

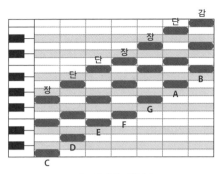

**C장조 음계의 3화음들**

한 번 들어본 노래를 즉석에서 반주하는 것을 보면 보통 사람들은 경탄한다. 오로지 따라 연주하기만 연습한 음악가들도 그렇다.

어떻게 그런 즉석 반주를 할 수 있는 것일까? 피아노에는 흰건반과 검은건반이 수두룩한데 그중에서 멜로디에 어울리는 건반들을 어떻게 찾아내는 것일까?

대답은 간단하다. 멜로디에서 강조되는 음을 포함한 3화음을 찾으면 된다. 이를 위해 음악 이론이 약간 필요하다. 서양 음악에서 가장 흔히 쓰이는 장음계major scale는 7개의 음으로 이루어졌다(113쪽 참조). 그 음들 각각을 기초로 3화음을 구성할 수 있다. 구체적으로 두 칸 떨어진 음과 네 칸 떨어진 음을 덧붙여서 3화음을 만든다. 이때 두 칸 간격을 3도 음정이라고 하므로, 3화음은 3도 음정 두 개를 쌓아놓은 것과 같다. 따라서 7가지 3화음이 존재한다.

이 코드들(화음을 '코드'라고도 한다)을 자세히 보면, 3도 음정들의 크기가 똑같지 않음을 알 수 있다. 3도에 단3도(반음 3개 간격)와 장3도(반음 4개 간격)가 있기 때문이다. 따라서 사용된 3도들의 크기에 따라 코드는 두 유형으로 나뉜다. 코드세 개(각각 C, F, G를 기초로 삼은 코드들)는 장3도 위에 단3도를 쌓은 구조다. 이런 코드를 장3화음(또는 '메이저 코드')이라고 한다. 다른 코드 세 개(각각 D, E, A를 기초로 삼은 코드들)는 단3도 위에 장3도를 쌓은 구조다. 이런 코드를 단3화음, 또는 '마이너 코드'라고 한다. 메이저 코드와 마이너 코드의 전체폭은 완전 5도다. 일곱 번째 (B를 기초로 삼은) 코드는 단3도 위에 또 단3도를 쌓은 구조이며 '감3화음'으로 불리는데 일단지금은 제쳐 두기로 하자.

이 대목에서 혼란이 생길 위험이 있으므로 분명히 해두겠

장조의 음들에 기초한 코드 7개. 어느 것이 메이저 코드이고, 어느 것이 마이너 코드인가?

음악 본능

다. 우리는 지금 장음계를 거론하고 있지만, 사용되는 코드는 때때로 단조의 성격을 띤다.

그런데 3화음을 구성할 때 아래에 단3도를 놓고 그 위에 장3도를 쌓거나 이 순서를 뒤바꾸는 것이 과연 중요할까? 그렇다. 그 순서가 서양음악이 화음을 통해 제공할 수 있는 가장 큰 차이를 만들어낸다.

어떻게 하면 구체적인 노래에 어울리는 반주 코드를 찾을 수 있을까? 오래된 〈어메이징 그레이스Amazing Grace〉의 멜로디를 예로 들어보자. 첫 단계로 나는 멜로디에서 강조되는 음들을 포함한 코드들을 찾는다. 그 음들은 다음 페이지 그림에서 검게 표현되어 있다.

나머지는 거의 수학이다. 어쩌면 그래서 내가 코드 찾기를 그토록 재미있게 느꼈는지도 모른다. 나는 수학에 푹 빠진 학생이었으니까 말이다. 지금도 나는 코드 찾기가 재미있다. 음계의 모든 음 각각은 세 가지 기본 코드에, 첫째 음이나 둘째 음이나 셋째 음으로 등장한다. 특이한 일곱 번째 코드를 제쳐두더라도, 각각의 음에 어울릴 만한 코드로 최소한 두 개가 남는다. 우리는 그 두 코드 중에서 가장 적합한 것 하나를 골라야 한다.

〈어메이징 그레이스〉에서는 최적의 코드를 아주 간단히 찾아낼 수 있다. 강조된 음들을 자세히 보면, 그것들 모두가 첫

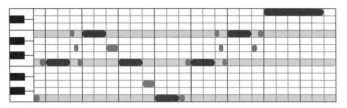

〈어메이징 그레이스〉의 멜로디

번째 기본 코드(회색 수평 띠들)에 들어 있음을 알 수 있다. 따라서 이 멜로디가 진행되는 내내 그 코드를 짚을 수 있다. 그러면 어색하게 들리지 않는다. 실제로 이 노래를 백파이프로 연주할 때는 흔히 그 코드 하나만을 배경에 깔고 그 위에서 멜로디를 진행한다(위 그림의 QR 코드에서 첫째 예).

하지만 악센트가 실리는 음 각각에 다른 코드를 대응시킬 수도 있다. 그렇게 함으로써 명백히 틀린 코드는 어디에도 없지만 전혀 어울리지 않는 반주를 만들어낼 수도 있다(위 그림의 QR 코드에서 둘째 예).

이 반주는 유럽 음악의 아주 기본적인 화음 규칙을 위반하기 때문에 어색하게 들린다. 다음 장에서 더 자세히 다룰 음악적 '문법'에 맞지 않는 반주인 것이다. 하지만 모든 것을 떠나서 이 반주는 우리가 기억하는 〈어메이징 그레이스〉와 닮지 않았다. 뒤집어 말해서 우리는 멜로디뿐 아니라 화음 골격도 기억한다.

요컨대 작곡가는 한 멜로디에 어울리는 화음들을 찾을 때 항상 선택의 여지가 있다. 유일한 정답은 없다(전혀 틀린 답은 아주 많지만). 이 때문에 화음 붙이기 작업은 쉽게 자동화할 수 없다. 이 사실을 보여주는 실례로 2008년 말에 출시된 마이크로소프트 사의 소프트웨어 '송스미스songsmith'를 들 수 있다. 사람이 노래를 불러서 멜로디를 입력하고 음악 양식을 선택하면, 송스미스 프로그램은 완전한 반주를 만들어낸다. 몇몇 멜로디에는 놀랄 만큼 훌륭한 반주가 산출된다. 그러나 때로는 기괴한 반주가 나온다. 음악을 좋아하는 인터넷 사용자들은 유명한 노래(예컨대 폴리스Police의 〈록산느Roxanne〉, 라디오헤드Radiohead의 〈크리프Creep〉)의 뮤직비디오에서 가수의 노래만 분리하고 거기에 송스미스로 만든 반주를 합성하여 영상에 덧붙이는 장난을 했다. 그런 음원을 들어보면, 가수의 목소리는 원래 그대로이고 개별 화음은 모두 노래의 음과 그런대로 어울리는데도, 전체 노래는 전혀 다른 곡으로 들린다(이 책의 웹사이트의 'Links' 참조. http://www.droesser.net/droesser_musik/links.php).

반면에 앞 그림의 QR 코드에서 셋째 예는 〈어메이징 그레이스〉에 잘 어울리는 반주를 들려준다. 이 반주는 장조 코드 3개, 즉 첫 번째 코드, 네 번째 코드, 다섯 번째 코드로 이루어지며 딱 한 곳에서만 단조 코드가 등장한다. 그곳은 약간 이색적으로 들릴 수도 있겠다.

이처럼 장음계에 기초를 둔 곡에서도 단조 코드가 얼마든지 등장할 수 있다. 단조 코드가 쓰이더라도 곡의 일반적인 장조 성격은 바뀌지 않는다. 그 성격은 가용한 음들과 으뜸음 keynote에 의해 결정된다. 장조(또는 단조) 성격은 이해하기 어렵지만 서양음악 전체에 일관된 개념이다. 사실상 모든 곡에는 '중심 음'이 있다. 멜로디는 항상 다시 그 중심 음, 곧 으뜸음으로 끌려간다. 특히 멜로디가 끝날 때 그렇다. 거의 모든 노래는 으뜸음으로 끝난다. 그러지 않으면 우리의 귀는 노래가 "아직 끝나지 않았다."고 느낄 것이다.

장음계 각각에 단음계 하나가 대응한다. 두 음계는 똑같은 음들을 사용하지만, 단음계가 장음계보다 두 음 아래에서 시작한다는 점이 다르다. 예컨대 C장조 음계에는 A단조 음계가 대응한다.

장음계에서와 유사하게 단음계에서도 음들을 가지고 코드를 구성할 수 있다. 하지만 단음계에서의 코드 구성은 조금 더 복잡하다. 왜냐하면 단음계는 때때로 변형되어 다른 코드를 얻기 때문이다. 하지만 장음계와 그에 대응하는 단음계에서 거의 동일한 음들과 화음들이 단지 으뜸음이 다르다는 이유만으로 전혀 다른 분위기를 산출한다는 것은 틀린 말이 아

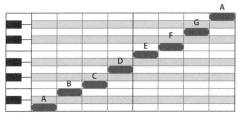

A단조 음계

니다.

◇◇◇◇◇◇

　음악적 범주인 장조와 단조는 서양인의 살과 피에 녹아들
어 있어서, 음악을 정식으로 배운 적이 없는 서양인도 장조와
단조의 차이를 금세 알아챈다. 장조와 단조를 남자와 여자에
비유하는 것은 억지가 아니다. 장조와 단조는 남자와 여자처
럼 대립하는 양극이니까 말이다. 장조와 단조는 교회선법들
church modes을 대체로 밀어냈다. 교회선법은 기본 음계의 음
다섯 개를 기초로 삼으며 묘하게도 장조와 단조의 중간쯤으
로 들린다. 서양음악은 대체로 장조와 단조로의 양극화를 선
택한 것이다. 대부분의 사람은 장조의 특징으로 기쁨, 밝음,
맑음을, 단조의 특징으로 슬픔, 어두움, 부드러움을 꼽는다.
　이 같은 성격 규정은 대개 아주 잘 들어맞는다. 비틀스의
노래를 예로 들면, 〈오블라디 오블라다Ob-la-di, ob-la-da〉, 〈여

기 해가 든다Here Comes the Sun〉, 〈내가 예순넷이 되어도When I'm sixty-four〉는 장조이고, 〈일리노어 릭비Eleanor Rigby〉, 〈모여라 Come Together〉는 단조다. 하지만 비틀스의 곡들은 장조가 확실히 우울하게 들릴 수도 있음을 보여주는 예이기도 하다. 후배 가수들이 가장 많이 부른 비틀스의 노래 〈예스터데이〉는 장조다. 〈렛 잇 비Let it Be〉도 마찬가지다. 또 비틀스의 노래 몇 곡은 의도적으로 장조와 단조를 오간다. 예컨대 〈언덕 위의 바보Fool on the Hill〉와 〈노르웨이의 숲〉이 그렇다. 이 두 곡의 전반부는 장조, 후렴구는 단조다. 여담이지만, 이와 아주 유사하게 바로크 시대의 작곡가들은 단조 곡을 밝은 장3화음으로 종결하기를 즐겼다.

고전 독일 가곡 중에는 철저히 슬프게 들리는 장조 곡이 꽤 있다(예컨대 〈보리수Am Brunnen vor dem Tore〉). 거꾸로 단조 곡이 통념과 전혀 다르게 들리는 경우도 있다. 그런 곡은 확실히 기쁨이 느껴지는 것까지는 아니더라도 에너지가 넘치고 진취적이다. 하드록과 펑크 장르는 장조보다 단조를 더 선호한다. 그런데도 예컨대 더 클래시The Clash의 〈런던 콜링London Calling〉은 내성적이고 슬픈 노래가 전혀 아니다.

서양음악에서 장조와 단조의 이분법은 오직 블루스와 거기에서 파생된 록 장르들에서만 깨졌다. 블루스에서 3도는 원래 아프리카에서 온 것으로 장3도와 단3도의 중간쯤에 위치한다. 따라서 반주를 할 때는 경우에 따라 장조 화음을 쓸 수도 있고 단조 화음을 쓸 수도 있다. 블루스 음악을 고정된 음정 체계에 맞춰보면, 멜로디는 단3도인데 반주는 장3도인 경우를 흔히 발견하게 된다. 다시 비틀스의 작품 목록에서 예를 고르면, 〈나에게 사랑을 사줄 수 없어Can't Buy me Love〉를 비롯한 로큰롤 노래들이 그렇다.

그러나 이런 예외들을 제쳐 두면, 우리는 장조와 단조의 구분을 자연스럽게 여기다시피 한다. 장조 화음은 '미리 정해져 내장된 보편 화음'이며 모든 음악의 '공통 원천'이라고 유명 지휘자 겸 작곡가 레너드 번스타인Leonard Bernstein은 말한 바 있다. 실제로 장3화음을 이루는 세 음을 배음들의 계열에서 도출할 수 있다. 진동하는 현의 제4부분음, 제5부분음, 제6부분음이 장3화음을 이룬다. 하지만 이 접근법은 단3화음을 큰 문제로 만든다. 단3화음을 이루는 음들은 자연적인 배음 계열에 포함되지 않기 때문이다. 음악 이론가들은 단3화음이 자연스럽다는 결론을 어떻게든 도출하려고 오랫동안 노력해 왔지만 성과는 그리 신통치 않다. 하지만 이런 식으로 자연스러운 음들을 운운하는 것에 대한 가장 강력한 반론은 그 음들이 다른 여러 문화의 음악에서는 등장하지 않으며 그 문화들에 속한 사람들은 그 음들을 (적어도 그것들을 오랫동안 접하지 못했다면) '이해하지' 못한다는 것이다.

따라서 서양음악의 기초 화음들에 대한 최종 판단은 이러해야 마땅하다. 그 화음들은 서양음계와 마찬가지로 비교적 후대에 발명되었다. 하지만 그것들은 천재적인 발명품이며 창의력의 폭발을 가져왔다.

## 20세기 고전음악

독일인 독자들은 코미디언 하페 케르켈링Hape Kerkeling의 전설적인 퍼포먼스 〈후르츠!Hurz!〉를 틀림없이 알 것이다. 그 퍼포먼스에서 케르켈링은 수염과 가발로 변장하고 폴란드에서 온 테너 가수의 행세를 한다. 그는 피아노 연주자와 함께 실험적인 '현대'음악을 선보인다. 그 엉터리 노래의 절정은 케르켈링이 날카롭게 내지르는 "후르츠!"라는 외침이다. 코미디언의 연기보다 더 재미있는 것은 교양을 갖춘 중산층으로 보이는 관객의 반응이다. 난감함, 그리고 이 공연이 과연 진지한 것인가에 대한 의심이 표정에 역력히 드러난다. 그러나 벌거벗은 임금님이 나오는 동화에서와 마찬가지로 벌떡 일어나 엉터리라고 외치는 사람은 아무도 없다. 그랬다가는 예술을 전혀 모르는 사람으로 낙인찍힐지도 모르기 때문이다(유튜브에서 'Hape Kerkeling Hurz'를 검색해보라. —옮긴이).

'고전'음악은 대략 20세기 초부터 소수를 위한 음악이 되어

버렸다. 그때부터 고전음악은 많은 청각적 관습과 결별했는데, 어떤 이들은 그 결별이 너무 심하다고 느낀다. 사람들은 지금도 17세기, 18세기, 19세기 작곡가들의 곡을 들으러 연주회를 순례하지만, 더 나중에 작곡된 음악은 전문가들만 듣는다. 많은 경우에 이것은 안타까운 일이다. 충분한 인기를 누리는 바로크 시대, 고전주의 시대, 낭만주의 시대의 음악이 남겨놓은 공간은 '대중음악', 곧 유행가와 뮤지컬 음악과 팝음악이 차지했다. 내 생각에 이렇게 된 이유는 현대 고전음악이 이런저런 단점을 지녔기 때문이 아니라 청자의 감정에 다가가는 데 실패하는 경우가 많다는 점에 있다. 몇몇 작곡가는 청자의 '저급한' 감정에 봉사하는 것에 대해서 거의 공황에 가까운 두려움을 가지고 있는 듯하다. 그러나 사람들이 음악에서 얻으려 하는 것은 다름 아니라 감정이다.

감정은 진화가 우리에게 선물한 '동기부여 강화제'다. 감정의 기능은 우리로 하여금 생존에 이로운 행동을 하게 만드는 것이다(232쪽 참조). 물론 감정에 따르는 것이 모든 구체적 상황에서 생존에 이롭다는 말은 아니다. 감정에 따른 탓에 너무 많이 먹거나 나쁜 사람을 섹스 상대로 선택하는 경우도 있다. 이것이 감정의 딜레마다. 감정은 개체의 장기적 생존을 목표로 삼음에도 불구하고 단기적 만족을 요구한다.

음악은 '긍정적인 감정 강화제'다. 쾌적한 감정을 일으키고 강화하며, 불쾌한 감정을 누그러뜨릴 수 있다. 음악은 뇌의 쾌락 및 보상 중추에 직접 작용한다. 그리고 여러 동물실험에서 밝혀졌듯이, 예컨대 쥐에게 뇌에서 특정 호르몬이 분비되도록 만드는 행동을 할 기회를 주면(이를테면 마약을 먹을 기회를 주면) 쥐는 그 행동을 계속 반복한다. 요컨대 행복 호르몬은 중독을 유발할 수 있다.

그러므로 사람들이 음악을 위험성 없는 감정용 도핑 수단으로 활용하는 것은 놀라운 일이 아니다. 여러 민족이 보유한 격렬한 종교적 춤에서처럼 꼭 무아지경에 도달해야 하는 것은 아니다. 우리는 잿빛 일상을 좀 더 다채롭게 만들기 위해 이어폰으로 잠깐 음악을 듣는 것도 좋아한다.

이런 견해에 반발하는 사람이 있을까? 있는 모양이다. 없다면, 미국 음악학자 데이비드 휴런이 2004년에 '음악의 다양한 쾌락'이라는 주제로 "음악에서 '쾌락 원리'를 옹호하는" 책을 쓸 이유가 없었을 테니까 말이다.

휴런은 많은 20세기 작곡가들이 옹호한 음악관에 반기를 든다. 그들은 감정에 호소하는 음악을 원하지 않았다. 그들에게 중요한 것은 오히려 음악을 더 높고 정신적이고 추상적인 수준에서 순수하게 '미학적으로' 향유하는 것이었다. 같은 시기에 회화에서 구체적 대상이 퇴출된 것과 마찬가지로 음악에서는 지성을 우회하여 힘을 발휘하는 모든 것이 제거되었

음악 본능

다. 단순한 리듬, 쉽게 외워지는 화음, 익숙한 기존 음계가 사라지고, 결국 으뜸음이라는 것 자체가 사라졌다. 아르놀트 쇤베르크의 12음 음악은 모든 음이 평등하다는 원리를 올곧게 밀어붙였다. 그리하여 쇤베르크는 한 음이 등장하고 나면 다른 11개의 음이 등장한 다음에야 다시 그 음이 등장하도록 곡을 짓기까지 했다.

특히 2차 세계대전이라는 재앙을 겪은 후에 많은 미학적 이론가들은 이제 더는 '그냥 단순하게' 음악을 만들 수 없다고 믿었다. 이제 더는 '그냥 단순하게' 시를 지을 수 없다고 믿었던 사람들처럼 말이다. 또한 실제로 그들은 그렇게 음악을 탈감정화함으로써 대중의 취향에도 영향을 끼칠 수 있다고 믿었다. 앞에서도 언급한 테오도르 아도르노는 끊임없는 '혁신'이 필수적이라고 확신했고, 소설가 다니엘 켈만Daniel Kehlmann이 어느 에세이에서 썼듯이, 그 확신에 근거하여 몇 년 지나면 사람들이 길거리에서 휘파람으로 쇤베르크의 음악을 연주할 것이라고 예언했다.

아도르노는 재즈를 혐오했지만, 재즈에서도 1950년대부터 유사한 흐름이 생겨났다. 처음에는 리듬, 멜로디, 화음이 점점 더 복잡해지더니, 결국 '프리 재즈'가 등장하여 화음과 조성으로부터의 해방을 외쳤다. 오로지 리듬의 바탕 격인 '맥박'만 퇴출을 면했다. 만약에 프리 재즈가 맥박마저 추방했다면,

프리 재즈는 재즈가 아니었을 것이다.

독일에서는 20세기 고전음악을 '새로운 음악Neue Musik'이라
고 부른다. 어느새 먼지가 덮인 '새로운 음악'을 조롱하기는
당연히 쉽다. 그러나 나는 다음을 강조하고 싶다. 우리 뇌에
확고하게 배선된 음악 회로의 법칙들을 완전히 벗어나려 하
는 음악은 장기적으로 대중의 호응을 얻지 못한다는 것을 최
근의 뇌과학 연구 성과들이 분명하게 보여준다고 나는 믿는
다. "인간적 쾌락의 메커니즘에 부합하지 않는 음악을 만들
어놓고 그 음악이 어떤 신비로운 방식으로 사람들을 사로잡
기를 기대할 수는 없다."라고 데이비드 휴런은 말한다. 작곡
가 카를하인츠 슈톡하우젠Karlheinz Stockhausen은 이런 말을 남
겼다.

"새로운 음악은 새로운 감정을 낳는다."

아마 착각이지 싶다. 감정은 수천 년 전부터 지금까지 변함
없이 그대로다.

하지만 그 감정에 부응하는 어떤 '자연스러운' 음악이 존재
한다는 말은 아니다. 이것은 터무니없다. 음악을 다루는 뇌
과학자의 대부분은 스스로 음악가이며 그 이유만으로도 귀에
익숙한 요소들만 반복하는 싸구려 음악은 별로 좋아하지 않
는다. 그저 기회주의적으로 청중의 화음 욕구를 채워주는 음
악은 지루하기 마련이다. "우리가 익히 아는 것에 기반을 두

고 다른 한편으로 무언가 새로운 것을 가져올 때, 음악은 흥미롭다."라고 서식스 대학의 슈테판 쾰시는 말한다. 어린 시절에 우리에게 각인된 음악과 아무 상관이 없는 전혀 낯선 음악들을 '열린 정신으로' 탐험하는 것도 가능하다. 예컨대 12음 음악이나 발리 섬의 가믈란 합주를 말이다.

플렌스부르크 대학의 음악학자 헤르베르트 브룬Herbert Bruhn도 협화음과 불협화음의 변증법을 강조한다. "협화음은 불협화음보다 더 쉽게 지각된다. 이것은 최신 화음 연구의 결론이다."라고 브룬은 말한다. "협화음을 들을 때 우리는 말하자면 편안하게 쉰다. 우리의 3화음들은 머리가 특히 잘 어울린다고 파악하는 음정들로 이루어졌다." 뇌는 어느 정도 연습하면 이른바 무조 음악atonal music(조성이 없을 뿐더러 조성의 법칙을 적극적으로 부정하는 쇤베르크 유파의 음악―옮긴이)도 '제대로 들을' 수 있지만, 오늘날의 고전 예술음악은 대중의 듣기 습관으로부터 멀리 떨어져 있다는 것이 브룬의 견해다. "우리 시대의 진정한 현대음악은 록과 팝에서 발생한 음악이다."라고 그는 말한다. "그 음악은 누구나 이해할 수 있는 재료를 사용하고 따라서 온 세상 사람의 호응을 얻는다."

반면에 하노버의 음악가 전문 의사이자 뇌과학자인 에카르트 알텐뮐러는 낯선 음악의 열렬한 팬이다. 2008년 '빈 모던Wien Modern' 축제에서 그는 플루트 연주자 미하엘 슈미트

Michael Schmid와 함께 우리 시대의 작곡가 브라이언 퍼니호그 Brian Ferneyhough가 지은 매우 복잡한 작품 세 곡을 청중에게 해설했다.

"그런 음악을 듣는 사람은 거의 없다. 복잡한데다가 작심하고 귀를 기울여야 하는 음악이기 때문이다. 그러나 그만큼 품을 들여서 들어보면 정말 아름다운 음악이다."

◇◇◇◇◇◇◇

지난 몇 세기 동안 일어난 음악의 격변은 일반인의 취향도 엄청나게 바꿔놓았다. 200년 전만 해도 불협화음으로 간주된 음정들과 화음들이 우리의 귀에는 때때로 감미롭게 들린다. 영화에서 무조 음악이 배경에 깔릴 때, 우리는 귀를 막지 않는다. 오히려 정신을 바짝 차리고 곧이어 악당이 모퉁이에서 나타나리라 예상하면서 전율한다. 우리는 다양한 음악 장르에 익숙해졌다. 재즈, 보사노바, 온갖 현대음악이 이젠 낯설지 않다. 우리는 진화를 통해 형성된 우리의 감각 장치와 이 음악들을 연결하는 데 성공했다. 그 장치는 수천 년 전 이래로 사실상 변함이 없는데도 말이다. 오로지 지적인 호소력만 지닌 음악은 장기적으로 성공할 수 없다. 또한 음악을 경청하기만 하지 않고 감정의 건강을 위해 활용하는 것은 음악에 대한 모독이 아니다. "나는 안정을 찾거나 생기를 회복하거나 기억을 되살리기 위해 음악을 듣는다."라고 슈테판 쾰시는 말한다. 그러면서 그는 양심의 가책을 전혀 느끼지 않는다.

훌륭한 음악가는 듣는 이에게서 감정을 일으킬 줄 안다. 이것은 하나의 기술이다. 절망한 햄릿을 연기하는 배우가 꼭 절망한 상태여야 하는 것은 아니듯이, 사랑의 노래를 부르는 가수가 꼭 사랑에 빠진 상태일 필요는 없다. 훌륭한 음악가는 듣는 이의 감정 버튼을 누를 줄 안다. 또한 음악가는 연주하면서 자신의 음악을 듣고, 연주가 잘 되는 날에는 그 음악이 그를 자동으로 적절한 감정 상태로 안내하므로, 음악가의 연주는 배우의 연기보다 훨씬 더 쉬운 셈이다.

폴 매카트니Paul McCartney는 〈예스터데이〉를 작곡할 때 미리 가사를 정해놓지 않았다. 처음에 그는 "달걀 범벅scrambled eggs"으로 시작하는 가사를 즉흥적으로 지었다. 하지만 그 노래의 감정적인 힘은 아마 그 가사에서도 발휘되었을 것이다. 결국 다행스럽게도 매카트니는 노래와 잘 어울리는 가사를 생각해냈다.

# 논리적인 노래
## 음악의 문법

음악은 그 자체로 하나의 세계,
우리 모두가 이해하는 언어를 갖춘 세계라네.
– 스티비 원더, 〈듀크 경Sir Duke〉

당신은 아래의 내용을 다 안다.

"우리(즉, 서양인)의 음악적 어법은 음높이가 정해진 음들
(예컨대 피아노의 건반이 내는 음들)의 유한집합을 바탕으로 삼
는다. 더 나아가 일반적으로 한 곡에서는 그 음들 가운데 작
은 일부만 쓰인다. 즉, 특정 음계를 이루는 음들만 쓰이는 것
이다. 대중적인 서양음악에서 가장 많이 쓰이는 음계는 온음
계다. 온음계는 일곱 가지 음으로 구성되며, 그 음들은 옥타
브 간격으로 반복된다. 이 음계의 구조는 고정적이며 음 간격
(음정)을 기준으로 볼 때 비대칭적이다. 이 음계는 온음정 다
섯 개와 반음정 두 개로 이루어졌다. 이 음계에 속한 음들은

동등하지 않고 이른바 으뜸음을 중심으로 조직된다. 한 곡은 통상 으뜸음으로 시작해서 으뜸음으로 끝난다. 다른 음들 사이에는 중요성 혹은 안전성의 위계가 존재하는데, 흔히 으뜸음을 대신하는 다섯째 음, 그리고 셋째 음은 다른 음들보다 더 밀접하게 으뜸음과 관계를 맺는다. 으뜸음과 셋째 음과 다섯째 음이 모이면 이른바 장3화음이 만들어지는데, 장3화음은 곡의 조성을 강력하게 시사한다. 나머지 음들과 으뜸음의 관계는 더 약하며, 음계에 속하지 않은 음들과 으뜸음의 관계는 더욱더 약하다. 음계에 속하지 않은 음들은 흔히 '낯선' 음으로 느껴진다."

이 인용문은 캐나다 음악학자 이사벨 페레츠의 책에서 따온 것이다. 모든 용어를 일일이 이해할 필요는 없다. 하지만 내가 장담하는데, 이 기초적인 음악 규칙들은 당신에게도 내면화되어 있다. 당신이 이 규칙들을 명시적으로 배운 적이 없다 하더라도 말이다. 적어도 당신이 서양문화권에서(혹은 최소한 서양문화권의 영향 아래에서) 성장했다면, 확실히 그렇다고 장담한다.

위 인용문의 내용을 간단히 요약하면, 서양음악은 7개의 음으로 이루어진 음계를 기초로 삼는데, 그 음들 중 하나는 곡의 중심이 되는 으뜸음이라는 것이다. 기초 음악 규칙들의 목록은 얼마든지 확장할 수 있다. 예를 들어 우리는 곡이 일정한 박자를 따를 것, 대개 그 박자가 동일한 길이의 박 2개나 3개, 또는 4개로 나뉠 것 등을 규칙으로 꼽을 수 있다. 각각의 장르에서 지켜지는 규칙들도 있다. 예컨대 팝송에서는 단락 하나가 16박이나 32박으로 이루어지리라고 예상할 수 있다. 예외적으로 블루스에 기초한 팝송에서는 후렴이 12박으로 이루어진다. 당신은 이 규칙을 지금까지 몰랐을 수도 있겠지만 틀림없이 느껴왔다. 특히 음악가가 이 암묵적인 규칙을 위반하고 블루스의 한 단락을 13박으로 늘리면, 당신은 곧바로 이상하다고 느낄 것이 분명하다.

이런 면에서 음악은 언어와 아주 유사하다. 두덴 독일어 문법 사전Grammatik-Duden에 등재된 1164번 규칙은 아래와 같다.

"문장 안에서 주어와 동사의 어미는 일반적으로 인칭과 수가 일치한다."

이 규칙도 꼭 이해할 필요는 없다. 당신은 독일어 문장을 구사할 때 동사를 주어에 맞게 활용함으로써 자동으로 이 규칙을 지킨다. 독일인은 "Die Rose blüht(장미가 핀다)."라고 말하거나 "Die Rosen blühen(장미들이 핀다)."이라고 말한다. "Die Rosen blüht."라는 문장을 들으면 독일인은 저 규칙을 명시적으로 배운 적이 없어도 이 문장이 틀렸음을 안다. 독일인은 저 규칙을 말하자면 모유와 함께 빨아먹었기에(독일인에게 독일어는 '모어'다) 완벽하게 준수한다.

모어를 습득할 때 이런 규칙들을 익히는 방식과 나중에 외국어를 배우면서 문법 규칙들을 익히는 방식은 전혀 다르다. 독일인은 독일어가 얼마나 복잡한지 모르고 살다가 독일어를 배우는 외국인이 머리를 쥐어뜯으며 옳은 표현을 물어올 때 비로소 알게 되는 경우가 많다. 그럴 때 독일인은 자신의 언어 감각에 의지하여 신속하게 규칙을 구성해내기도 하지만 그러지 못하는 경우가 더 많다. 당신이 독일인이라 하더라도 다음 질문에 뾰족한 대답을 내놓을 수는 없을 것이다. 왜 독일어에서는 "Er wohnt in einem großen Haus(그는 큰 집에서 산다)."라고 말할까? "in einem großem Haus."(이 표현에서는 형용사 어미가 문법에 맞지 않음―옮긴이)라고 하는 것이 훨씬 더 논리적이지 않을까?

음악에도 학습된 암묵적 규칙들이 있고 음악을 들을 때 우리는 그 규칙들에 의거하여 "맞다." 또는 "틀리다."는 인상을 받는 것으로 보이므로, 오늘날 대부분의 음악학자는 음악의 문법을 거론한다. 그리고 언어에서와 마찬가지로 우리는 음악에 노출됨으로써 그 규칙들을 배우는 것으로 보인다. 그것들을 배우기 위해 몇 년 동안 공부할 필요는 없다. 물론 올바른 작곡을 위한 규칙들은 복잡하다(또한 음악의 장르와 시대에 따라 대단히 다양하다). 하지만 그 규칙들을 모르는 일반인도 음악을 들으면 그것이 시대와 장르에 맞게 작곡되었는지 알 수 있다.

## 기대의 생물학

멜로디를 이루는 음들이 아무렇게나 늘어서 있는 것은 아님을 간단한 예를 통해 확인해보자. 161쪽에는 동요 〈내 모든 꼬마오리들〉의 도입부 멜로디가 그림으로 표현되어 있다. 나는 그 멜로디를 변형하여 여러 멜로디를 구성했다. 그 과정에서 몇 가지 규칙을 지켰다. 우선 내가 구성한 모든 멜로디는 원본 멜로디와 동일한 음계(C장조)를 사용한다. 또한 시작과 끝이 모두 으뜸음 C다. 리듬도 원본과 같고, 원본에서 같은 음이 반복되는 대목에서는 변형 멜로디에서도 같은 음이 반복된다. 나머지 모든 것은 우연의 원리에 따라 결정했다. 쉽게 말해서 어떤 음을 선택할지를 사실상 주사위 던지기로 결정했다.

다음 그림은 내가 얻은 변형 멜로디 하나를 나타낸 것이다. QR 코드를 통해서 이 멜로디를 비롯한 변형 멜로디 3개를 들을 수 있다.

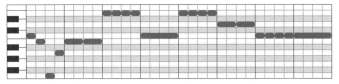

〈내 모든 꼬마오리들〉을 변형한 멜로디

내가 장담하는데, 들어보면 이상야릇할 것이다. 이 멜로디들도 일종의 음악이라는 점은 분명해 보인다. 음들이 익숙하고 일정한 범위 안에 있으며 첫 음과 마지막 음이 명확해서 어느 정도 갈피도 잡힌다. 하지만 그럼에도 '제대로 된' 음악처럼 들리지는 않는다. 나는 이 멜로디들을 '작곡할' 때 몇 가지 규칙을 지켰지만 매우 중요한 다른 규칙들을 위반한 것이 분명하다. 과연 어떤 규칙들을 위반했을까?

지난 몇 년 동안 심리학자들은 서양인들이 멜로디를 들을 때 무엇을 기대하는지 알아내기 위한 연구를 몇 건 진행했다. 또한 실제 멜로디들이 어떻게 진행되는지에 대한 통계적 연구도 이루어졌다. 이를 통해 발견한 아래의 몇 가지 규칙은 〈내 모든 꼬마오리들〉에서도 잘 지켜진다.

- 작은 폭의 음 이행이 큰 폭의 음 이행보다 더 잦다. 161쪽에 있는 〈내 모든 꼬마오리들〉의 도입부에서 처음 8개의 음 이행은 한 음 올라가거나 내려가는 것뿐이다. 그 다음에 비로소 두 음 건너뛰기가 나오고 맨 끝에 네 음 건너뛰기가 나온다.
- 멜로디가 한 방향으로 움직일 경우, 그 방향을 유지하는 경향이 있다. 161쪽의 예에서 멜로디는 다섯 번 위로 이동하고, 이어서 세 번 아래로 이동하며, 마지막에 두 번

도약한다. 끊임없는 방향 전환은 사실상 베토벤의 〈엘리제를 위하여Für Elise〉처럼 트릴의 성격을 띤 멜로디에서만 등장한다.

• 멜로디는 흔히 원호의 형태를 띤다. 전체적인 윤곽을 보면, 아래에서 천천히 절정으로 올라간 다음에 다시 처음 음높이로 내려간다. 우리의 예는 이 규칙도 완벽하게 지킨다.

물론 이 모든 것은 아주 개략적인 규칙이며, 어느 것도 절대적이지 않다. 음 이행의 폭이 항상 좁은 멜로디는 지루하기 십상이다. 또는 특이하다. 림스키−코르사코프Rimski-Korsakow가 작곡한 격렬하고 연주하기 어려운 피아노 곡 〈왕벌의 비행 Flight of the Bumblebee〉의 주제는 반음 간격의 음 이행만으로 이루어져서 연속적인 운동이 일어나는 듯한 착각을 불러일으킨다. 심지어 빠른 상향 및 하향 운동도 그런 식으로 해체되어 실제로 벌이 윙윙거리는 듯한 인상을 자아낸다. 이 멜로디는 이렇게 통상적인 규칙을 위반하기 때문에 독특하다.

◇◇◇◇◇◇◇

그런데 우리는 멜로디가 적절한지 여부를 판단하는 안목을 어떻게 획득하는 것일까? 음악적 규칙들은 어떻게 우리에게 내면화되는 것일까? 대답은 결국 모든 것이 통계에 달려 있다는 것이다. 어떤 멜로디를 자주 들으면, 언젠가부터 우리는 그 멜로디를 익숙하게 느낀다. 드물게 듣는 멜로디는 '옳은' 멜로디의 목록에서 삭제된다. 이를 눈 덮인 숲에 길이 나는 과정에 빗댈 수 있다. 숲을 통과하는 방법은 다양하지만, 일단 누군가가 눈 위에 발자국을 남기면, 다른 이들이 그 흔적을 따라 걸어 넓은 길이 생긴다. 그리하여 결국엔 숲을 건너는 다수의 가능한 길 중에 소수만 남는다.

멜로디가 익숙해지는 것도 이와 유사하다는 가설은 1999년에 미국 로체스터 대학의 제니 사프란Jenny Saffran과 리처드 애슬린Richard Aslin이 수행한 인상적인 실험에서 입증되었다. 이들은 우선 각각 세 음으로 이루어진 멜로디 '원자' 여섯 개를 만들었다(다음 페이지 그림 참조). 이때 이를테면 3화음과 같은 통상적인 음 조합은 의도적으로 피했다. 하지만 음들을 완전히 무작위로 선택하지도 않았다. 즉, 몇몇 음은 자주 사용하고 다른 음은 드물게 사용했다.

그런 다음에 그 요소들을 무작위로 연결하여 7분짜리 멜로디를 구성했다. 단, 한 요소가 연달아 두 번 나오는 것은 (명백한 반복을 피하기 위해) 허용하지 않았다. 나는 그런 우연적인 멜로디 하나를 스스로 구성해보았다. 다음 QR 코드를 통해서 그 멜로디의 일부(1분 분량)를 들을 수 있다.

음악 본능

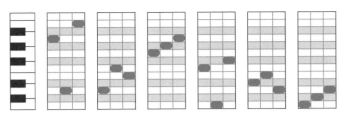

**제니 사프란과 리처드 애슬린의 실험에서 사용된 비음악적 '원자들'**

음들을 세 개씩 묶어서 들으려 애쓰지 말라. 원래 실험 참가자들은 이 멜로디가 어떻게 구성되었는지 몰랐다. 당신은 이 멜로디가 전혀 음악 같지 않다고 느낄 것이다. 또 이 실험에 참가하는 사람에게는 수고료를 지불해야 마땅하다는 생각도 들 것이다(나는 피아노 소리를 사용했지만, 원래 실험에서는 사인음파가 쓰였다). 1분 동안 듣고 나니, 몇몇 대목을 다시 들으면 알아챌 수 있겠다는 느낌이 드는가?

원래 실험의 참가자들은 이 멜로디를 연달아 세 번 들었다. 유의할 것은 이 멜로디가 그저 음들의 무미건조한 연쇄라는 점이다. 음들이 세 개씩 묶인다는 점은 특별히 드러나지 않는다. 중간에 쉬는 대목도 없고 특별한 악센트도 없다. 연구진은 실험 참가자들에게 왜 이 멜로디를 듣는지조차 설명해주지 않았다. 그들은 그냥 듣기만 해야 했다.

그런 다음에 시험을 치렀다. 실험 참가자들은 세 음으로 이루어진 멜로디 원자 36쌍을 차례로 들었다. 이때 쌍을 이룬 두 원자 중 하나는 그들이 들은 멜로디의 구성 요소 6개 중 하나였고, 다른 하나는 그렇지 않았다. 참가자들은 멜로디 원자 한 쌍을 듣고 나서 어느 원자가 더 익숙하게 느껴지는지 답해야 했다. 결과는 명백했다. 그들은 방금 들은 멜로디의 구성 요소를 50퍼센트가 훨씬 넘는 확률로 알아맞혔다.

이 실험에서 특히 흥미로운 대목은 이것이다. 쌍을 이룬 두 원자 중에 이 참가자 집단이 들은 멜로디의 구성 요소가 아닌 원자는 다른 참가자 집단이 들은 멜로디의 구성 요소였다. 그 두 번째 집단도 시험을 치렀는데, 그들도 첫 번째 집단과 똑같은 정확도로 '그들의' 멜로디 구성 요소를 알아맞혔다.

이 실험에 참가한 사람들이 자신도 모르는 사이에 수행한 학습을 일컬어 '통계적 학습'이라고 한다. 통계적 학습은 아기가 채택할 수 있는 유일한 학습 방법이다. 아기는 말을 배워야 하는데, 어른이 아기에게 말을 말로 설명할 수는 없다. 어른의 아기 말투(46쪽 참조)가 아기의 말 배우기를 쉽게 하는 것은 사실이지만, 그럼에도 말 배우기는 어마어마한 과제다.

말 배우기에서도 관건은 음향 신호들의 연속적 흐름에서 의미를 보유한 음향 요소들을 '분절화'를 통해 걸러내는 것이다. 이 작업을 아주 어렵게 만드는 주요 원인의 하나는 음향 신호에서 음절들 사이의 경계가 불분명하다는 점이다. 예컨대 아기가 "마마마마마mamamamama"라는 신호 사슬을 듣는다면, 계속 반복되는 음절은 "마ma"일까, 아니면 "암am"일까? 대답은 통계에서 찾을 수밖에 없다. "마"가 다른 음절들과 결합한 형태로도 더 자주 등장한다면, 아기는 차츰 "암"보다 "마"를 더 선호하게 된다.

실험 참가자들에게 멜로디 원자 6개로 이루어진 '음악 언어'를 들려준 연구자들은 그보다 먼저 아기들에게 작위적인 언어를 들려주는 실험을 성공적으로 수행한 바 있었다. 통계적인 음악-조건화는 생후 8개월의 아기들에서도 충분한 신뢰도로 일어났다.


## 미래감각

말과 음악은 시간상에서 흘러가는 감각 인상이다. 그림과 달리 음악은 전체 인상을 제공하지 않고 항상 순간적 인상만 제공하고, 미래의 전개는 불명확하다. 혹은 적어도 불명확할 때가 많다. —물론 우리가 벌써 1000번쯤 들어서 모든 음을 일일이 아는 곡들도 있다. 그런 곡은 익숙한 것의 매력을 지녔다. 즉, 우리의 기대에 믿음직스럽게 부응한다. 그런 음악을 들으면 우리는 기분이 좋아진다.

경험을 미리 떠올리는 것을 '예상anticipation'이라고 하는데,

음악심리학자 데이비드 휴런은 예상을 음악의 본질적 요소로 본다. 그는 이 견해를 중심으로 『달콤한 예상Sweet Anticipation』이라는 책을 썼다. 이 책은 기대가 우리의 음악 듣기를 어떻게 통제하는지를 예리하게 분석한다.

휴런이 보기에 예상은 거의 고유한 감각의 반열에 든다. 즉, 예상은 미래감각이다. 우리는 아직 전혀 일어나지 않은 사건을 말 그대로 예언자들처럼 떠올리는 능력을 갖췄다. 그리고 실제 사건이 우리가 떠올린 대로 일어나면, 만족을 느낀다. 아기들도 예컨대 중력에 대한 천부적인 감각을 지녀서 공이 아래로 떨어질 것을 예상한다. 카메라를 거꾸로 들고 동영상을 찍어서 공이 위로 떨어지는 광경을 보여주면, 아기들은 당혹스러워한다.

진화론의 시각에서 보면, 이런 '미래감각'의 이점은 자명하다. 미래를 옳게 예측하고 대비할 수 있는 생물은 그렇지 않은 (모든 사건이 느닷없이 일어난다고 느끼는) 생물보다 생존 확률이 훨씬 더 높을 것이 뻔하다. 근처 덤불에서 부스럭거리는 소리가 나는 것을 듣고 곧 검치호랑이가 튀어나오겠구나 하고 생각하는 놈은 제때에 달아날 수 있다. 반면에 그 신호를 옳게 해석하지 못하는 놈은 검치호랑이의 저녁거리가 될 가능성이 더 높다.

이런 진화론적 시각에서 보면, 우리는 놀람을 전혀 좋아하지 않는다. 놀람은 우리가 미래에 대해서 품은 생각이 틀렸다는, 우리의 미래감각이 엉터리라는 증거이니까 말이다. 과거의 혹독한 환경에서 예상 밖의 놀라운 사건은 치명적일 수 있었다. 그래서 우리는 그런 사건에 '경악 반사alarm reflex'로 반응한다. 즉, 달아나거나, 온 힘을 끌어내 싸우거나, 말 그대로 뱀 앞의 쥐처럼 마비된다.

데이비드 휴런에 따르면, 음악은 미래감각을 놀이하듯이 훈련하기 위한 이상적인 수단이다. 음악에서 놀라운 사건은 우리를 잠시 멈칫하게 만들고 심지어 소름까지 유발하지만 생명을 위협하지 않는다. 우리는 충격을 받은 직후에 스스로에게 이렇게 말한다. 침착해, 아무 일도 일어나지 않을 테니까. 이런 의미에서 음악은 안전 울타리 안에서 잘못에 대한 처벌 없이 뇌를 훈련시키는 놀이다.

미래감각은 보상 시스템과 연결되어 있다. 그래서 예측이 틀리면 비상경보가 발령되는 것처럼, 예측이 맞으면 쾌락 호르몬들이 분비된다. 음악을 들을 때 우리는 예측이 맞으면 쾌감을 느낀다. "쿵 따 따"가 세 번 반복된 다음에 다시 큰북이 "쿵" 하고 강하게 울리면 우리는 짜릿해진다. 이것이 내가 앞 장에서 언급한 휴런의 '쾌락 원리', 즉 익숙한 것에서 쾌락을 느끼는 원리다.

우리는 익숙한 음악을 기가 막히게 식별해내는데, 이 능력의 배후에도 익숙한 것에서 느끼는 쾌락이 있다. 우리 뇌는 들려오는 음악을 이미 아는 음악들과 비교하는데, 이때 뇌가 가장 열망하는 것은 가능하면 빨리 일치를 발견하는 것이다. 다섯 번째 장에서 언급했듯이, 음색 정보를 온전히 갖춘 원본 녹음을 들려줄 경우, 뇌는 이 일치를 몇 초 내로 발견한다. 또한 피아노로 단선율 멜로디만 들려주어도, 우리 뇌는 익숙한 음악을 놀랍도록 빠르게 식별해낸다.

한 실험에서 데이비드 휴런은 참가자들에게 그들이 잘 아는 멜로디 몇 개를 들려주었다. 처음에는 멜로디의 첫 음만 들려주었다. 물론 첫 음만 듣고 이어질 멜로디를 알아맞히는 것은 불가능하지만 말이다. 그 다음에는 첫 음과 둘째 음을 들려주고, 세 번째 시기에는 처음 세 음을 들려주는 식으로, 매번 음의 개수를 늘려가며 들려주었다. 참가자들은 매 시기에 음들을 듣고 어떤 멜로디인지 알아맞히기를 시도했다. 다음 페이지 그림은 휴런이 얻은 실험 결과의 일부를 보여준다. 세 가지 멜로디, 곧 베토벤의 〈엘리제를 위하여〉, 바그너의 오페라 〈로엔그린Lohengrin〉에 나오는 (미국의 모든 결혼식에서 연주되다시피 하는) 〈결혼행진곡〉, 독일 가곡 〈소나무야ㅇ

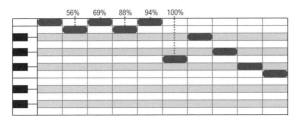

베토벤, 〈엘리제를 위하여〉

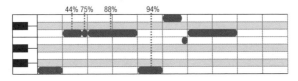

바그너, 〈결혼행진곡〉

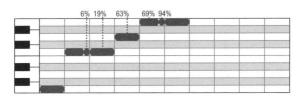

독일 가곡 〈소나무야〉

Tannenbaum〉가 표시되어 있는데, 음들 위의 수치는 해당 음까지 듣고 멜로디를 알아맞힌 참가자의 비율을 나타낸다.

보다시피 〈엘리제를 위하여〉의 주제를 두 음만 듣고 알아맞힌 참가자가 무려 56퍼센트에 달한다! 다음 두 멜로디에서 나온 결과도 흥미롭다. 이 멜로디들은 처음 네 음이 리듬까지 일치한다. 그러나 참가자들은 〈결혼행진곡〉을 훨씬 더 빨리 알아맞혔다. 참가자들은 지난 1년 동안 〈결혼행진곡〉을 15

회, 〈소나무야〉를 8회 들었다고 보고했는데, 이 차이 때문에 그런 결과가 나온 것일 수 있다. 그렇다면 이 결과도 청취 횟수가 우리의 멜로디 인지 능력에 큰 영향을 미침을 보여주는 셈이다. 나는 데이비드 휴런이 이 실험을 어느 계절에 했는지 모르지만 12월에 하지는 않았을 것이라고 거의 확신한다.

익숙한 것에 대한 우리의 선호는 중독에 가깝기 때문에, 독창적인 예술작품의 개념을 상대화할 필요가 있다. 우리가 듣는 음악이 우리의 청각에 영향을 끼친다는 점만 감안해도 알 수 있듯이, 말하자면 무에서 전혀 새로운 것을 창조한다고 자부할 수 있는 작곡가는 아무도 없다. 새로운 작곡의 대부분은 작곡가가 겪은 청각 경험의 '리믹스remix'이고, 기존 경험을 정말 근본적으로 벗어나 새로운 양식을 창조하는 작곡은 극히 드물다. 더구나 과거에는 입에서 입으로 전해지는 것이 음악 확산의 유일한 길이었고, 모든 음악가는 기존 음악을 바탕에 깔고 자기 고유의 색채―새로운 가사나 음악적 표현―를 첨가했다. 음악이 악보에 기록되고 출판사를 통해 배포되면서 비로소 사람들은 악구에 저작권을 부여했고, 결국 〈해피 버스데이〉를 부를 때에도 저작권료를 내야 하는 세상이 도래했다. 심지어 때로는 특정 노래에서 무엇이 새롭고 무엇이 표절인지를 가리는 재판까지 열린다. 2009년 초에 뮌헨 지방법원은 8년에 걸친 소송 끝에, 1990년에 게리 무어Gary Moore가 작

음악 본능

곡한 세계적인 히트곡 〈아직도 우울해요Still got the Blues〉의 기타 테마가 슈바벤 지방의 무명 밴드 유즈 갤러리Jud's Gallery가 1974년에 발표한 곡 〈노르트라흐Nordrach〉의 표절이라고 판결했다.

무어는 끝까지 결백을 주장했지만, 그가 1970년대에 오랫동안 본에 머물렀을 뿐더러 그 독일 밴드의 콘서트에 갔을 가능성이 있음이 밝혀졌다. 그러므로 원고와 피고 모두가 정당할 수도 있다. 유즈 갤러리는 실제로 무어의 히트곡이 자신들의 중독성 멜로디를 기초로 삼았기 때문에 소송을 제기한 것이고, 월드스타 무어는 전혀 의식하지 못하는 사이에 표절을 저지른 것이니까 말이다. 우리는 음악을 기억하는 능력이 엄청나게 뛰어나고 익숙한 것을 편애하기 때문에, 음악 저작권 침해는 끊임없이 일어나기 마련이다.

우리가 음악에서 일차적으로 추구하는 바는 우리의 예상이

 Nordrach

《SWF-Session Vol. 1》, 2000

1970년대에 무명 밴드로 활동한 유즈 갤러리의 노래들을 독일 SWR 방송국 스튜디오에서 녹음하여 발매한 앨범. 게리 무어가 표절했다고 판결된 〈노르트라흐Nordrach〉가 수록되어 있다.

실현되는 것이라는 주장에 일부 음악 팬은 어쩌면 선뜻 동의하기 어려울 것이다. 음악 산업은 항상 새로운 것을 추구하지 않는가. 새로운 스타와 샛별 신인, 새로운 히트곡이 음악 산업의 목표가 아닌가. 골수 음악 팬들은 항상 최신 밴드와 최신 사운드를 찾아다니지 않는가 말이다.

물론 그렇다. 그러나 끊임없이 히트곡을 내야 한다는 압박은 일차적으로 경제적인 것이다. 실제로 음반 회사들이 고객에게 제공하는 상품의 99퍼센트는 고객이 이미 좋아하는 음악이다. 즉, 이미 잘 알려진 가수가 가능하면 음악적 실험 없이 대중의 기대에 맞춰 부른 노래들이다. 닐 영Neil Young, 조니 미첼Joni Mitchell, 프린스Prince 등은 이미 음반사와 분쟁을 겪은 바 있다. 왜냐하면 이들의 최신 녹음이 음반사가 생각하는 대중의 기대와 어긋나기 때문이었다. 라디오에서 1980년대와 1990년대(그리고 현재)의 히트곡이 방송되는 횟수는 점점 증가하는 추세다.

대다수의 평범한 사람은 적당히 나이가 들면 최신 유행을 따르기를 그치고 자신이 좋아하는 음악 장르에 편안히 붙박인다(357쪽 참조). 고전음악 애호가들이 즐겨 듣는 작품들의 목록도 있는데, 그 목록은 지난 100년 동안 보충되지 않다시피 했다.

하지만 당연히 음악에는 놀라움이 끼어들 자리도 있다. 미

음악 본능

래감각을 훈련할 때 우리는 만만치 않은 도전에 직면하는 것
도 원한다. 모든 예상에 충실히 부응하는 음악은 지루하고 기
껏해야 엘리베이터용 배경음악으로나 쓸모가 있다.

　음악은 다양한 수단으로 놀람을 유발할 수 있다. 음악에 관
여하는 모든 매개변수, 예컨대 멜로디, 리듬, 화음, 음색이
그 수단으로 쓰인다. 밥 딜런이 1965년 뉴포트 포크 페스티
벌Newport Folk Festival에서 어쿠스틱 기타를 전기 기타로 바꾸고
포크를 록으로 바꿔 사운드를 완전히 변화시킨 일은 큰 논란
을 일으켰고, 그의 오랜 팬들 중 일부는 그 익숙한 것과의 결
별을 납득할 수 없어 그에게 등을 돌렸다. 비틀스는 작품들에
서 끊임없이 관습을 위반한다. 〈예스터데이〉에서는 관습적인
박자를 위반하고(주제가 특이하게도 7박자다), 관습적인 멜로
디와(〈포 노 원For No One〉은 으뜸음이 아니라 5도음으로 끝난다) 화
음에서도(장조의 버금딸림화음을 단조 화음으로 바꿀 때가 많다.
예컨대 〈미셸Michelle〉) 즐겨 관습을 깬다. 고전음악에서는 청자
를 어리둥절하게 만드는 수단으로 이른바 '거짓마침deceptive
cadence'이 애용된다. 거짓마침이란 곡의 종결이 예상되는 대
목에서 으뜸화음 대신에 다른 화음(예컨대 C장조 대신에 A단
조)을 사용하는 것을 말한다. 이렇게 하면 곡이 종결되지 않
고 마침내 으뜸화음이 나올 때까지 더 진행될 수 있다.

　화음뿐 아니라 멜로디와도 관련이 있는 이 거짓마침은 아

주 단순한 곡들에서도 쓰인다. 으뜸화음이 아닌 모든 화음은 균형을 깨뜨림으로써 곡이 여기에서 끝날 수는 없고 어떻게든 더 진행되어야 함을 분명하게 알려준다. 이런 구실을 하는 일부 화음과 멜로디는 음악가들이 '긴장'이라고 부르는 것을 특히 강하게 일으킨다. 긴장 상황에서 청자는 긴장의 해소를 갈망하게 된다. 장음계의 일곱 번째 음, 곧 기본음의 옥타브에서 반음 내려간 음을 일컬어 '이끎음leading tone'이라고 한다. 왜냐하면 이 음 다음에는 긴장을 해소하는 기본음이 거의 항상 나오기 때문이다. 화음에서는 '딸림7화음dominant seventh'이 그런 구실을 한다. 딸림7화음은 5도음을 밑음으로 삼은 장3화음에 밑음에서 단7도 떨어진 음을 덧붙여서 만든다.—모차르트가 아버지를 괴롭히기 위해 피아노로 연주한 화음은 틀림없이 딸림7화음이었을 것이다. 음악가들은 특히 고전음악곡의 종결부에서 딸림7화음에 이르면 즐겨 연주 속도를 늦춰 긴장을 높인다. 그러다가 결국 긴장을 해소하는 기본음이 나와 곡을 '제자리로' 보내고 청자의 기대를 충족시킨다.

데이비드 휴런은 예상의 심리학을 이른바 ITPRA(상상 imagination, 긴장tension, 예측prediction, 반응response, 평가appraisal를 뜻하는 영어 단어의 첫 철자들을 이어 만든 명칭임) 이론으로 정리했다. 이 이론은 다른 분야들에서도 타당하지만 특히 음악에 잘 적용된다.

I : 상상 단계에서 우리는 상황이 어떻게 전개될지 떠올리면서 우리가 느낄 감정과 보일 반응을 상상한다.

T : 긴장이 고조된다. 우리 몸은 가능한 반응을 준비한다(도망갈까? 공격할까?). 근육이 긴장하고, 전반적으로 각성 수준이 높아진다.

P : 사건이 시작되고 나면, 우리는 우리의 예상을 평가한다. 그 예상이 옳았는가, 아니면 전혀 다른 일이 벌어졌는가? 어느 대답이 나오느냐에 따라 긍정적이거나 부정적인 감정이 든다.

R : 이제 반응해야 할 때다. 첫 반응은 자동적이고 무의식적이다. 그러니까 예컨대 뒷덜미의 털이 곤두서는 반응이나 도주逃走 반사가 일어난다. 우리는 이 반응을 제어할 수 없으며, 일단 학습된 반응을 다시 떨쳐내기는 매우 어렵다.

A : 어느 정도 시간이 지난 다음에야 우리는 상황을 평가하고 예컨대 알고 보니 어떤 위험도 없으며 도주 반사는 터무니없이 지나친 반응이었다는 판단에 이른다. 이 단계에 우리는 미래를 위한 학습도 한다. 우리가 이 사건 전체를 감정적으로 어떻게 평가할지는 궁극적으로 이 단계에 달려 있다.

따라서 우리는 예컨대 롤러코스터를 탈 때는 몹시 겁을 내면서도 결국엔 그것을 재미있는 놀이로 판단할 수 있다. "한 번 더!"라고 아이는 말한다. 그리고 당연한 말이지만 음악 듣기는 거의 늘 이런 식으로 흥분을 자아내지만 위험하지 않은 경험으로 평가된다.

예상 이론은 음악가와 작곡가에게 어떤 교훈을 줄까? 음악이 청자들의 반응을 일으키는 메커니즘을 이해하는 것이 좋다는 교훈을 준다. 음악가의 목표가 반드시 '좋은' 느낌을 일으키는 것일 필요는 없다. 20세기 음악의 상당 부분은 (두 차례에 걸친 참혹한 세계대전의 영향을 적잖이 받아) 불편함, '부정적인' 감정, 해소되지 않은 긴장을 의도적으로 추구했다. 당연히 예술은 그럴 자유가 있다. 예술은 충격을 가하고, 공포를 일으키고, 심지어 괴로움을 안겨줘도 된다. 청중의 예상은 전혀 고정적이지 않다. 사람들은 특정한 음악에 노출됨을 통해서만 그 음악을 자신의 내면적인 음악 목록에 끼워 넣는다. 그리고 다음번에 그 음악을 들으면 벌써 낯설지 않게 여긴다. 그러나 청중의 음악적 취향을 재학습시켜 길거리에서 12음계 음악을 휘파람으로 불게 만들 수 있다는 생각은 틀림없이 착각으로 머물 것이다. 왜냐하면 예상이 실현되기를 바라는 우리의 생물학적 욕구가 워낙 커서 그런 재학습은 불가능에 가깝기 때문이다.

## 문법적인 뇌

뇌가 음악적 문법의 위반에 어떻게 반응하는지를 뇌 전도에서 직접 읽어낼 수 있다. 이 분야의 선구적인 연구는 독일 과학자 슈테판 쾰시에 의해 이루어졌다.

쾰시는 음악 전공으로 대학을 졸업한 다음에 심리학 전공 대학생 신분으로 1997년에 라이프치히 인지과학 및 신경과학 막스플랑크 연구소에서 실습을 했다. 언어 신경인지neurocognition 분야의 전문가인 연구소장 앙겔라 프리데리치Angela Friederici는 언어 인지 관련 실험들을 뇌에서의 음악 처리에 적용할 수 있을 만한 사람을 오래전부터 물색하던 차였다.

프리데리치는 피실험자의 뇌가 '비문법적' 문장에 어떻게 반응하는지를 몇 년 동안 연구했다. 연구진은 피실험자들에게 텍스트를 읽어주었는데, 그 텍스트에서 문법 규칙을 위반한 문장이 나오자마자 피실험자들의 뇌 전도는 신속하고 뚜렷하게 부정적인 반응을 나타냈다. 예컨대 "Die Gans wurde im gefüttert(거위가 먹이를 안에 받았다)."는 문장이 그런 반응을 일으켰다. 이 문장은 우리에게 익숙한 규칙들에 맞게 구성되지 않았다. 뇌는 'gefüttert'라는 단어를 듣자마자 0.1초 내로 뇌과학자들이 '엘란ELAN(early left anterior negativity)'이라고 부르는 급격한 반응을 좌뇌반구에 국한해서 나타낸다. 의미론적 규칙 위반, 즉 의미의 결함을 알아채는 데는 더 긴 시간이 걸린다.

예컨대 "Er bestrich sein Brot mit Socken(그는 빵에 양말을 발랐다)."이라는 문장을 들은 뇌가 의미론적 문제에 항의하는 반응을 보이는 데는 약 0.4초가 걸린다. 이 반응은 뇌 전도에서 N400이라는 톱니 모양의 특징적인 선으로 나타난다.

쾰시는 이런 반응들이 음악을 들을 때에도 일어나리라고 예상했다. 음악가인 그는 서양음악의 기본 규칙들을 잘 알았고 한 곡 안에서 화음들이 따르는 문법에도 익숙했다. 그는 피실험자들 앞에서 피아노를 쳐서 화음들의 연쇄를 들려주었는데, 그 화음들 중에는 이른바 '나폴리6화음Neapolitan sixth chord'도 포함되어 있었다. 이 화음은 본래의 조성에서 상당히 멀리 떨어진 3화음이다. 나폴리화음은 항상 틀린 화음으로 들리는 것은 아니지만—바로크 이후 모든 시대의 작곡가가 나폴리화음을 장식 수단으로 사용했다—낯설게 들린다. 그리고 한 곡의 끝에 나폴리화음이 나오는 것은 전혀 논리적이지 않다.

이 책에서 예외적으로 등장하는 다음의 악보는 쾰시가 연주한 화음 연쇄의 예들이다. 악보에 대해서 아는 바가 별로 없는 사람이라도 나폴리6화음에 붙은 내림표들을 보면 그 화음이 본래 조성과 거리가 멀다는 점을 알아챌 수 있을 것이다. 또한 이 화음 연쇄들을 QR 코드를 통해서 들을 수 있다.

첫째 예는 한 곡의 종결부로서 평범하고 무난하다. 둘째 예

'평범한' 종결부

나폴리6화음이 세 번째 화음으로 등장함

나폴리6화음이 맨 끝에 등장함

에서는 나폴리6화음이 세 번째 화음으로 등장하는데, 이 정도만 되어도 충분히 낯설게 들린다. 셋째 예에서는 나폴리6화음이 맨 끝에 나와 더없이 어색한 느낌을 자아낸다.

실습생 쾰시는 피실험자들의 반응을 측정하기 시작했고 곧 다음과 같은 명백한 결론에 도달했다. 인간의 뇌는 언어 규칙 위반에 반응할 때와 아주 유사한 방식으로 음악 규칙 위반에 반응한다. 쾰시는 뇌 전도에서 뚜렷한 반응을 포착하는 데 성공했다. 다만, 이번에는 뇌 전도에서 음의 방향으로 톱니가 돋는 것으로 표현되는 그 반응이 우뇌반구에 국한되었다. 즉, 비문법적 문장에 대한 엘란ELAN 반응의 장소인 브로카 영역과 좌우 대칭을 이루는 구역에서 반응이 일어난 것이다. 이 때문에 그 반응을 '에란ERAN(early right anterior negativity)'이라고 부른다.

퀼시의 연구팀이 거둔 성과는 인간이 음악의 화음 구조에 대한 감각을 가졌음이 분명함을 알아낸 것에 국한되지 않는다. 그들은 그 감각을 음치로 자처하는 사람까지 포함해서 거의 누구나 지녔다는 점도 보여주었다. 퀼시는 이렇게 말한다.

"음치로 자처하는 사람들에게 그들이 음악적 자극에 어떻게 반응하는지를 모니터 화면으로 보여주면, 몇몇은 정말 소스라치게 놀란다."

퀼시는 이 고무적인 결과를 보고 오래전부터 품어온 꿈을 실현하기 위해 악기를 배우기로 결심한 피실험자의 사례를 즐겨 거론한다. 그 피실험자는 지금 밴드의 일원으로 즐겁게 청중 앞에 선다.

◇◇◇◇◇◇◇

퀼시의 실험은 뇌-음악 연구의 표준 기법 중 하나로 자리 잡았다. 뇌 전도는 뇌 촬영보다 더 신속할 뿐더러, 음악을 듣고 나서 연구자의 질문에 답할 수 있는 나이가 아직 안 된 어린아이를 피실험자로 삼는 것도 허용한다. 음악학자들은 퀼시의 실험 방법과 뇌 전체를 촬영한 fMRI 영상들에 기초하여, 우리가 어느 나이에 어떤 음악적 문법을 익히느냐에 대해서 아주 많은 것을 알아냈다.

몇몇 음악적 구조들을 처리하는 능력은 신생아에게도 '사전 배선prewired'되어 있는 것으로 보인다. 2008년에 이탈리아 밀라노 대학의 다니엘라 페라니Daniela Perani와 마리아 크리스티나 사쿠만Maria Cristina Saccuman은 생후 3일이 채 안 된 아기들을 fMRI 스캐너 속에 밀어 넣었다. 그 아기들에게 맞는 헤드폰을 구하는 것만 해도 쉬운 일이 아니었다. 연구자들은 결국 유인원 실험을 위해 특별히 제작한 헤드폰을 재사용해야 했다.

연구진은 아기들에게 세 종류의 음악적 자극을 들려주었다. 첫째, 그냥 음악, 정확히 말해서 18세기와 19세기의 고전 피아노 음악을 들려주었다. 둘째, '옮겨진 음악', 즉 앞의 고전 피아노 음악들을 바탕으로 삼되 가끔씩 같은 박자의 음들 전부를 반음 위나 아래로 옮기는 방식으로 변형한 음악을 들려주었다. 이런 음악을 성인이 들으면 귀에 몹시 거슬린다. 왜냐하면 음악적으로 전혀 개연성이 없게 들리기 때문이다. 마지막으로 셋째, '불협화음'을 들려주었다. 즉, 오른손으로 치는 음들을 반음 올려서 왼손으로 치는 음들과 어울리지 않게 만들었다. 이렇게 연주하면 정말 기괴한 화음이 만들어진다. 다음 페이지의 QR 코드를 통해서 직접 들어보라.

아기들은 7분 길이의 소리 파일 두 개를 들었다. 각 파일은 음악적 자극들과 침묵이 번갈아 이어지는 방식으로 구성되었다. 즉, 음악-침묵-변형된 음악-침묵-음악 등이 이어지는 구성이었다. 이때 변형된 음악이란 한 파일에서는 항상 옮겨진 음악이었고, 다른 파일에서는 항상 불협화음이었다.

그리고 연구진은 아기들의 뇌에서 어느 구역이 활동하는지 관찰했다. 결과는 매우 흥미로웠다. 음악을 들을 때는 주로 우뇌반구의 구역들이 활동했다. 그 구역들은 음높이와 음색 같은 음악적 자극을 처리한다고 알려진 곳이었다. 아기들도 음악을 '귀 기울여' 듣는 것이 분명했다. 반면에 변형된 음악은 그 구역들을 덜 활성화하는 대신에 좌뇌반구의 구역들을 활성화했다. 옮겨진 음악과 불협화음 사이에는 유의미한 차이가 없었다.

이 결과에 입각하여 연구진은 아기들이 음악을 수용하는 능력을 갖추고 태어난다고 결론지었다. 음악의 문법과 관련해서 흥미로운 것은 옮겨진 음악을 들려주는 실험의 결과다. 옮겨진 음악은 아예 불협화음은 아니었다. 다만 조성이 음악

존 싱어 사전트, 〈아기〉, 1888

2008년 다니엘라 페라니와 마리아 크리스티나 사쿠만은 신생아들에게 음악적 자극을 들려주는 동안 신생아의 뇌를 fMRI로 스캔했다. 뇌 스캔 결과, 신생아들은 원래 음악과 변형된 음악을 구분하는 것으로 나타났다.

음악 본능

적이지 않은 방식으로 바뀔 뿐이었다. 그런데도 불협화음을 들려줄 때와 옮겨진 음악을 들려줄 때에 결과의 차이가 사실상 없었다는 점은, 아기들이 태어날 때부터 으뜸음에 대한 감각을 어렴풋이 갖추고 있어서, 으뜸음이 없을 경우, 그것을 알아챔을 시사한다.

어린아이들은 어떤 언어라도 배울 수 있는 것과 마찬가지로 어떤 음악 문화에 대해서도 개방적이다. 생후 처음 몇 년 동안의 학습은 주로 필요 없다고 판단되는 능력들을 버리는 것으로 이루어진다. "만일 당신이 중국에서 성장한다면, 당신은 여기 유럽에서처럼 다양한 음소들을 발성하는 능력을 상실한다."라고 쾰시는 말한다. "반대로 당신이 유럽에서 성장한다면, 당신은 중국인들처럼 음절의 음높이 변화를 지각하는 능력을 상실한다." 아시아 언어들에서는 한 단어가 어떤 멜로디로 발음되느냐에 따라 여러 의미를 가질 수 있다. 반면에 유럽 언어들에서는 그렇지 않다.

언어적인 발달과 더불어 음악적인 발달도 일어난다. 아이가 지각하고 산출하는 음높이의 스펙트럼은 처음에 연속적이지만 차츰 '솎아내기'가 진행되어 아이가 속한 문화에서 사용되는 음높이들만 남는다. 이 변화는 생후 처음 몇 년 내에 일어난다. 그럼 음악의 문법을 깨치는 것은 언제일까? 현재까지의 추정에 따르면 아이들은 만 여섯 살이 되어야 비로소 유럽 음악의 화음을(이 화음은 고작 200년 전에 등장했음을 명심하라) 이해한다. 그러나 슈테판 쾰시는 서양음악 문법의 기초인 화음을 이해하는 능력이 더 먼저 형성된다고 확신한다.

"우리는 두 살 반짜리 아이들에게서 벌써 그 능력을 본다. 따라서 음악 문법을 신속하게 자동으로 처리하는 과정은 두 살쯤부터 시작된다고 추정할 수 있다."

이 추정이 맞다면, 음악 문법을 이해하는 능력은 언어 문법을 이해하는 능력과 사실상 동시에 발달하는 셈이다. 실제로 쾰시와 동료들은 언어 장애를 지닌 5세 아이들이 음악 처리 능력에도 장애를 지녔음을 실험에서 확인했다. "이 결과는 우리로 하여금 그 아이들이 음악을 접했더라면 애당초 언어 장애를 얻지 않았을 수도 있다는 추론마저 하게 한다."라고 쾰시는 말한다. "일찌감치 아이들과 함께 음악을 하는 데 드는 비용은 나중에 언어 치료를 받는 데 드는 비용보다 훨씬 저렴하다."

요컨대 음악 습득과 언어 습득은 서로 밀접하게 연관되어 있고, 음악교육은 언어 발달을 촉진하는 데 도움이 될 수 있다. 하지만 이 결론은 우리가 아홉 번째 장에서 다룰 악명 높은 '모차르트 효과'와는 무관하다.

음악 본능

중요한 요리를 할 때면 요리법을 철저히 준수하는 것을 원칙으로 삼는 사람들이 있다. 그들은 각종 요리책을 풍부하게 갖추고 있으며 자기가 좋아하는 요리법에 따라 아주 맛있는 음식을 만드는 일을 즐긴다. 그 일에는 상세한 목록에 따라 식재료를 구입하고 온갖 주방용품을 마련하는 과정도 포함된다. 손님을 식탁에 앉히기 전에 요리를 한번 '연습'하는 것이 상책이다. 돌다리도 두들겨보고 건너야 한다지 않는가.

반면에 어떤 이들은 요리를 할 때 대체로 즉흥적이다. 미리미리 쇼핑을 해서 웬만한 먹을거리는 늘 가지고 있다가 끼니 때가 되면 선반과 냉장고에 있는 재료를 적당히 조합해서 즉흥적으로 구상한 음식을 만든다.

양쪽 모두 나름의 방식으로 요리를 하면서 즐거움을 느낀다. 요리법 준수자는 아마 공들인 음식을 내놓을 테고, 즉흥 요리사는 놀랍고 새로운 음식을 내놓을 때가 많을 것이다(물론 제3의 유형도 있다. 이들은 세 가지 음식으로 한 달을 너끈히 버티며 요리할 때 정성을 들이지도 않고 창의력을 발휘하지도 않는다).

그러나 요리법 준수자에게도 손님이 느닷없이 찾아오는 경우가 있다. 그럴 때는 즉흥 요리를 해야 한다. 충분히 시간을 두고 요리를 하면 참 좋겠지만, 손님을 앉혀두고 계획을 짜서

차근차근 실행한다는 것은 시간적으로 사실상 불가능하다.

삶의 다양한 영역에서 즉흥 작업은 큰 비중을 차지할 때도 있고 작은 비중을 차지할 때도 있다. 예컨대 구어는 대체로 즉흥 작업의 산물이다. 미리 완성해놓은 문장을 외워서 말하는 사람이 있을까? 물론 누구에게나 자주 해서 외우다시피한 이야기들이 있다. 예컨대 오토 삼촌은 날이면 날마다 똑같은 농담을 들려주고, 엠마 숙모는 그럴 때마다 "아휴, 지겨워. 또 그 애기야?" 하고 투덜거린다. 하지만 이 경우에도 오토 삼촌의 농담은 세부적으로 매번 다를 것이다. 즉, 오토 삼촌은 비교적 좁은 틀 안에서 즉흥 작업을 할 것이다. 농담의 내용은 이미 정해져 있고, 필요한 것은 단어들을 이어가는 작업뿐이다. 그러나 '자유로운' 대화에서도 우리는 늘 완성된 부품들을 사용한다. 우리가 발언에 끼워 넣는 그 부품들은 상투적인 표현일 수도 있고 짧은 이야기일 수도 있다.

자유롭게 말할 수 있다는 것은 대단한 능력이다. 자유롭게 말할 때, 우리는 생각의 흐름에 주의를 집중해야 할 뿐더러 그 흐름을 문법 규칙에 맞게 말로 옮기고 있는지도 점검해야 한다. 특히 독일어에서는 복잡한 구조의 문장을 구사할 때 맨 끝에 나올 동사를 일찌감치 정해놓아야 하는 경우가 많다. 심지어 최종 문장을 머릿속으로 정리하지 못한 채로 말하기 시작할 때도 많다(이 절의 제목은 하인리히 폰 클라이스트Heinrich von

Kleist가 쓴 글의 제목 '말을 하면서 생각을 차츰 완성해가는 것에 대하여Über die allmähliche Verfertigung der Gedanken beim Reden'를 흉내 낸 것이다). 그럼에도 사실상 모든 사람이 문법에 맞게 말한다(물론 그대로 받아 적어도 손색없는 글이 될 정도로 말한다는 뜻은 아니다. 일상 구어의 문법과 문어의 문법은 전혀 별개다).

세계 여러 곳의 사람들은 즉흥 발언과 유사하게 즉흥 음악을 한다. 전승된 노래들과 곡들의 목록이 있기는 하지만, 음악가 각각이 매번 고유한 요소를 가미한다. 반면에 유럽 고전음악에서는 다른 규범이 형성되었다. 즉, 음악가들은 기존의 곡들을 재연주하는 법을 배운다. 그것도 가능하면 음 하나하나까지 원본에 충실하게 연주하는 것이 바람직하다. 17세기에서 20세기 초반까지 작곡된 곡들이 핵심 연주곡 목록을 이루며, 새로운 곡이 그 목록에 추가되는 일은 드물게만 일어난다. 물론 그 목록은 거대하다. 어떤 연주자도 그 목록에 포함된, 자신의 악기를 위한 모든 곡을 숙달할 수는 없을 것이다. 하지만 이런 목록이 있다는 것 자체가 벌써 이례적인 제약이다. 고전음악가는 요리법을 준수하는 요리사인 셈이다. 요리법을 벗어날 기회로는 기껏해야 독주 협주곡 막바지의 이른바 카덴차 정도가 있는데, 그 대목에서 독주자는 한동안 독주를 통해 자신의 기교를 뽐낼 수 있다. 하지만 카덴차가 정말로 자유롭게 연주되는 경우는 드물다. 독주자는 흔히 작곡가가 미리 악보에 적어놓은 카덴차를 연주한다.

철저히 요리법을 준수하는 요리사는 자신이 무엇을 하는지 숙고하지 않는 경향이 있다. 반죽에 소금을 찻숟가락으로 절반만큼 넣어야 할까, 아니면 숟가락으로 절반만큼 넣어야 할까? 항상 눈앞에 요리책이 펼쳐져 있다면, 고민할 필요가 없다.—그러나 즉흥 연주가 필요한 상황이 닥치면, 요리책의 지시를 의문시하고 따져본 적이 없는 음악가는 속수무책이 된다. 고전음악 교육은 악보에 담긴 타인의 음악적 생각을 재현하는 능력에만 가치를 두다시피 한다. 음악가의 개인적 스타일은 악보의 해석에서 나타나는 것이지 고유한 멜로디와 화음의 개발에서 나타나는 것이 아니다. 물론 음악가가 성부 구성 방법과 화성 규칙에 관한 이론을 어느 정도 배우기도 하지만, 그런 추상적인 지식을 단박에(오래 숙고하지 말고) 음악으로(더구나 재현 불가능한 음악으로) 옮길 것을 음악가에게 요구하는 경우는 없다. 예외가 아예 없는 것은 아니다. 베네수엘라의 여성 피아니스트 가브리엘라 몬테로Gabriela Montero는 연주회에서 청중에게 노래를 부르라고 요청하고 그 노래에 맞춰 즉흥 연주를 하기를 즐긴다. 그녀가 쾰른 필하모니 연주회장에서 벌인 콘서트를 촬영한 비디오에는 쾰른의 토속 밴드 블랙-푀스Bläck-Fööss의 히트곡 〈Mer losse d'r Dom en Kölle('우리는 쾰른에 대성당을 허락한다'는 뜻의 쾰른 사투리)〉를 그녀가 매혹적인 재즈로 연주하는 장면이 들어 있다.

고전음악 교육을 받은 뛰어난 음악가들이 특정 반주에 맞춰 멜로디를 지으라는 요청 앞에서 완전히 속수무책이 되는 모습을 나는 여러 번 보았다. 그런 음악가들은 얼굴이 빨개져서 어찌할 바를 모른다.

반면에 음악적 규칙들을 충분히 내면화하여 어떤 음이 어떤 화음에 어울리는지 아는 음악가들도 있다. 그들은 이 앎을 신속하게 활용할 줄도 안다. 재즈곡에서 독주 부분을 맡아야할 때, 그들은 분석력과 기억력을 최대로 가동하여 재즈의 모든 규칙을 준수하는 듯한 멜로디를 연주한다. 그럼에도 재즈가 몸에 밴 사람들은 그 연주를 들으면 인상을 찡그린다. 왜냐하면 그 연주에는 필링Feeling이 없기 때문이다. 물론 필링은 정의하기 어려운 개념이긴 하지만 말이다.

훌륭한 재즈 음악가는 즉흥 연주를 할 때 패기 있게 머리를 앞세우는 음악가와 정반대로 한다. 즉, 자기 통제를 대체로 풀어버린다. 적어도 미국 국립보건원의 찰스 림Charles Limb과 앨런 브라운이 재즈 피아니스트들을 대상으로 행한 연구의 결과는 이 같은 사실을 시사한다. 음악가들로 하여금 fMRI 스캐너 안에서 악기를 연주하게 하는 것은 결코 쉬운 일이 아니었다. 자성을 띤 금속을 스캐너 안에 넣을 수는 없으므로, 그런 금속을 포함하지 않은 특수 키보드가 동원되었다. 피실험자가 스캐너 안에서 그 키보드를 연주하면, 스캐너 밖의 컴퓨터가 피아노 소리를 산출하고, 피실험자는 그 소리를 헤드폰으로 들었다.

스캐너 안에서 피아니스트들은 처음에는 주어진 음악—이틀 전에 연습한 재즈 멜로디—을 연주했고, 두 번째 실험에서는 자유로운 즉흥 연주가 허용되었다.

연구진은 즉흥 연주를 할 때와 주어진 곡을 연주할 때의 뇌 활동 패턴에서 두드러진 차이를 포착할 수 있었다. 우선 음악 활동에 관여하는 모든 감각운동sensomotor 구역들이 즉흥 연주를 할 때 더 많이 활성화되었다. 즉흥 연주를 할 때는 뇌가 관련 중추들의 각성도를 높여 모든 우연에 대비하는 것으로 보였다. 하지만 가장 중요한 결과는 즉흥 연주 중에는 앞이마엽 피질의 많은 부분이 덜 활성화된다는 점이었다. 그 부분은 다름 아니라 활동을 의식적으로 계획하고 통제하는 기능을 하

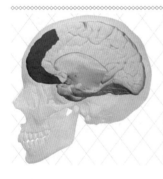

뇌 스캔 결과, 즉흥 연주 중에는 계획과 통제를 담당하는 구역인 앞이마엽피질(빨간색으로 표시된 부분)이 덜 활성화되는 것으로 나타났다. 즉, 즉흥 연주는 몰입 경험을 가져다준다.

는 구역이다. 이 결과는 즉흥 연주 중의 '몰입' 경험에 대한 음악가들의 설명과 잘 맞아떨어진다. 몰입 상태에서 음악가들은 개별 음들을 계획하지 않으며 일종의 무아지경에 빠져 세계와 합일하는 경지에 이른다고 한다.

하지만 이 실험에 참가한 피실험자 여섯 명은 경험 많은 직업 재즈 음악가임을 간과하지 말아야 한다. 즉흥 연주를 배우려는 초심자에게 "음악을 통제하려 들지 말고 그냥 자유롭게 흐르게 놔둬라!"라고 조언한다면, 아마 아무것도 흐르지 않게 될 것이다. 즉흥 연주란 완전히 즉흥적으로 아무 음이나 연주하는 것이라고 문외한들은 생각하지만, 이 생각은 진실과 거리가 멀어도 한참 멀다. 주류 재즈에서 즉흥 연주는 항상 노래—주로 잘 알려진 스탠더드곡—의 주제(주요 멜로디)를 바탕으로 삼는다. 즉흥 연주자는 그 주제를 원재료로 삼아 아주 다양하게 가공한다. 이를테면 개별 악구를 반복하고 리듬을 바꾸고 뒤집는 식으로 말이다. 게다가 즉흥 연주자들이 조성을 바꿔가면서 계속 반복하여 활용하는 재즈 악구(이른바 '릭lick')를 모은 정식 목록들까지 있다. 통계적 학습에 관한 이론에서 이야기하는 대로, 이런 장치들 덕분에 차츰 '문법에 맞는' 재즈 악구들이 생겨나고, 그러면 연주자는 그 악구들을 임의로 조합할 수 있다. 또한 음악가가 스탠더드곡이나 축적된 악구들에 의지하지 않을 때에도, 즉흥 연주가 완전히 자유로운 것은 아니다. 재즈에는 고도로 복잡한 음계 이론이 존재한다. 재즈의 음계는 그때그때 화음과 어울리면서 마디마다 달라진다. 재즈를 배우는 학생은 이 음계들도 외워서 한 화음을 들으면 자동으로 색소폰이나 피아노 위의 손가락들을 적당히 배치할 수 있게 되어야 한다.

음과 화음에 대한 의식적인 고려가 불필요할 정도의 경지에 이르려면 여러 해에 걸친 연습이 필요하다. 이렇게 처음에는 애써 배워야 하지만 나중에는 피와 살에 녹아들어가 의식조차 하지 않게 되는 솜씨의 또 다른 예로 자동차 운전이 있다. 숙달된 운전자는 핸들과 가속페달 등을 언제 어떻게 조작해야 하는지 생각하지 않으며 심지어 동승자와 여유 있게 대화하기까지 한다. 그러는 동안에도 그의 뇌의 일부는 운전에 '몰입'해 있다.

그러나 가장 노련한 재즈 음악가도 때로는 실수로 틀린 음을 연주한다. 그럴 때는 어떻게 해야 할까? 일반적인 조언은 당황하지 말라는 것이다. 오히려 정반대로, 틀린 음을 포함한 악구를 반복하는 것이 바람직하다. 심지어 세 번 반복하는 것도 괜찮을 수 있다. 이 경우에도 통계에 기초한 논증이 타당하다. 즉, 청자가 통계적 학습을 겪게 만드는 것이 상책이다. 청자는 그 악구를 처음 들을 때 낯설고 틀렸다고 느끼지만, 두 번째 들으면 벌써 기억에 오솔길이 나고, 세 번째 들으면 그 길이 확고하게 다져진다. 그리하여 "연주가 틀렸네!"라는 인상이 거꾸로 뒤집혀 "아, 맞는 것 같네. 그럼 내가 틀렸던 모양이군!"이라는 생각으로 바뀐다. 음악가가 책임을 청자에게 떠넘기는 것보다 더 우아하게 실수를 무마하는 길이 있을까? 이런 자유 때문에 고전음악가는 흔히 재즈 음악가를 부러워한다. 고전음악가가 베토벤을 연주하다가 실수를 하면, 그것은 단적으로 실수다. 그 실수를 반복하더라도, 상황은 전혀 개선되지 않는다.

## 음악기계

음악에 문법이 있다면, 즉 음악이 특정한 규칙들을 따른다면, 쉽게 이런 질문이 떠오른다. 음악 생산 과정의 많은 부분을 컴퓨터로 자동화할 수 있지 않을까? 생각해보라. 컴퓨터는 규칙에 의해 정의된 과정을 매우 훌륭하게 수행한다. 그러므로 음악 생산 과정도 어렵지 않게 수행할 수 있을 것이다.

이것은 당연히 그릇된 추론이다. 현재 인공지능은 컴퓨터를 창조적인 음악가로 만들 정도의 수준에 턱없이 못 미친다. 물론 오늘날 음악 생산에서 컴퓨터를 빼놓을 수 없는 것은 사실이지만 말이다.

컴퓨터는 우리가 언어를 다루는 데 영향을 미친 것과 아주 유사한 방식으로 음악을 다루는 데도 영향을 미쳤다. 그리고 양쪽에서 발생한 문제들 역시 매우 유사하다. 이 때문에 이어질 대목에서는 언어와 음악이 거듭 비교될 것이다. 인공지능이 처음 등장했을 때 사람들은 몇 년 내로 컴퓨터가 언어를 이해하고 번역할 수 있게 되리라고 여겼다. 그러나 오늘날 구글이나 바벨피시Babelfish에서 얻을 수 있는 인터넷 번역을 보면, 50년이 지난 지금도 컴퓨터의 번역 솜씨가 전혀 만족스럽지 않음을 대번에 알 수 있다. 우리 인간은 쉽게 해내는 과제들이 컴퓨터에게는 엄청나게 어려움을 기술자들은 거듭해서 깨달아야 했다. 거꾸로 우리가 어려워하는 과제가 컴퓨터에게는 쉬울 수도 있다. 기술적 보조 수단 없이 17자리 수 두 개를 1초 내로 곱할 수 있는 사람은 없다시피 하다. 계산은 우리 뇌의 특기가 아닌 것이 분명하다. 반대로 이런 추론을 할 수 있다. 인간의 특정한 정신적 능력의 경우에는 기술자들이 그것을 기계로 따라잡으려면 거의 극복 불가능한 문제들을 해결해야 한다고 해보자. 그렇다면 그 정신적 능력은 수십만 년의 진화를 통해 우리 뇌에 확고하게 내장된 것이다. 얼굴 인식도 그렇고, 언어 이해도 그렇고, 음악에 대한 감각도 그렇다.

그러므로 나는 다음에서 컴퓨터 기술의 발전을 음악과 관련지으면서 꽤 자세히 서술할 것이다. 프로그래머들의 실패

음악 본능

는 우리의 음악 감각이 얼마나 신비로운지를 매번 거듭해서 보여준다.

어쩌면 실패라는 말은 조금 지나칠 수도 있겠다. 오늘날에는 언어와 음악을 컴퓨터로 처리하는 경우가 다반사니까 말이다. 지금은 모든 매체가 완전히 디지털화되어 있어서 컴퓨터로 접근 가능하다. 지금부터 컴퓨터의 능력들을 꼼꼼히 살펴보자.

녹음: 언어 녹음과 음악 녹음은 기술적으로 다를 바 없다. 원통형 축음기Phonograph cylinder부터 레코드판과 녹음테이프를 거쳐 완전히 디지털화된 오늘날의 녹음 기술까지, 예나 지금이나 동일한 시스템들이 양쪽 모두에 쓰인다. 그러나 디지털화는 언어 녹음보다 음악 녹음에 훨씬 더 근본적인 영향을 미쳤다. 40년 전만 해도 음반 녹음의 일반적인 방식은 오케스트라나 밴드를 녹음실에 데려다 놓고 연주를 시키면서 그 연주를 최대한 원상태 그대로 녹음하는 것이었다. 물론 편집(당시에 편집은 실제로 테이프의 일부를 잘라내는 방식으로 이루어졌다)과 사후에 소리를 약간 다듬는 작업이 가능했지만, 이 정도가 전부였다.

그러나 1960년대에 음악가들이 녹음실을 음악을 구현하는 또 하나의 '악기'로 간주하기 시작하면서 사정이 달라졌다. 녹음은 생음악을 그대로 저장하는 작업에서 전혀 새로운 예술

작품을 창조하는 작업으로 바뀌었다. 이 변화의 이정표 격인 두 앨범이 있다. 바로 비틀스의《서전트 페퍼스 론리 하츠 클럽 밴드*Sgt. Pepper's Lonely Hearts Club Band*》와 비치 보이스Beach Boys 의(다른 멤버들이 순회공연 중일 때 주로 브라이언 윌슨Brian Wilson 이 녹음한)《페트 사운즈*Pet Sounds*》이다. 각각 1967년과 1966년에 발매된 이 두 음반은 이후 팝 음악이 나아갈 길을 제시했다. 다양한 소음을 이용한 실험뿐 아니라 익숙한 사운드를 처리하는 기술에 대한 실험도 이루어졌다.《서전트 페퍼스 론리 하츠 클럽 밴드》에 수록된 마지막 곡 〈인생에 어느 하루A Day in the Life〉의 마무리 화음은 피아노 3대에서 연주자 5명에 의해 연주되는데, 그 화음을 특히 오래 울리게 하기 위해 음반 제작진은 녹음 과정에서 그 화음이 울리는 동안 마이크의 감도를 계속 높였다. 그 결과 음반에서 그 마무리 화음은 실제보다 훨씬 더 오래 울리면서 비현실적인 색채를 띤다. 결국 마

A Day in the Life

《서전트 페퍼스 론리 하츠 클럽 밴드*Sgt. Pepper's Lonely Hearts Club Band*》, 1967

생음악을 그대로 녹음했던 방식에서 벗어나 녹음 기술의 새로운 지평을 연 비틀스의 8집 앨범. 특히 이 앨범의 마지막 곡 〈인생에 어느 하루A Day in the Life〉의 마무리 화음은 마이크의 감도를 점점 높임에 따라 녹음실의 온갖 소리를 포착한다.

이크의 감도는 사람들의 숨소리, 종이가 부스럭거리는 소리, 심지어 어떤 이들의 주장에 따르면 녹음실의 냉난방 장치 소리까지 포착할 정도로 높아졌다.

종합 예술작품이라 할 이 음반은 이른바 4트랙 방식으로 녹음되었다. 즉, 녹음테이프에 평행한 트랙 4개가 수록되었다. 이 녹음 방식에서 악기 하나를 추가하려면, 우선 두세 트랙을 하나로 합친 다음에 넷째 트랙에 그 악기의 소리를 실어야 했다. 이를 위해서는 녹음 과정을 세밀하게 계획해야 할 뿐더러 음질의 저하가 불가피했다. 컴퓨터의 하드디스크가 허용하는 한도 내에서 트랙의 개수를 얼마든지 늘릴 수 있는 오늘날의 음악가들은 이 옛날 녹음 기술의 불편함을 상상하는 것만으로도 혀를 내두른다.

오늘날 적어도 팝 음악에서 모든 녹음은 무수한 트랙과 사운드 클립을 퍼즐 조각처럼 맞추는 작업이다. 트랙 각각에 개별적으로 음향 효과(잔향, 반향 등)를 입힐 수 있으며, 트랙 각각을 스테레오 필드stereo field(스테레오로 음악을 들을 때 청자를 둘러싸는 소리들의 공간적 배열—옮긴이)의 특정 위치에 정확하게 배치할 수 있고, 필요할 경우 리듬과 음의 오점을 제거할 수 있다. 게다가 녹음 원본이 보존되므로, 이 모든 작업을 되돌릴 수 있다. 작업의 최종 결과가 마음에 들지 않으면, 제작자는 모든 것을 취소하고 다시 녹음 원본으로 돌아가 작업을 재개할 수 있다. 만약에 비틀스가 오늘날의 녹음 스튜디오를 사용할 수 있었다면, 우리가 전혀 상상하지 못하는 음반이 탄생했을지도 모른다.

음 입력: 자판을 통해 글을 컴퓨터에 입력할 수 있는 것과 마찬가지로, 키보드를 통해 음을 컴퓨터에 입력할 수 있다. '미디MIDI'(악기 디지털 접속Musical Instrument Digital Interface의 약자)라고 부르는 이 입력 기술은 음이 아니라 사건만을 파악한다. 즉, 키가 눌려 내려가고 다시 올라가는 것, 키가 눌리는 강도(대개 키의 운동 속력을 통해 알아냄), 페달 사용 여부 등을 파악한다. 우리는 마치 악보를 적듯이 이런 미디 데이터를 컴퓨터에 수록할 수 있다.

미디 데이터는 실제 음들을 기록한 데이터와 달리 얼마든지 변형할 수 있다는 장점이 있다. 예컨대 틀린 음들을 제거하고 연주 전체의 빠르기를 조절할 수 있다. 또한 미디 데이터가 있으면, 연주를 컴퓨터가 허용하는 임의의 악기 소리로 바꿀 수 있다. 예컨대 피아노 연주를 오르간 연주나 현악합주단 연주로 바꿀 수 있다. 오늘날 팝 음악에 삽입되는 관악기와 현악기의 소리는 '진짜'인 경우가 극히 드물다. 거의 모든 경우에 그런 소리는 작곡가가 집에서 컴퓨터에 입력한 미디 데이터에서 유래한다.

음악가가 전자 입력 장치를 사용한다면, 라이브 연주도 미

음악 본능

디 데이터로 녹음할 수 있다. 특히 건반악기의 경우에는 그런 녹음이 현재 사실상 완벽하게 이루어진다. 질 좋은 전자 피아노는 건반을 누르는 힘을 충분히 정확하게 포착하여 연주자의 표현을 오롯이 담아낸다. 타악기의 경우도 마찬가지이며, 관악기와 현악기에 대해서도 인간이 하는 연주의 뉘앙스를 포착하는 훌륭한 전자 '인터페이스(접속)' 기술들이 있다.

음 출력: 글을 낭독해주는 '읽기 프로그램'은 벌써 20여 년 전에 등장했지만 지금도 여전히 기계음이 섞인 목소리를 낸다. 이 불완전성의 원인들 중 하나는 문자와 소리가 일대일로 대응하지 않는다는 점이다. 따라서 합성 목소리를 만들어내려면, 한 언어에서 가능한 모든 음소—소리의 최소 단위—를 다양한 음높이로 일일이 녹음해서 프로그램에 내장해야 하고, 프로그램은 어떤 단어에 어떤 음소들이 쓰이는지 알아야 한다.

음악에서 인공적인 소리 만들기는 1950년대와 1960년대에 최초의 신시사이저synthesizer들이 등장하면서 시작되었다. '합성synthesize'이라는 단어는 화학에서 기본 원소들을 결합하여 화합물을 만드는 일을 뜻하는데, 최초의 신시사이저들은 이 뜻에 정확히 부합하는 기능을 했다. 즉, 사인음파와 파형이 직각으로 꺾이는 음파처럼 간단히 산출할 수 있는 신호들을 조합하여 복잡한 소리를 만들어냈다. 신시사이저가 내는 소리들은 당시에 정말로 새로웠다. 몇몇 음악가는 감탄한 나머지 고전음악도 신시사이저로 연주했다(예컨대 네덜란드 밴드 엑셉션Ekseption, 월터 카를로스Walter Carlos의 음반 《스위치드-온 바흐Switched-on Bach》). 그런 연주를 오늘날 우리가 들어보면, 같은 시대의 히트 기악 음반 《팝콘Popcorn》과 마찬가지로 한물간 옛 음악으로 느껴진다.

초기 신시사이저에서는 사인음파 각각을 만드는 데 고유한 소리 발생 장치 하나가 필요했다. 따라서 자연적인 음에 가까운, 배음이 풍부한 신호를 만들어내는 것은 불가능했다. 이 한계는 이른바 주파수 변조 합성법FM synthesis이 개발되면서 극복되었다. 이 기술에서는 서로 가깝게 놓인 주파수들에 다수의 신호가 자리 잡고, 따라서 복잡한 주파수 스펙트럼이 만들어진다. 1970년대 후반과 1980년대 초반의 전형적인 디스코 음악을 회상하면 당시의 야마하 신시사이저 소리가 귀에 울릴 것이다. 야마하 사는 주파수 변조 합성법을 널리 보급했다.

1980년대부터 사람들의 관심은 인공적인 소리를 만들어내는 것에서 전통적인 악기 소리를 최대한 원본에 충실하게 재현하는 작업으로 옮겨갔다. 그리고 사람들은 악기 소리를 합성하는 대신에 '샘플링sampling'하면 이 작업을 훨씬 더 잘 할 수 있음을 깨달았다. 샘플링의 원리는 간단하다. 우선 예컨대

음악 본능

고급 연주회용 피아노의 음들을 다양한 세기로 치면서 녹음한다. 나중에 연주자가 키보드를 두드리면, 미디 신호들이 포착되고 처리되어 미리 녹음해둔 샘플 음들이 발생한다. 이런 샘플링 기술 덕분에 오늘날에는 싸구려 전자 키보드에서도 훌륭한 피아노 소리와 오르간 소리가 난다. 관악기 소리는 샘플링하기가 더 어렵다. 왜냐하면 관악기는 음색이 복잡하기 때문이다. 샘플링 기술의 극치는 임의의 가사와 멜로디의 노래를 다양한 표현으로 부르는 인간의 목소리를 구현하는 것일 터이다. 이 방면에서도 이미 몇 가지 인상적인 성과가 나왔다.

음 '이해': 언어 인식 분야에서는 유창한 말을 글로 변환하는 받아쓰기 프로그램이 존재한다. 받아쓰기에서는 단어들 사이의 경계를 알아채는 일이 특히 중요하다. 현재의 프로그램들은 훈련을 통해 특정 화자의 어투에 익숙해지면 이 일을 아주 잘 해낸다. 그러나 거리에서 다양한 행인과 나눈 대화를 나중에 컴퓨터를 이용하여 텍스트로 변환하는 작업은 지금도 불가능하다. 음악 인식 분야에서 이와 대등한 작업은 녹음된 오케스트라 음악을 악보로 변환하는 것일 터이다. 세 번째 장에서 설명했듯이, 이 변환은 엄청나게 복잡한 과제이며, 우리가 귀에 도달하는 소리반죽의 성분들을 다시 분해할 수 있다는 것은 기적에 가깝다.

이 분야에서 컴퓨터는 아직 우리보다 훨씬 열등하다. 컴퓨터 프로그램이 오디오 데이터를 들으면서 곡의 박자를 파악하여 이를테면 가상의 발을 그 박자에 맞게 구를 수 있다면, 이것만 해도 벌써 대단한 성취다. 녹음된 음악에서 가수의 노래만 제거할 수 있는 프로그램이 있다면 노래방용 반주 파일을 만드는 데 유용할 텐데, 그런 프로그램의 개발은 아직 요원하다(물론 몇몇 녹음에 적용할 수 있는 편법들이 있긴 하지만, 보편적인 해법은 없다). 녹음된 단성 음악에서 음들을 분해하여 악보를 작성할 수 있는 프로그램은 존재하지만, 여러 성부가 중첩된 교향악 녹음을 악보로 변환할 수 있는 프로그램은 현재로서는 그림의 떡이다. 그러나 의미 있는 성취도 있다. 2008년에 멜로다인Melodyne 사는 녹음 파일에서 여러 성부를 분해하는 능력을 초보적으로나마 갖춘 프로그램을 최초로 내놓았다.

표현: 우리가 읽는 소설은 우리 앞에 하나의 세계를 열어놓고 우리의 감정을 휘저을 수 있다. 누군가가 글을 낭독한다면, 소설 속 이야기는 또 하나의 차원을 획득한다. 최근에 오디오북이 성공을 거둔 것은 책 읽기를 싫어하는 세태 때문만이 아니다. 사람들은 훌륭한 화자가 책을 읽어주는 것도 중요하게 여긴다. 왜냐하면 그런 화자는 텍스트의 효과를 증폭하기 때문이다. 컴퓨터가 읽어주는 오디오북은 훨씬 더 저렴하

음악 본능

게 제작할 수 있다. 그럼에도 불구하고 가까운 미래에 그런 오디오북 시장이 생겨날 가망은 없다.

음악에서는 작곡가가 종이에 그리는 음표들이 음악의 전부가 아니라는 점을 누구나 안다. 교향곡 악보를 보면서 머릿속으로 교향악을 떠올릴 수 있는 사람은 극소수에 불과하다. 음악은 소리로 구현되어야 한다. 그래야만 우리가 음악을 즐길 수 있다. 악보에는 음악적 생각이 담겨 있고 작곡가의 감정적 의도도 들어 있지만, 악보에 생명을 불어넣는 것은 인간 연주자다. 기계적인 분위기를 일부러 추구하는 테크노 음악은 예외지만, 다른 모든 음악에서 인간 연주자는 필수적이다.

연주자가 곡에 첨가하는 것을 일컬어 표현 또는 해석이라고 한다. 이런 의미의 표현은 과연 무엇일까? 성악곡의 경우에는 이 질문에 포괄적으로 답하기 어렵다. 인간의 목소리는 이미 고유한 음색만으로도 우리의 감정에 강렬하게 작용한다. 그래서 몇몇 가수는 특별히 애쓰지 않아도 우리의 심금을 울린다. 222쪽에서 나는 레너드 코헨의 목소리가 과거에(또한 지금) 나에게 어떤 영향을 미쳤는지 이야기했는데, 아마도 그 영향은 그가 내 앞에서 몬트리올 전화번호부를 가사로 삼아 노래를 부른다 하더라도 거의 줄어들지 않을 것이다. 인간의 목소리는 너무나 많은 차원을 지녔기 때문에, 그것의 표현을 체계적으로 정리한다는 것은 불가능에 가깝다.

하지만 피아노곡의 경우만 해도 위 질문에 더 정확하게 답할 수 없다. 고급 연주회용 그랜드피아노 앞에 앉은 피아니스트에게는 다양한 표현 가능성들의 스펙트럼이 펼쳐져 있다. 그 스펙트럼은 놀랄 만큼 적은 매개변수들에서 유래한다. 피아니스트가 옳은 음들을 정해진 빠르기대로 연주한다고 가정하면, 그는 자신의 개인적인 솜씨를 가미하기 위해 무엇을 할 수 있을까? 또 관객은 그 솜씨를 느낄까?

피아노 연주자는 건반을 누르는 세기를 조절함으로써 음들의 음량을 변화시킬 수 있다. 즉, 모든 음 각각에 고유한 소리 크기를 부여할 수 있다. 인간 피아니스트의 연주를 기록한 미디 데이터를 보면, 두 음의 음량이 동일한 경우가 전혀 없음을 알 수 있다. 곳곳에서 음량의 거시적 변화—음량이 여러 음들에 걸쳐 차츰 커지거나 작아지는 것—가 나타날 뿐더러, 개별 음들의 음량도 요동한다. 이유는 간단하다. 인간은 기계가 아니기 때문이다.

피아니스트가 조절할 수 있는 두 번째 매개변수는 음의 길이다. 악보에 적혀 있는 4분음표는 온갖 것을 의미할 수 있다. 그 음표를 극단적인 스타카토로 연주하면 길이가 32분음표에 해당하는 음이 날 것이고 극단적인 레가토로 연주하면—음들을 더 잘 연결하기 위해 '겹쳐서' 연주하면—4분음보다 더 긴 음이 날 것이다. 미디 데이터는 이 차이를 포착한

음악 본능

다. 왜냐하면 음의 시작뿐 아니라 끝도, 즉 피아니스트가 건반에서 손을 떼는 순간도 포착하기 때문이다.

또한 세 번째 매개변수로 리듬이 있다. 인간은 기계처럼 일정하게 리듬을 맞추는 일이 절대로 없다. 리듬에서도 거시적 요동이 나타난다. 예컨대 연주자의 감정이 절정에 도달하면, 곡 전체가 느려지거나 빨라진다. 또한 미시적인 요동도 있다. 이 요동은 인간의 불완전성에 기인한 우연적인 요동일 수도 있고 체계적인 요동일 수도 있다. 예컨대 4분의 3박자에서 항상 두 번째 4분음표를 다른 4분음표들보다 약간 더 길게 연주하는 것은 체계적인 요동이다.

여기까지가 전부다. 세 차원에서의 요동, 즉 음량, 음길이, 리듬의 요동이 감정 없이 건반만 옳게 두드리는 초보자와 거액을 지불한 관객 앞에서 독주를 하는 거장의 차이를 만들어 낸다. 물론 그런 거장의 연주 방식을 컴퓨터로 분석해서 똑같은 스타일의 다른 곡 연주를 구현할 수 있다면, 그것은 당연히 대단한 성취일 것이다.

고급 그랜드피아노 제작사 뵈젠도르퍼가 내놓은 한 제품에는 전자 장치가 가득 들어 있다. 그 피아노가 음을 내는 메커니즘은 다른 최고급 그랜드피아노와 동일하다. 그러나 그 제품은 피아니스트의 연주를 미디 데이터로 기록하여 컴퓨터로 전송할 수 있다. 또한 거꾸로 컴퓨터가 그 피아노를 미디 데이터에 따라 연주할 수 있다. 요컨대 그 피아노는 훌륭한 피아니스트들의 연주를 분석하고 흉내 내는 데 쓰기에 딱 좋은 도구인 셈이다.

그 뵈젠도르퍼 그랜드피아노 한 대가 빈 대학 인공지능 연구소에 있다. 그곳에서 게르하르트 비트머Gerhard Widmer가 이끄는 연구팀은 피아니스트들의 '스타일 지문'을 공식으로 파악하려 애쓴다. 즉, 예컨대 피아니스트들이 언제 기계적인 규칙을 벗어나 리듬을 재촉하거나 늦추는지 정확히 알아내려 애쓴다. 예컨대 피아니스트들은 짧은 음들이 신속하게 이어진 다음에 마무리로 긴 음이 나올 때 즐겨 리듬을 늦춘다. 마치 손가락들이 마지막 힘으로 봉우리에 올라 길게 휴식을 취하기라도 하는 것처럼 말이다. 연구팀이 개발 중인 프로그램은 현재 다니엘 바렌보임Daniel Barenboim과 마리아 조앙 피레스 Maria João Pires를 비롯한 다양한 피아니스트들의 스타일을 구별하고 처음 듣는 곡이 누구의 연주인지를 웬만한 확률로 맞출 수 있는 수준에 도달했다. 하지만 연주자의 스타일을 흉내 내는 능력은 아직 없다.

컴퓨터가 연주하는 피아노곡과 인간 피아니스트가 해석을 가미하여 연주하는 피아노곡을 구별할 수 있을까? 이 책의 웹사이트를 방문하면 더글러스 에크Douglas Eck의 실험실에서 만든 연주 파일을 들을 수 있다. 에크는 몬트리올 대학에서 역시 전자 장치가 내장된 뵈젠도르퍼 그랜드피아노로 실험을 진행하고 있다. 아래의 QR 코드를 통해서 두 파일을 들어보면 당연히 알겠지만, 그것들은 서로 극단적으로 다르다. 양쪽 모두 쇼팽 연습곡 작품번호 10 중 3번을 녹음한 것이다. 이 곡은 인간의 표현에 대한 연구에서 전통적인 견본으로 자리 잡다시피 했다. 낭만주의 피아노곡을 연주할 때 피아니스트들은 예컨대 바흐의 푸가를 연주할 때보다 훨씬 더 표현을 강조한다.

이 연주 파일들은 약간 과장되어 있다. 컴퓨터의 연주는 악보에 나오는 음량 관련 지시들을 모조리 무시하고 모든 음을 똑같은 음량으로 연주한다. 나는 이 두 녹음을 관객에게 들려주는 광경을 한 번 본 적 있는데, 실제로 사람들은 컴퓨터 연주의 몇몇 대목에서 웃기까지 한다. 왜냐하면 너무 터무니없게 들리기 때문이다. 반면에 인간 피아니스트는 꽤 걸쭉하게

더글러스 에크의 실험실에서 작품의 감각에 대해 음악가의 표현이 얼마나 중요한지를 보여주기 위해 만든 연주 파일. 쇼팽 연습곡 작품번호 10 중 3번을 가지고 컴퓨터로 재생한 것과 피아니스트가 연주한 것을 비교해서 들을 수 있다. 왼쪽은 쇼팽의 유일한 사진(약 1849년)이다.

연주한다. 일부 고전음악 애호가는 이 연주를 들으면 인상을 찌푸릴 것이다. 아무튼 중요한 점은 이것이다. 인간은 컴퓨터의 피아노 연주와 인간의 피아노 연주를 구별할 수 있다. 적어도 프로그래머가 대단한 솜씨를 발휘하여 컴퓨터의 연주를 '인간화'하는 데 성공하지 못한다면 말이다.

슈테판 쾰시는 라이프치히 인지과학 및 신경과학 막스플랑크 연구소에서, 우리가 컴퓨터로 만든 음악을 들을 때와 '손으로 만든' 음악을 들을 때 무언가 다른 점이 있는지 알아내기 위해 실험을 했다. 그는 전문적인 음악교육을 받지 않은 피실험자들에게 어느 고전 피아노곡 중에서 이례적인 화음이 등장하는 대목들을 발췌해서 들려주었다. 그러자 이미 여러 해 전에 했던 실험들(293쪽 참조)에서와 마찬가지로, 이례적인 화음이 일으키는 반응이 뇌 전도에 나타났다. 쾰시는 이례적인 화음을 통상적인 화음으로 바꾸기도 하고 더 '이상한' 화음으로 바꾸기도 하면서 실험을 반복하여 그 반응이 화음에서 비롯됨을 확인했다. 화음이 이례적일수록, 뇌 전도에 더 급격한 변화가 일어났다.

여기까지는 쾰시가 더 먼저 수행한 실험들과 다를 바 없다. 그러나 이번 실험에서 그는 피실험자들에게 매번 동일한 곡을 두 버전으로 들려주었다. 한 버전은 피아니스트가 표현을 풍부하게 가미하여 연주한 것이었고, 다른 버전은 첫 버전의 미디 데이터에서 표현적 요소를 모두 제거한 다음에 컴퓨터로 다시 연주한 것이었다. 실험 결과, 인간 피아니스트의 연주를 들려줄 때 더 큰 반응이 나타났다. "이 결과는 음악가가 특정 화음에 대한 감정적 반응을 강화할 수 있음을 보여준다."라고 퀼시는 말한다. "음악가가 연주하면서 우리에게 실제로 무언가 말을 한다는 것도 지나친 생각이 아닌 듯하다."

우리가 인간의 음악 연주에서 알아채는 미세한 특징들은 지금까지 언급한 정도보다 훨씬 더 다양하다. 2009년에 네덜란드 암스테르담 대학의 헨캰 노닝Henkjan Noning과 올리비아 라디니히Olivia Ladinig가 쓴 논문이 발표되었다. 저자들은 실험을 위해 고전음악과 재즈와 팝 분야의 인기곡들을 각각 두 버전으로 준비했다. 이때 션본들을 의도적으로 골라서 두 버전의 빠르기 차이가 20퍼센트 이상 나도록 만들었다. 그런 다음에 한 버전을 기술적으로 조작하여 다른 버전과 동일한 빠르기로 만들었다. 이 조작은 충분히 정교해서, 음들의 높이와 특성은 변화하지 않았다(사용된 견본들은 모두 기악곡이었다). 요컨대 두 버전 가운데 하나는 원래 녹음할 때보다 약간 더 빠르거나 느리게 변형된 연주였다. 피실험자들은 어느 쪽이 원본 그대로의 연주이고 어느 쪽이 변형된 연주인지 알아맞혀야 했다.

실험 결과, 첫째, 피실험자들은 변형된 연주를 식별해냈다.

이 결과는 곡의 빠르기를 바꾸면, 곡의 표현이 달라짐을 시사한다. 표현이 없는 컴퓨터 연주를 견본으로 삼아 빠르기를 변형했다면, 피실험자들은 그 변형을 알아낼 수 없었을 것이다. 요컨대 우리는 이런 미세한 리듬 변형을 알아챌 만큼 민감한 귀를 가졌다. 두 번째 결과는 일반인도 음악 전문가와 똑같은 정확도로 변형된 연주를 식별한다는 것이다. 바꿔 말해 음악 전문가들의 성적이 더 낫지 않았다. 단지 피실험자가 각각의 음악 장르를 얼마나 많이 접했는가에 따라서만 성적의 차이가 났다. 고전음악 애호가는 고전음악을 견본으로 삼은 시험에서 더 나은 성적을 냈고, 재즈 애호가는 재즈를 견본으로 삼은 시험에서 성적이 더 높았다. 그리하여 연구자들은 이런 결론을 내렸다. 미세한 해석적 요소들에 대한 우리의 감각은 해당 음악을 많이 접함을 통해 형성되며 음악에 대한 이론적 전문 지식에 좌우되지 않는다. 여기에서도 확인할 수 있듯이, 음악을 따로 배우지 않은 사람들도 탁월한 음악성을 지녔다.

창작: 다시 언어로 돌아가자. 언어의 내용을 평가의 기준으로 삼으면, 컴퓨터의 능력은 상당히 뒤처진다. 여전히 문제가 많은 번역 프로그램들이 이 사실을 보여준다. 현재의 번역 프로그램들은 텍스트의 내용을 제대로 이해하지 못한 채 단어 하나하나를 번역하기 때문에 터무니없는 실수를 저지른다. 몇몇 워드프로세서 프로그램이 제공하는 '자동 요약' 기능

도 텍스트를 제대로 요약하지 못한다. 더 나아가 주어진 주제에 대해서 독립적으로 글을 쓰거나 심지어 문학 작품을 생산하는 일을 컴퓨터가 해낸다는 것은 어림도 없다.

독립적으로 음악을 작곡하는 컴퓨터 프로그램이 시장에 나온다면 엄청난 인기를 누릴 것이다. 그런 프로그램이 꼭 독창적이어야 하거나 인기 순위 100위 안에 드는 히트곡을 생산해야 하는 것은 아니다. 영화에 삽입할 음악이나 백화점 매장에서 틀어놓을 음악에 대한 수요도 대단히 높으니까 말이다. 지금은 이런 배경음악을 깔려면 따로 작곡가에게 창작을 의뢰하거나 기존 음악을 사용료를 지불하면서 써야 한다. 만약에 간단히 음악 장르만 (경우에 따라서는 빠르기와 분위기 따위의 매개변수들을 추가로) 입력하면 10분 분량의 음악을 쓸 만한 수준으로 만들어내는 작곡 프로그램이 개발된다면, 그 개발자는 엄청난 부자가 될 것이다.

'계산하듯이' 작곡할 수 있을까라는 질문은 컴퓨터가 등장하기 전에도 제기되었다. 실제로 바흐의 바로크풍 푸가 작곡법은 수학과 깊은 관련이 있고, 철학자 고트프리트 빌헬름 라이프니츠Gottfried Wilhelm Leibniz는 1712년에 이렇게 썼다.

"음악은 영혼의 은밀한 산술 활동이다. 음악을 할 때 영혼은 자신이 계산한다는 것을 의식하지 못하면서 계산한다."

18세기에는 주사위를 던져서 나온 결과에 따라 멜로디를 짓는 놀이가 사교계에서 인기를 끌었다. 모차르트도 〈음악적 주사위놀이Musikalisches Würfelspiel〉(KV 294 d)를 개발했다. 이 놀이에서는 모차르트가 미리 작곡해놓은 마디들을 배열하여 곡을 짓는데, 이때 배열 순서는 주사위 두 개를 던진 결과에 따라 정해진다.

하지만 오늘날의 고성능 컴퓨터조차도 작곡 솜씨는 아직 보잘것없다. 독일에서는 〈루드비히Ludwig〉라는 프로그램이 개발되었는데, 의미심장하게도 이 프로그램은 매우 훌륭한 체스 프로그램 〈프리츠Fritz〉로 유명한 체스베이스Chessbase 사의 작품이다. 〈루드비히〉는 내가 방금 서술한 바로 그 일을 해낸다고 한다. 즉, 몇 가지 단순한 지침에 따라 음악을 작곡한다고 한다. 이 과정에서 루드비히는 형제뻘인 〈프리츠〉와 유사하게 일을 처리해나간다. 체스에서는 매 순간 가능한 행마의 개수가 어느 정도 제한되어 있다. 하지만 그 행마 각각에 대해서 그 다음 행마가 역시 동일한 개수만큼 가능하다. 따라서 두세 수 앞만 내다보려 해도, 최고 성능의 컴퓨터로도 완료할 수 없을 만큼 많은 계산을 해야 한다. 그러므로 체스 프로그램은 어떤 식으로든 영리하게 일부 행마들을 제거하여 폭발적으로 증가하는 조합의 개수를 줄여야 한다. 바로 이 제거 전략이 프로그램의 지능을 좌우한다. 〈루드비히〉도 이와 유사한 방식으로 멜로디를 산출한다. 한 음을 출발점으로 삼

음악 본능

으면, 벌써 둘째 음에서 수많은 가능성들이 열린다. 그러나 그 모든 가능성들이 동등하게 타당한 것은 아니다. 멜로디는 모종의 규칙들을 따르고(275쪽 참조) 〈루드비히〉는 몇 가지 규칙을 알고 있으므로 가능한 멜로디의 범위를 좁힐 수 있다.

이런 그럴싸한 방식으로 〈루드비히〉는 이미 여러 곡을 다양한 스타일로 작곡했다. 이 프로그램의 웹사이트 www. komponieren.de에서 그 곡들을 들을 수 있다. 또한 〈루드비히〉의 무료 버전도 내려받을 수 있다. 하지만 나는 〈루드비히〉의 작품들에 감탄하지 않는다. 그 곡들은 확실히 어색하게 들리지는 않지만 왠지 설득력이 없고 흔히 비음악적이다. 우리 모두가 내면화하여 지닌 규칙들을 프로그램의 선택 전략으로 변환하여 멜로디다운 멜로디가 산출되도록 만드는 것은 매우 어려운 일인 듯하다. 하지만 이 분야에서도 연구가 계속될 것이고 머지않아 우리가 도처에서 듣는 배경음악의 상당수는 창조적인 인간의 참여 없이 생산될 것이라고 나는 확신한다. 물론 우리가 그런 음악을 좋아할지는 또 다른 문제다.

음악 이해: 텍스트에 기초한 인터넷에서는 모든 것이 검색에 달려 있다. 구글의 공동 창립자 두 명은 1998년에 당대 세계 최고의 검색 알고리즘을 개발했고, 그 덕분에 기업집단 구글은 세계적인 권력자로 등극했다. 그 후 이루어진 기술적 발전은 적어도 평범한 네티즌이 느끼기에는 그리 많지 않다. 지

금도 여전히 검색 프로그램들은 텍스트의 내용을 이해하지 못한다는 의미에서 '멍청'하다. 우리는 특정 검색어를 지정할 수 있고, 그러면 검색 프로그램은 그 검색어를 포함하고 있으며 많은 링크를 거느린 사이트들을 보여준다. 그러나 우리의 검색어를 포함하지 않지만 우리가 원하는 정보와 유관한 사이트는 포착되지 않는다.

음악 검색은 훨씬 더 어려운 과제다. 음악은 대개 오디오 데이터로만 존재한다. 따라서 검색어는 무용지물일 경우가 많다. 어떤 곡을 라디오에서 들어서 알고 그 멜로디를 허밍으로 부를 수도 있는데, 그 곡의 제목을 모를 경우, 허밍을 검색어처럼 이용하여 그 곡을 찾아낼 수 있다면 참 좋을 것이다. 영어에서 'Query by humming(허밍으로 조회하기)'이라고 부르는 이 검색 방식은 현재 활발히 연구되는 분야다. 이미 언급했지만 나는 그런 검색 프로그램을 내 휴대전화기에 탑재하여 가지고 있다. 사람이 휴대전화기에 대고 노래를 부르면, 그 프로그램은 그 노래와 일치할 가능성이 있는 곡들의 목록을 제시한다. 많은 경우에는 프로그램이 놀랄 만큼 우수한 성능을 발휘하여 내가 찾는 곡이 목록의 첫머리에 (당연히 그 곡을 판매하는 사이트의 링크와 함께) 뜬다. 그러나 때로는 한 페이지 전체에도 내가 찾는 곡이 없다. 이런 불완전성의 배후에는 순수한 소리 데이터에서 노래의 '본질'—멜로디, 리듬, 가사—을 걸러내는 작업의 어려움이 있다.

이제 결론을 말할 차례다. 우리의 뇌에는 소리 신호에서 모든 음악적 매개변수들을 걸러낼 수 있는 엄청나게 특별한 회로가 내장되어 있다. 그래서 노래를 듣고 무슨 노래인지 알아내는 것은 우리에게 일도 아니다. 심지어 노래를 심하게 변형해도—사람이 부르는 대신에 악기로 연주하거나 밴드 연주를 아카펠라 연주로 바꾸거나 아예 장르를 바꿔서 록을 스윙이나 레게로 변형해도—우리는 그 노래를 알아듣는다. 우리는 대번에 알아챈다. "아하, 〈예스터데이〉의 3156번째 버전이로구나!"(실제로 〈예스터데이〉는 3000번 넘게 녹음되었다.—저자) 우리의 뇌에는 방대한 음악 사전만 내장되어 있는 것이 아닌 듯하다. 우리는 그 사전을 아주 효율적으로 검색할 수도 있다. 우리의 음악 기억과 회상이 어떻게 작동하기에 그토록 효율적인지는 다음 장에서 다룰 주제다.

# 너를 내 머릿속에서 떨쳐낼 수 없어[●]
## 음악적 취향은 어디에서 기원할까?

> 음악은 가장 믿을 만하고 속을 염려가 없고 오염 불가능한 동감의 지표다.
> 사람이 듣는 음악 혹은 들어온 음악, 바로 그것이 그 사람이다.
> 어떤 사람이 여러 해 내내 완전히 틀린 음악을 들었다면, 어찌할 도리가 없다.
> — 프랑크 셰퍼(『그럼 나 출발하네: 팝 문화 답사』의 저자)

2009년 3월 초에 나는 집 마당에서 마침내 아네모네가 피기 시작하는 것을 기뻐하며 바라보았다. 앞선 겨울은 혹독했고, 아네모네의 개화가 예년보다 2주쯤 늦어지던 차였다. 공기는 아직 꽤 선선하고 유난히 흐린 날씨였는데도, 봄의 분위기가 물씬 풍겼다.

15분 뒤에 부엌에서 커피를 내리다가 문득, 벌써부터 노래 한 곡이 내 머릿속에서 울리고 있었음을 깨달았다. 그 노래는 가사가 "이월에 아네모네, 오월에 금빛 비Schneeglöckchen im

---

[●] Can't Get You Out of My Head. 이 제목은 호주의 팝 가수 카일리 미노그Kylie Minogue의 노래 제목이다.—옮긴이

Februar, Goldregen im Mai"로 시작하는, 1970년대에 하인톄Heintje가 부른 유행가였다. 하필 하인톄라니! 그 시대의 부정직한 유행가 산업을 하인톄만큼 잘 대표할 수 있는 인물은 드물지 싶다. 그 노래는 당시에 나와 나의 히피 친구들이 경멸한 모든 것 중에서도 가장 경멸스러웠다.

그 노래가 발표되었을 당시에 나는 텔레비전을 많이 보았다. 특히 토요일마다 여동생과 함께 디터 토마스 헤크Dieter Thomas Heck가 진행하는 (훗날 몹시 증오하게 될) 〈히트퍼레이드Hitparade〉를 보았는데, 그 노래는 이 프로그램에 툭하면 나오는 인기곡이었다. 아무튼 그 노래가 나의 음악 기억 장치에 영구적으로 저장된 것을 보면, 내가 그 노래를 충분히 자주 들은 것은 분명한 모양이다. 또한 역시 그 순간에 깨달았는데, 내가 그 노래를 떠올린 것은 확실히 그때가 처음이 아니었다. 나는 그 노래를 아주 독특하게 변형한 버전을 가사조차 틀리게 붙여서 내면의 음악 목록에 지니고 있었다. 이 모든 것이 내 의식에 포착된 이유는 아마도 그때 내가 이 책 중에서도 이 장을 구상하고 있었기 때문일 것이다. 나는―아마 당신도 마찬가지겠지만―내면에서 음악이 울리는 일을 무척 자주 경험한다. 대개 그 음악은 의식의 가장자리에만 머문다. 내면의 음악이 마치 귓속의 벌레처럼 성가시게 느껴지는 경우는 드물게만 있다(353쪽 참조).

## 음악 사전

"기억이 없으면 음악도 없다."라고 캐나다 음악학자 대니얼 레비틴은 말한다. 우리가 살면서 들어온 음악은 우리의 음악적 범주 체계와 예상에 지대한 영향을 끼칠 뿐 아니라 항상 우리 곁에 있다. 우리는 익숙한 곡을 배경에 깔고 새 곡을 듣고 새 경험을 옛 경험과 비교하며 늘 새로운 내용을 기억 장치에 저장한다. 그리고 저장된 내용을 순식간에 놀랄 만큼 정확하게 불러낼 수 있다. 이 모든 일이 어떻게 가능할까?

우리의 정신적 음악 처리에 관여하는 모듈들을 나타낸 99쪽 도표에는 '음악 사전'이라는 칸도 있다. 음악학자 이사벨 페레츠에 따르면, "음악 사전이란 개인이 살아오면서 들은 모든 악구들을 아우르는 표상 체계다." 이 문장은 아주 간결하지만 여러 질문을 야기한다. 정말로 우리가 살면서 듣는 모든 멜로디가 저장될까? 저장은 어떻게 이루어지고, '표상'이란 무엇일까? 과학이 내놓는 대답은 아직 빈약하다.

우선 '사전Lexikon'이라는 단어부터가 약간 오해의 소지가 있다. 나는 사전을 뒤져서 내가 원하는 것을 찾아낼 수 있다. 예컨대 레드 핫 칠리 페퍼스Red Hot Chili Peppers의 노래 중에서 제목이 'p'로 시작하는 곡들을 찾아낼 수 있다(음반《캘리포니케이션Californication》에만 해도 그런 곡이 3개나 있다). 하지만 다음 요구를 보라. 이것은 내가 이 책을 쓰면서 자주 맞닥뜨린 요구들 중 하나다. 비틀스의 곡 중에서 화음 진행이 이례적인 곡을 찾아라. 이런 요구 앞에서 사전은 무용지물이다.

오늘날 우리는 미디어 자료를 디지털 형식으로 저장하는 데 익숙해졌고, 이미 대다수는 하드디스크에 일종의 음악 사전을 가지고 있다. 그 사전은 원리적으로 컴퓨터 데이터뱅크이며, 컴퓨터 데이터뱅크의 장점들을 모두 갖췄다. 하지만 그 사전이 제 기능을 할 수 있으려면, 순수한 오디오 데이터만 저장해서는 안 된다. 왜냐하면 0과 1만으로 이루어진 오디오 데이터에 접근할 수 있는 검색 알고리즘은 아직 없다시피 하기 때문이다. 모든 곡에는 당연히 제목이 있고, 그 곡을 연주한 음악가나 밴드가 있으며, (특히 고전음악의 경우에는) 작곡가도 있고 그 곡이 포함된 앨범도 있다. 수집한 음악 자료를 정성들여 관리하는 (극히 드문) 사람들은 각각의 곡에 장르(자기만의 장르 분류법을 사용하기도 한다), 발표연도, 빠르기(몇몇 프로그램은 곡의 빠르기를 자동으로 인식한다)까지 표시한다.

이런 '표찰'이 가지런히 붙어 있다면, 수집자는 음악 자료를 음악가나 발표연도에 따라서 정리할 수 있다. 또는 여러 조건을 동시에 충족시키는 곡을 찾을 수도 있다. 예컨대 1980년대에 발표된 레게 음악 중에서 춤출 때 틀기에 적당한 곡을 검색할 수 있다. 관건은 표찰이 제대로 붙어 있느냐다. 표찰이 훌륭하다면 사전은 모든 질문에 완벽하게 대답한다.

반면에 우리의 음악 기억은 이런 체계적인 요구 앞에서 애를 먹는다. 몇 년 전에 나는 쉰 번째 생일을 맞았는데 순전히 이기적인 생각으로 생일잔치에 온 손님들에게 내가 50년을 살아오면서 좋아했던 곡들을 들려주기로 했다. 개인적인 히트곡 20개 정도를 꼽는 것은 어려운 일이 아니다. 하지만 한때 나의 히트곡 목록에서 반년쯤 최상위에 머물다가 잊힌 곡들은 어떻게 찾아낼 수 있을까? 내가 생각해낸 유일한 해법은 과거의 기억을—옛날의 감정을—곰곰이 되짚는 것이었다. 그때 내가 무엇을 했고, 그러면서 무엇을 들었더라? 하지만 이 방법으로는 그런 잊힌 진주를 겨우 두세 알 찾아낼 수 있을 뿐이다. 이미 오래전에 여러 연구에서 밝혀졌듯이, 우리의 자서전적 기억은 나날이 새로 구성되며 시간이 지날수록 더 허술해진다. 그 기억은 신뢰할 수 없다. 여러모로 볼 때, 그 기억은 현실을 반영한다기보다 우리가 그린 정형화된 그림에 더 가깝기 때문이다.

(결국 나는 나의 디지털 음악 자료를 음악가별로 분류하고 음악가의 이름을 검색어로 삼아 곡들을 찾아냄으로써 문제를 해결했다. 그리하여 멋진 목록을 얻었지만, 상당히 많은 곡들이 누락되었다는 느낌을 지울 수 없다.)

개인적인 음악 사전과 컴퓨터 하드디스크 사이에는 또 하나의 차이가 있다. 개인적인 음악 사전에서는 삭제가 불가능하다. 적어도 의도적인 삭제는 불가능하다. 〈이월의 아네모네〉는 나를 평생 따라다닐 것이다. 나로서는 어쩔 도리가 없다. '토니 마샬 뉴런'(토니 마샬Tony Marshall은 독일 전통가요 가수—옮긴이) 따위가 따로 있다면 수술로 제거해볼 수도 있을 텐데, 그런 뉴런은 없다. 음악 사전은 계속 누적된다. 끊임없이 새로운 내용이 추가된다. 오래된 기억은 흐릿해질 수는 있어도 완전히 지워지는 일은 영원히 없다. 음악 기억은 엄청나게 안정적이다. 알츠하이머병 환자는 모든 기억을 차츰 잃는데 청소년 시절에 부른 노래에 대한 기억을 가장 나중에 잃는다. 그렇기 때문에 익숙한 노래를 부르게 하는 것은 차츰 기억을 잃어가는 환자를 위한 치료법으로 그 효과가 입증되었다. 이 치료법은 최소한 환자의 불안을 완화할 수 있다.

우리가 듣는 노래는 우리의 기억에 어떤 방식으로 저장될까? 실제 녹음에서처럼 모든 세부까지 저장될까, 아니면 멜로디와 리듬 같은 본질적 요소만 저장될까? 정답은 양쪽 다라는 것이다. 우리는 구체적인 저장과 추상적인 저장을 모두 하는 것으로 보인다.

215쪽에서 서술한 실험들에서 알 수 있듯이, 우리는 구체적인 녹음을 들을 때 멜로디나 박자가 전혀 드러나지 않는 짧은 대목만 들어도 그것이 무슨 음악인지 알아챈다. 우리의 음악 기억이 대단히 정확함을 보여주는 다른 증거들도 있다.

최근에 나는 인터넷에서 비디오 하나를 보았다. 1970년에 영국의 록 밴드 킨크스The Kinks가 출연한 텔레비전 프로그램을 녹화한 것이었는데, 거기에서 그 밴드가 히트곡 〈롤라Lola〉를 불렀다. 그 시절에는 라이브 쇼 프로그램도 있었지만 출연한 밴드가 녹음된 음악에 맞춰서 연주하는 흉내만 내는 방식으로 제작하는 프로그램도 있었다. 내가 본 비디오에서 킨크스는 악기들을 완전하게 갖추고 무대에 올랐다. 기타들에 전선까지 연결되어 있었다. 노래를 담당하는 레이 데이비스Ray Davies의 입술 움직임은 음악과 완벽하게 일치했다―물론 때때로 그의 입이 마이크에서 조금 멀어지기도 했지만, 그래도 진짜로 노래하는 듯한 인상을 충분히 풍겼다. 그럼에도 나는 몇 마디 듣자마자 그들이 립싱크를 하고 있음을 알아챘다. 그 근거는 이렇다. 나는 〈롤라〉를 아주 잘 안다. 〈롤라〉는 내가 최초로 소유한 음반에 들어 있는 곡이다. 나는 첫 번째 기타

《롤라 버서스 파워맨 앤드 더 머니그라운드, 파트 원Lola Versus Powerman And The Moneygoround, Part One》, 1970

영국 록 밴드 킨크스의 8집 앨범. 이 앨범에 수록된 〈롤라Lola〉는 영국 싱글차트 2위, 빌보드 싱글차트 9위를 기록할 정도로 킨크스의 인기 있는 대표곡 중 하나이다.

코드만 듣고도 그 곡을 식별한다. 더 나아가 그 음반에 수록된 〈롤라〉의 모든 세부 특징이 내 기억에 각인되어 있다. 사운드뿐 아니라 리드 보컬의 미묘한 타이밍까지 모든 것이 말이다. 그래서 나는 두세 마디만 들어보면, 그것이 내가 아는 그 녹음인지 여부를 판단할 수 있다. 그 비디오에서 나온 것은 바로 그 녹음이었다. 〈롤라〉를 그 녹음과 똑같이 부르는 것은 킨크스 자신에게도 불가능한 일이다.

몇몇 사람들은 구체적인 음악을 떠올리는 능력이 대단히 발달해서 아이팟 따위가 없어도 연주회 하나를 통째로 상상하여 들을 수 있다. 신경학자 올리버 색스는 자신의 저서 『뮤지코필리아』에서 자신의 아버지에 대해 이야기한다.

"아버지는 전축에 음반을 걸 필요가 없었다. 연주회를 실제와 거의 다름없이 상상으로 들을 수 있었으니까 말이다. 다양한 분위기와 해석으로, 심지어 아버지 자신의 즉흥 연주를 가미해서 듣는 것도 가능했다."

색스의 아버지는 과연 무엇을 들었을까? 언제 어딘가에서 들었던 곡의 구체적인 녹음을 마치 훌륭한 음반을 꺼내는 것처럼 기억에서 꺼내 들었던 것일까? 위 인용문의 마지막 대목은 그분의 상상이 음반을 꺼내는 일과는 달랐음을 시사한다. 즉, 색스의 아버지가 한 일은 '늘 동원 가능한 내면의 오케스트라로 하여금' 추상적인 악보를 '연주하게 한' 것이었다.

마치 우리가 단지 음들에 대한 정보만 담은 미디 데이터를 우리의 컴퓨터에서 '가상적인 악기들'을 통해 음악으로 변환하여 듣는 것처럼 말이다. 이 일을 할 수 있는 사람은 구체적인 음악적 경험에 얽매이지 않는다(물론 음악적 경험은 당연히 이런 음악적 재능의 전제 조건이다). 그런 사람은 자신이 추상적으로 떠올릴 수 있는 음악을 사실상 모두 언제든지 들을 수 있는 셈이다.

이런 능력을 지니지 못한 평범한 사람도 과거에 구체적으로 들었던 음악만 알아채는 것이 아니다. 우리는 아는 노래를 익숙한 버전이 아니라 사뭇 다른 버전으로 들어도 식별해낼 수 있다. 예컨대 성악곡을 기악곡으로 바꿔도 알아챈다. 혹은 AC/DC(오스트레일리아 하드록 밴드—옮긴이)의 히트곡 〈하이웨이 투 헬Highway to Hell〉을 올리 디트리히Olli Dittrich가 이끄는 텍사스 라이트닝Texas Lightning(독일 밴드—옮긴이)이 컨트리 버전으로 연주해도 알아챈다. 심지어 익숙한 장조 멜로디를 단조 멜로디로 바꿔도 알아챈다. 다음 페이지의 QR 코드를 통해서 그렇게 변형된 멜로디의 예들을 들어보라.

이런 커버 버전cover version(리메이크 버전—옮긴이)을 아주 좋아하는 사람들도 있다. 나는 미국 덴버에서 브라이언 이보트Brian Ibbott가 제작하는 팟캐스트 〈커버빌Coverville〉을 즐겨 듣는다. 이 팟캐스트에서 매주 세 번, 유명하거나 덜 유명한 노래 몇 곡을 새로운 편곡으로 들을 수 있는데, 원곡과 전혀 다른 버전도 가끔 있다. 가장 멋진 편곡에서는 노래의 방향이 전혀 새로워지고 감성적 메시지가 달라진다. 내가 속한 아카펠라 밴드도 편곡을 한다. 우리가 브리트니 스피어스Britney Spears의 디스코 노래 〈톡식Toxic〉을 발라드로 부르면, 관객은 한편으로 '원본' 연주라는 느낌을 받는다. 왜냐하면 실연의 상처를 이야기하는 그 노래의 가사를 우리 밴드의 여가수 마르치아 플리히타Marzia Plichta가 아주 절절하게 읊기 때문이다. 또한 다른 한편으로 관객은 "아하, 그 노래로군!" 하면서 즐거워한다. 뇌는 놀라고 약간 어리둥절해지는 것을 좋아하는 듯하다. 곧이어 수수께끼가 풀리고 음악의 정체를 알아채면, 뇌는 기뻐한다. 레드 제플린의 〈홀 로타 러브Whole Lotta Love〉를 아카펠라 버전으로 부르면 번번이 객석에서 웃음이 터지기까지 하는데, 이는 연주자의 입장에서 달가운 일은 아니다. 하드

〈엘리제를 위하여〉, 〈이매진Imagine〉, 〈아이네 클라이네 나흐트무지크Eine Kleine Nachtmusik〉 등 널리 알려진 몇몇의 장조 곡을 단조로 바꾼 멜로디 토막 파일. 왼쪽은 〈엘리제를 위하여〉의 주인공, 테레제 말파티의 초상화(19세기)이다.

음악 본능

록의 찬가 격인 그 노래는 다섯 명의 목소리를 통해 아주 낯설게 변형되고, 그 결과로 관객은 연주가 꽤 진행된 다음에야 그 노래를 알아챈다. 그리고 낯설다는 느낌과 알아챘다는 느낌이 뒤섞여 웃음을 자아내는 것이다. 이는 데이비드 휴런이 자신의 책『달콤한 예상』에서 서술한 놀람의 한 예다.

좁은 의미의 음악 사전은 실제로 음악 기억으로만 구성된다. 그러나 우리가 기억하는 음악에 따라붙는 기타 속성들도 있다. 예컨대 곡의 제목과 연주자가 그런 속성이다. 노래의 가사도 마찬가지다. 이 속성들은 음악 속에 직접 '코드화되어 있지' 않으며 흔히 기억해내기가 훨씬 더 어렵다. 음악적 매개변수들은 거의 항상 우뇌반구에 저장되는 반면, 이런 '사실 지식들'은 좌뇌반구에 저장된다. 사실 지식은 훨씬 더 의식적으로 저장되고 전혀 다른 방식으로 회상되는 것으로 보인다. 이는 사람의 이름에 대한 기억과 비교할 만하다. 옛날 사진을 보면, 거기에 있는 사람은 단박에 기억이 난다. 곧이어 그 사람과 연관된 기억들이 줄줄이 떠오른다. 반면에 그 사람의 이름은 흔히 애써 여러 우회로를 더듬어야만 기억이 난다. 나이가 들수록, 타인의 이름을 기억하기가 점점 더 어려워진다. 하지만 반대 방향의 회상은 아주 쉽다. 누군가가 우리에게 어떤 사람의 이름을 대면, 우리는 그 사람의 모습을 금세 떠올릴 수 있다.

뇌가 음악 사전을 정확히 어떻게 저장하느냐에 대해서는

알려진 바가 거의 없다. 하지만 컴퓨터와는 다른 방식으로 저장한다는 점만큼은 분명하다. 예컨대 노래 저장소의 구실을 하는 특별한 뇌세포들은 존재하지 않는다. 오히려 우리가 하는 모든 경험이 광범위한 흔적을 남긴다. 이 흔적은 다름 아니라 특정 뇌 구역의 활성화 상태다. 다시 말해 그 구역의 모든 세포들이 모든 기억에 관여하고, 그 세포들의 총체적 상태가 구체적인 '사전 등재 내용'인 셈이다. 그리고 새로운 경험이 그 '저장된' 상태와 매우 유사할 경우, 그 상태가 다시 활성화된다.

이는 우리가 과거의 경험을 마음대로 불러낼 수 없는 이유이기도 하다. 우리가 한 모든 경험은 사라지지 않았다. 그것들이 되살아나지 않는다면, 이는 다만 적절한 촉매가 없기 때문이다.

우리는 누구나 쉽게 불러낼 수 있는 표준 기억들을 가지고 있다. 예컨대 자신이 겪었고 자주 이야기하는 삶의 일화들, 자주 회상해온 사건들이 있다. 이런 '자서전적 기억'은 마모된다. 즉, 우리가 그 기억을 자주 떠올리는 동안, 옛것과 새것이 혼합되고, 진짜 경험한 바와 허구로 덧붙인 바가 뒤섞인다. 할아버지가 전쟁 이야기를 할 때, 객관적 진실은 할아버지의 이야기 가운데 일부에 지나지 않는다. 그 진실은 나중에 의도치 않게 끼어들어간 세부 사항들과 뒤섞여버린다.

자서전적 기억의 마모를 보여주는 흥미로운 심리학 실험들이 있다. 미국 심리학자 엘리자베스 로프터스Elizabeth Loftus는 법정에서 증언의 신빙성을 평가하는 임무를 자주 맡는다. 그녀는 사람들에게 '가짜 기억'을 심어주는 데 성공한 적이 여러 번 있다. 예컨대 그녀는 대학생들에게 조작된 사진 한 장을 보여주었다. 그 사진에는 실험에 참가한 대학생이 어린 시절에 디즈니랜드에서 만화영화 주인공 벅스 버니Bugs Bunny와 함께 있는 모습이 찍혀 있었다. 몇 주 후에 대학생들에게 물어보니, 무려 16퍼센트가 어린 시절에 디즈니랜드에서 그 토끼 캐릭터와 악수했던 경험을 구체적으로 회상해냈다. 그러나 그것은 불가능한 경험이다. 왜냐하면 벅스 버니는 디즈니와 경쟁하는 워너브러더스의 캐릭터이기 때문이다.

　비슷한 방식으로 로프터스는 피실험자들로 하여금 어린 시절에 쇼핑몰에서 길을 잃었던 경험을 강렬하게 되살리게 만들었다. 실제로 그 피실험자들은 그런 경험을 한 적이 없는데도 말이다. 다른 실험에서는 자동차 사고 장면을 담은 비디오를 보여주고 나서 교묘한 질문들을 던짐으로써 피실험자로 하여금 자동차 유리가 어떻게 깨져 흩어졌는지를 상세히 기억해내게 만들었다. 그 비디오에서는 유리가 전혀 깨지지 않는데도 말이다.

　반면에 자주 사용되지 않아 '마모되지' 않은 기억, 즉 묻힌 기억을 불러내려면 촉매로 작용할 자극이 필요하다. 그런 기억을 불러내겠다고 애써 의식을 집중하는 것은 가장 나쁜 방법이다. 오히려 같은 시기에 있었던 다른 일들에 대한 회상에 '빠져드는' 것이 좋은 방법이다. 이는 최근에 내가 체험한 바이기도 하다. 나는 지난 몇 십 년 동안 찍어 컴퓨터에 보관해온 사진들을 정리하면서 특히 사진 속 인물들이 누군지 기억해내려 애쓰고 있었다. 처음에는 도무지 누군지 기억나지 않는 얼굴들이 많았다. 그러나 한동안 내 삶의 특정 시기를 이리저리 회상하다 보니 차츰 기억들이 되살아났다. 사진 속 인물들의 이름도 떠올랐다. 나는 곧바로 인터넷에서 몇몇 이름을 검색했고 연락이 끊겼던 사람 두세 명과 다시 접촉했다.

음악은 냄새와 마찬가지로 이런 회상을 일으키는 강력한 촉매의 구실을 한다. 그 이유는 여럿이겠지만, 무엇보다도 우리가 이 책의 첫 부분에서 보았듯이 음악은 매우 '총체적인' 경험이기 때문이다. 음악 기억은 추상적인 소리 신호만으로 이루어지지 않는다. 오히려 우리가 해당 음악을 들었을 때의 전체적 상황으로 이루어지며, 그 상황은 그 음악이 우리 안에서 일으켰거나 일반적으로 동반했던 감정도 포함한다. 그 음악을 회상하면, 그 감정도 합리적인 숙고를 거치지 않고 단박에 되살아난다. 그래서 음악 회상은 대단히 강렬한 체험일 수 있다. 음악을 회상하는 사람은 때때로 망치로 뒤통수를 얻어

음악 본능

맞는 듯한 충격을 느낀다. 감정은 최고의 기억 강화제다. "감정은 기억되고 기존 기억과 연결될 내용을 걸러내고 평가하고 강조한다."라고 독일 빌레펠트 대학의 신경과학자 한스 마르코비치Hans Markowitsch는 말한다. 그는 빌레펠트 대학에서 자서전적 기억에 대한 학제적 연구 프로젝트를 진행했다.

안타깝게도 음악 회상의 강렬함을 임의로 재현할 수는 없다. 예컨대 어떤 사람이 한 노래를 옛 사랑과 연결했는데 그 노래를 20년 만에 처음으로 다시 듣는다면, 그의 감정 체험은 매우 강렬할 수 있다. 영국 작가 닉 혼비Nick Hornby는 산문집 『서른한 곡의 노래31 Songs』에서 자신의 삶에 큰 영향을 미친 노래 31곡에 대해 이야기한다. "만약에 내가 1975년에 〈선더 로드Thunder Road〉(작사, 작곡, 노래 브루스 스프링스틴Bruce Springsteen—저자)를 어느 소녀의 침실에서 괜찮은 노래라고 느끼며 들은 뒤에 그 소녀를 본 적도 없고 그 노래를 그리 자주 듣지도 않았는데 지금 다시 그 노래를 듣는다면, 아마도 나는 그 소녀의 방취제deodorant 냄새를 맡게 될 것 같다."

하지만 그 노래를 세 번 듣고 네 번째로 들으면, 효과는 벌써 눈에 띄게 약해질 것이다. 왜냐하면 과거의 체험이 현재에서 유래한 새로운 연상들과 포개질 터이기 때문이다. 그 효과를 보존하기 위해 문제의 방취제를 구입하는 것은 쓸모없는 짓일 것이다. 냄새 기억 역시 마모되니까 말이다. 모로코로

휴가를 갔을 때 사온 아랍 음악 음반은 그 멋진 휴가의 기억을 한동안만 되살린다. 그 기간이 지나면, 그 음반은 좋을 수도 있고 싫을 수도 있는 이국적인 음반일 뿐이다. 바로 여기에 '흘러간 히트곡'을 방송하는 프로그램의 딜레마가 있다. 왕년의 히트곡은 그리운 기억을 되살리지만 또한 그 기억을 마모시켜서 덤덤한 "그래, 그땐 그랬지."로 전락시킨다. 그래서 나는 그런 프로그램을 원칙적으로 멀리한다. 지금도 자주 방송되는 티나 터너Tina Turner나 조 코커Joe Cocker의 히트곡들을 들으면서 특정한 때나 상황과 연결된 특별한 기억을 떠올리는 사람은 극히 드물다. 그 노래들에는 너무 많은 청취 체험이 덧씌워져 있다. 진짜 감정을 불러일으키는 노래는 LP의 B면, 혹은 CD의 뒤쪽 트랙에 있다. 그리고 그런 노래는 자주 듣지 않는 것이 좋다. 기억을 잃고 싶지 않다면 말이다.

음악 사전에 대해서 우리가 아는 바는 비록 일천하지만, 음악 사전의 대략적인 위치는 알려져 있다. 이사벨 페레츠와 그녀의 동료들은 몬트리올 대학에서 대학생들을 뇌 스캐너 안에 집어넣고 여러 멜로디를 들려주었다. 일부 멜로디는 그들이 아는 것이었고, 일부 멜로디는 일부러 작곡한 것이어서 그들이 알 리 없었다. 뇌 영상들을 비교한 연구진은 아는 멜로디를 들을 때 활성화되는 뇌 구역 두 곳을 지적할 수 있었다. 한 구역은 좌측 보조운동피질이었는데, 이 구역이 활동하는 이유는 피실험자가 기억하는 노래를 속으로 따라 부르면서 운동 중추들까지 활성화하기 때문인 것으로 보였다. 두 번째 구역은 관자엽 상부 홈Sulcus temporalis superior인데, 연구진은 이 구역이 음악 기억을 불러낸다고 판단했다.

음악 기억을 직접 들여다보는 과학적 연구는 현재까지 이것이 전부다. 대신에 과학은 심리학 실험들에 기초하여 음악 기억의 속성들을 추론한다. 음악 회상은 의지와 상관없이 자동적으로 일어나며 매우 신속하다. 우리는 기억 속에 깊이 묻혀 있는 음악을 사실상 단박에 불러낸다.

이뿐만 아니라 우리는 음악을 특정한 크기의 유의미한 '분량들portions'로 나눠서 저장하고 노래를 알아채려면 그런 특정한 단위들이 필요한 듯하다. 우리는 멜로디를 들을 때 처음 몇 개의 음만 들어도 무슨 멜로디인지 짐작하지만(284쪽 참조) 확실한 판단을 내리려면 악구 하나를 다 들어봐야 한다. 미국 암허스트 대학의 심리학자 매튜 슐킨드Matthew Schulkind는 일반인과 음악가의 멜로디 인지 능력을 상세히 검사했다. 일반인이든 음악가든 노래를 알아채려면 평균 6개의 음을 들을 필요가 있었고, 대부분의 "아하!" 체험은 멜로디의 구조적 특징이 도드라지는 대목, 즉 마디의 끝이나 길게 이어지는 음에서 일어났다. 또 하나 흥미로운 결과는, 무슨 멜로디인지 짐작했다는 말은 음악가들이 더 먼저 했지만, 정답을 말하는 시점은 일반인이 조금 더 빨랐다는 점이다. 바르샤바에서 교수로 일하며 이와 유사한 실험을 직접 해본 적이 있는 시모네 달라발라에 따르면, 이런 결과가 나온 것은 간단히 음악가들의 음악 사전이 더 방대하기 때문이다.

"잘 알려진 멜로디의 첫 부분이 제시되면, 음악가의 기억 속에서는 여러 멜로디들이 떠오른다. 그래서 음악가는 지금 들리는 것이 아는 멜로디라는 느낌을 더 먼저 갖게 된다."

음악가가 곡을 연주할 때에도 그런 음악적 '단위들'이 필요하다. 컴퓨터는 오디오 데이터를 재생할 때 단위에 아랑곳없이 아무 곳에서나 시작하고 건너뛰고 끝낼 수 있다. 그러나 사람의 연주는 다르다. 악보를 보고 연주하는 직업적인 교향악단에게라면 "46번 마디에서 시작하세요!"라고 지시할 수도 있을 테고, 그러면 단원들은 실제로 그곳에서 연주를 시작할 것이다. 그러나 기억에 의지하여 연주하는 음악가들에게는 이 방법이 통하지 않고, 교향악단의 지휘자도 단원들을 연습시킬 때 연주의 시작 지점을 제멋대로 지정하지 않는다. 기억 속의 음들을 옳게 떠올려 연주하려면, 음악을 유의미한 단위들로 나눠야 하고 그렇게 나눠서 연습해야 한다. 단위들 사이에서의 이행은 나중에 따로 연습한다. 이 연습은 또 하나의 새로운 학습 과정이다.

일반인도 기억 속의 곡을 임의의 중간 지점부터 떠올릴 수는 없음을 당신 스스로 확인해볼 수 있다. 〈애국가〉에 '리' 자가 나오느냐는 질문을 받으면, 당신은 어떻게 하겠는가? 당연히 〈애국가〉를 처음부터 속으로, 아마 평소보다 더 빠르게 불러볼 것이다. 그러다가 "우리나라 만세"에 이르면 비로소 "나온다."라고 대답할 것이다.

하지만 무엇보다도 중요한 것은 음악 기억이 항상 총체적이고 연합적이라는 사실이다. 우리의 기억 속에서 노래 한 곡은 경계가 명확하게 그어진 별개의 단위로 존재하지 않는다. 기억 속의 노래는 항상 우리의 기여 없이 생겨난 기억 흔적의 일부로서, 우리가 그 음악을 들었을 때의 상황, 우리의 감정 상태, 또한 다른 음악과 연결되어 있다. 2009년 2월에 미국 워싱턴 조지타운 대학의 조세프 라우셰커Josef Rauschecker는 『신경과학 저널Journal of Neuroscience』에 뇌에 관한 논문을 발표했다. 그 논문을 위한 실험에서 그는 대학생들(심리학과 학생들?)에게 각자 자신이 가장 좋아하는 CD를 가져오라고 요청했다. 라우셰커의 관심사는 음악을 들을 때 무슨 일이 일어나는가 하는 것이 아니었다. 오히려 그는 CD에 실린 곡들 사이의 휴식 시간에 관심을 기울였다.

실험 결과, 그 고요한 기간에 피실험자들의 전운동피질에서 뚜렷한 활동이 나타났다. 전운동피질은 운동을 준비하는 뇌 구역이다. 피실험자들은 다음에 나올 곡을 알고 있었다.

그 곡을 기다리는 동안, 그들의 뇌는 어떤 활동을, 아마도 속으로 '따라 부르기'를 준비하는 것으로 보였다. 피실험자들에게 예측 불가능한 순서로 노래들을 들려주는 실험에서는, 이 활동이 포착되지 않았다. 이 결과는 나 자신의 경험과도 일치한다. 내가 존 레넌John Lennon의 〈이매진Imagine〉을 들으면, 곧 이어 내 머릿속에서 셰어의 〈집시들, 방랑자들, 그리고 도둑들Gypsies, Tramps and Thieves〉이 연주되기 시작한다. 이 노래는 내가 12년 동안 수없이 들은 카세트 테이프에서 〈이매진〉 다음에 나오는 곡이다. 나의 경험과 라우셰커의 실험 결과는 우리가 음악을 정적으로 저장할 뿐 아니라 시간 축에 따라서도 저장함을 알려준다. 라우셰커는 실험 결과에 깜짝 놀랐다.

"뇌가 시간적 순서를 저장한다는 것은 사소한 일이 아니다. 뇌에는 카세트 레코더나 CD 플레이어 같은 가동 부분movable part이 없지 않은가."

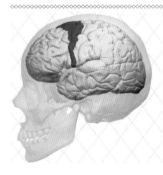

음악 기억은 총체적이고 연합적이다. 조세프 라우셰커는 자신이 좋아하는 음반의 노래들이 흘러나올 때 한 곡이 끝나고 다음 곡을 기다리는 동안 뇌의 전운동피질(빨간색으로 표시된 부분)이 활성화된다는 실험 결과로부터 뇌는 음악을 시간 축에 따라서도 저장함을 알아냈다.

## 안녕, 안녕, 나는 너의 귀벌레!

머릿속에서 돌아가는 CD가 말썽을 부려 도무지 멈춰지지 않는 경우가 가끔 있다. 그럴 때 머릿속에 계속 맴도는 음악을 독일어에서는 '귀벌레Ohrwurm'라고 한다. 멋진 독일어 표현이다. 저술가로 성공을 거둔 신경학자 올리버 색스에 따르면, 일찍이 17세기에도 '귓속 애벌레Ohrwegsraupe'라는 표현이 있었다니, 이 현상은 새로운 것이 아니다. 영어권에서는 이 현상을 가리키는 단어가 아직 제대로 정착하지 못했다. '끈끈한 노래sticky song'라는 표현도 쓰이지만, 전문적인 문헌에서는 독일어 표현을 직역한 'earworm'도 쓰인다.

아무튼 나는 연구를 위해 쾰른의 아카펠라 밴드 와이즈 가이스Wise Guys의 노래 〈귀벌레Ohrwurm〉를 내려받았다. 그리고 지금 그 노래는 이름값을 톡톡히 하고 있다. "Hallo, hallo, ich bin dein Ohrwurm, dein Ohrwurm(안녕, 안녕, 나는 너의 귀벌레, 너의 귀벌레)!"라는 후렴이 내 머릿속에서 한없이 맴돈다. 다른 모든 면에서 그 노래는 시시한 편이다. 가사는 억지스럽고, 멜로디도 벌써 내 기억에서 사라졌다. 그러나 그 후렴만큼은 24시간 전부터 내 기억에 찰싹 달라붙었다.

귀벌레를 연구하기는 엄청나게 어렵다. 왜냐하면 귀벌레가 자발적으로 나오도록 유도하기가 아주 어렵기 때문이다. 딸꾹질에 대한 연구도 이와 동일한 문제에 직면한다. 물론 피실험자에게 어떤 귀벌레가 당신을 끈질기게 괴롭히느냐고 물을 수 있을 것이다(나를 괴롭히는 귀벌레를 하나 꼽으라면, 1970년대에 바카라Baccara가 부른 디스코 히트곡 〈그래요, 난 춤출 수 있어요Yes Sir, I Can Boogie〉를 꼽겠다). 그런 다음에 곧바로 피실험자에게 그 귀벌레를 내면의 CD 플레이어로 재생하라고 요청할 수 있을 것이다. 그러나 이것은 의도적인 귀벌레 소환 행위이지, 귀벌레의 자발적 출현이 아니다.

이런 연유로 뇌과학자와 음악학자가 귀벌레에 대해서 할 수 있는 이야기는 아주 일반적인 특징 몇 가지에 국한된다.

- 귀벌레는 노래 전체가 아니라 30초 내의 짧은 토막이다.
- 귀벌레의 멜로디는 대개 구조가 매우 단순하다. 동요는 귀벌레가 되기에 아주 적합하다.
- 귀벌레는 반복성을 띤다. 악구나 가사가 반복된다.
- 이런 단순성에도 불구하고 귀벌레는 흔히 '불일치'의 성격도 지녀서 음악적 예상을 깨뜨림으로써 청자의 관심을 끈다. 한 예로 〈누가 개들을 내보냈지?Who let the dogs out?〉를 들 수 있다. 바하 멘Baha Men이 부른 그 히트곡을 안다면, 거기에서 개 짖는 소리를 흉내 낸 대목 "후, 후, 후후후!"를 떠올리며 속으로 몇 번 따라해보라. 해보았는가? 미리 경고하지 않아서 미안한데, 이제 당신은 하루 종일

그 "후, 후, 후후후!"를 되새기게 될지도 모른다.

나는 와이즈 가이스가 어딘가에서 귀벌레의 이런 특징들에 관한 글을 읽었다고 믿는다. 그들의 노래 〈귀벌레〉의 후렴은 아주 짧고 멜로디가 단순하다. 그 후렴은 각각의 절에서 여러 번 반복될 뿐더러, 가사 안에도 이중의 반복이 들어 있다. "Hallo, hallo(안녕, 안녕)"와 "dein Ohrwurm, dein Ohrwurm(너의 귀벌레, 너의 귀벌레)"이 그것이다. 또한 화음의 측면에서 약간의 불일치도 지녔다. 구체적으로 말하면, 가사 "빈bin"에서 으뜸음과 한참 거리가 먼 화음이 등장한다. 게다가 후렴의 멜로디는 으뜸음으로 끝나지만 화음은 으뜸화음으로 끝나지 않는다. 즉, 긴장이 해소되지 않고, 따라서 노래가 한없이 반복될 것 같은 느낌이 든다.

귀벌레는 독일 하노버 음악 공연 대학의 에카르트 알텐뮐러가 '이완된 주의집중'이라고 부르는 상황에서 특히 잘 출현한다. 이완된 주의집중 상황이란, 생각할 필요가 거의 없는 행동(이를테면 청소, 다림질, 자전거 타기)을 할 때를 말한다. 그럴 때 생각은 자유롭게 흘러가고 흔히 창조적인 아이디어에 도달하지만, 내면의 CD 플레이어가 작동하는 경우 또한 흔하다. 이럴 경우 당사자는 반시간쯤 지난 뒤에 그것이 여전히 작동 중이라는 점과 그것을 멈출 수 없다는 점을 깨닫는다.

귀벌레가 뇌 스캐너에 포착된 일은 아직 없지만, 귀벌레에 관한 설문조사는 몇 건 이루어졌다. 제임스 켈러리스James Kellaris는 미국 신시내티 대학의 마케팅 교수다. 그는 이른바 '인지적 간지러움cognitive itch'을 연구한다. 이 명칭은 마케팅 관계자들을 매혹하기 위해 켈러리스가 고안한 것이다. 인지적 간지러움을 잘 이용하면 "비용을 들이지 않고도 사람들의 머릿속에서 음악이 울리게 만들 수 있다."고 그는 말한다. 나는 그의 말이 옳다는 증거를 댈 수 있다. 내 머릿속에서는 1970년대의 광고 음악들이 지금도 울린다. 그 음악들을 통해 광고되던 상품의 대다수는 이미 사라졌는데도 말이다.

켈러리스는 귀벌레가 될 잠재력을 지닌 노래들의 목록을 제시한다. 그 목록에는 퀸의 〈위 윌 록 유We Will Rock you〉부터 1996년에 로스 델 리오가 부른 세계적인 여름 히트곡 〈마카레나〉까지 온갖 곡이 들어 있다. 또한 그는 귀벌레를 잠재우는 방법 하나를 귀띔해준다. 귀벌레가 된 노래를 끝까지 부르라는 것이다. 다른 음악을 듣는 것도 꽤 확실한 귀벌레 퇴치법이라고 한다(와이즈 가이스의 〈귀벌레〉에 나오는 다음과 같은 가사는 이 방법에 대한 논평이라 할 만하다. "5번 교향곡이 웅장하게 끝나면, 내 귀벌레가 말하지. '안녕, 나 아직 여기 있어!'").

귀벌레는 매우 개인적인 문제다. 귀벌레는 아주 성가실 때가 많은데, 왜냐하면 본인이 전혀 좋아하지 않는 음악이 귀벌레가 되는 경우가 흔하기 때문이다. 우리의 음악 사전에 특별히 확고하게 정착한 곡이라면 무엇이든지 귀벌레가 될 수 있다. 그런 곡은 틀림없이 우리가 라디오에서 자주 들은 곡일 테지만, 어쩌면 우리에게 특별히 중요한 (이제는 전혀 기억해낼 수 없는) 어떤 상황에서 우연히 들은 곡일 수도 있다. 그런 상황에서 들은 곡은 단박에 영구적으로 '우리 삶의 사운드트랙'에 등재된다. 우리는 누구나 삶의 사운드트랙, 곧 기억과 얽힌 음악들을 가지고 있다. 삶의 사운드트랙은 아주 이른 유년기에 시작되며 영원히 끝나지 않는다. 우리가 어떤 음악을 좋아하고 싫어하는지는 우리 삶의 사운드트랙에 의해 결정된다. 흔히 사람들은 음악 산업과 매스미디어의 '획일화' 효과를 비판하지만, 삶의 사운드트랙은 개인마다 천차만별이다. 삶의 사운드트랙이 어떻게 형성되고 어떻게 개인의 음악적 취향에 영향을 미치는가는 음악학의 흥미로운 연구 과제다.


삶의 사운드트랙

앞서 언급한 바 있는 닉 혼비의 책 『서른한 곡의 노래』는 저자로 하여금 특정한 체험을 회상하게 하는 노래들에 관한 이야기다. 혼비는 브루스 스프링스틴의 노래 〈선더 로드〉를 들을 때 청소년기의 연애를 떠올리지 않는다.

"나는 〈선더 로드〉를 들었고 사랑했으며, 그때 이후 (걱정스러울 정도로) 자주 들었다. 내가 짐작하기에, 〈선더 로드〉를 들으면 나는 실은 나 자신만을 회상하는 것 같다. 열여덟 살 이후 나의 삶만을 말이다."

더 나중의 한 대목에서 혼비는 이렇게 말한다.

"어떤 사람이 말하기를, 자신이 인생을 통틀어 가장 좋아하는 음반이 있는데 그 음반을 들으면 코르시카로 갔던 신혼여행이나 집에서 키우던 치와와가 떠오른다고 한다면, 그 사람은 음악을 그다지 좋아하지 않는 사람이라고 짐작할 수 있다."

음악은 우리의 삶에 중대한 영향을 미친다. 또한 특히 중요한 구실을 하는 곡들의 목록을 거의 누구나 가지고 있다. 그 곡들은 우리가 적어도 한동안 수없이 반복해서 들었기에 구체적인 체험과 상관없이 우리 자신의 일부가 된 음악, 우리 곁에 머물고 우리를 따라다니는 음악이다. 우리가 사랑하거나 최소한 한때 사랑했던 음악이다(음악을 상대로 한 사랑에도 긴 연애와 짧은 연애, 모험적인 외도, 사랑이 증오로 바뀌는 일이 있다). 내가 '삶의 사운드트랙'이라고 부르는 것은 바로 그런 음악이다. 이제부터 내 삶의 사운드트랙을 일부 공개하겠다. 다음에 열거한 노래와 음반(LP나 CD)은 나의 삶을, 적어도 내 삶의 음악적 부분을 바꿔놓은 것들이다.

레드 제플린의 〈홀 로타 러브〉. 내가 열한 살, 우리 누나가 열세 살 때였다. 누나가 처음으로 친구들을 초대해서 댄스파티를 열었는데, 남자가 부족한 관계로 나도 끼어야 했다. 당연히 나는 사춘기 소녀들 사이에서 몹시 수줍음을 탔다. 우리는 단순한 싸구려 팝 음악 몇 곡에 맞춰 춤을 추었지만, 누군가가 선물로 가져온 이 싱글 음반도 들었다. 거친 기타 소리가, 특히 곡의 막바지에 로버트 플랜트Robert Plant가 정적을 깨며 내지르는 괴성이 사뭇 다른 흥분을 자아냈다. 내가 기억하기에 우리 부모님이 자식들이 듣는 요란한 음악에 혀를 내두른 것은 그때가 처음이자 마지막이었다.

록시 뮤직Roxy Music의 《포 유어 플레져For Your Pleasure》. 이 음반을 런던에서 구입한 일을 지금도 기억한다. 록시 뮤직은 글램 록glam rock(1970년대 초반 영국에서 발생한 록 스타일—옮긴이) 시대에 가장 지적인 밴드였다. 브라이언 에노Brian Eno는 팝 음악에 전위적인 신시사이저 음향을 도입했다.

비틀스의 《화이트 앨범White Album》. 비틀스의 최고 걸작이다. 이들보다 늦게 태어난 나는 1968년을 둘러싼 모든 역사와 더불어 이 앨범 때문에 10년만 더 일찍 태어났더라면 좋았을 텐데 하는 바람이 있었다.

제네시스Genesis의 《폭스트로트 Foxtrot》. 나는 당시에 '아트 록Art Rock' 으로 불린 장르의 복잡한 화음들과 LP 한 면을 가득 채울 만큼 긴 노래 들을 제네시스를 통해 처음 접했다. 우리 밴드는 이 앨범을 꼼꼼히 따라 연주했다. 하지만 시간이 지나면서 우리의 열광은 조금 시들해졌다.

레너드 코헨의 《레너드 코헨의 노 래들Songs of Leonard Cohen》. 이 위대한 시인은 이미 앞에서 언급되었다. 나 는 열여섯 살 때 그의 책들도 읽었다. 심리적 연상에 기초한 그 실험적인 문학작품들이 다루는 것 중 하나는 듣도 보도 못한 섹스였다.

　　　　　　　음악 본능

프랭크 자파의 《전체 공용One Size Fits All》. 내가 그의 음악을 들어보지 못했을 때에도 내 방의 벽에는 프랭크 자파의 포스터가 붙어 있었다("틀림없이 마약을 사용하는 사람이야!"라고 어머니는 말했다). 내가 처음 구입한 그의 음반은 동명의 영화에 삽입된 음악을 담은 《200개의 모텔들200 Motels》이었는데, 나는 우스꽝스러운 컨트리 음악과 전위적인 오케스트라 음악이 혼합된 그 음반을 전혀 이해할 수 없었다. 《전체 공용》은 더 쉬웠다. 요절한 음악 천재 프랭크 자파에 대한 나의 지속적인 감탄은 이 음반을 계기로 시작되었다.

마하비시누Mahavishnu 오케스트라의 《불의 새들Birds of Fire》. 이것도 새로운 음악을 들어보자고 마음먹고 구입한 음반이다(당시에 우리는 용돈으로 음반을 구입했는데, 구입에 앞서 음반을 들어볼 기회는 거의 없었다). 재즈와 록 사이에 위치한, 거대한 에너지를 내장한 야성적인 음악을 담고 있다. 박자도 화음도 이상야릇하다. 당시에 나는 2~3년 동안 한없이 복잡한 음악을 추구했다.

마일즈 데이비스 퀸텟Miles Davis Quintet의 《스티민Steamin'》. 재즈에 관심을 가지기로 결심하고 산 음반이다. '쿨 재즈cool jazz'의 전성기에 녹음된 이 음반은 이해하기가 꽤 어려워서, 처음에 나는 음악의 구조를 거의 파악할 수 없었다. 그러나 데이비스의 트럼펫과 존 콜트레인John Coltrane의 색소폰은 나에게 새로운 소리의 세계를 열어주었다. 어느새 지금은 그 모든 소리가 상투적으로 들린다.

버즈콕스Buzzcocks의 《싱글즈 고잉 스테디Singles Going Steady》. 버즈콕스는 영국 펑크 밴드치고는 멜로디가 풍부한 음악을 구사했다. 2분 길이의 짧은 팝송들을 만들었는데, 일부 곡들은 비틀스의 초기 작품들과 비교해도 손색이 없었다. 장황한 기타 솔로와 타악기 솔로와 '예술적' 요구를 동반한 광기어린 록 음악은 당시에 구석으로 몰려 있었다. 나는 버즈콕스의 음악이 그런 록 음악에 대한 거부라고 느꼈다.

스틸리 댄Steely Dan의 《프레첼 로직Pretzel Logic》. 나는 도널드

음악 본능

페이건Donald Fagen과 월터 베커Walter Becker를 주축으로 한 이 밴드의 음반을 여러 장 구입했는데, 그중 첫 번째가 이 음반이다. 이들은 훌륭한 솜씨를 발휘하여 꽤 복잡한 음악을 아주 이해하기 쉽게 만드는 데 성공했다.

매시브 어택Massive Attack의 《블루 라인즈Blue Lines》. 1990년대에 나는 이 음반으로 트립 합Trip Hop 장르를 처음 접했다. 또한 나는 매시브 어택의 음악을 모범으로 삼아 처음으로 랩을 시도했다.

엘러먼트 오브 크라임Element of Crime의 《로만틱Romantik('낭만적'이란 뜻)》. 송라이터 겸 (『레만 씨Herr Lehmann』 등을 쓴) 작가 스벤 레게너 Sven Regener가 이끄는 이 밴드를 나는 이들이 영어로 노래한 첫 음반부터 주목해왔다. 매우 검소한 음악에 붙은 레게너의 흉내 낼 수 없게 간결하고 힘 있는 가

사가 돋보인다. '로만틱'이라는 이름을 붙일 만하다.

이 목록에 음악가 몇 명을 추가할 수도 있다. 이를테면 딥 퍼플(의 첫 LP음반), (그리스 해변에서 저녁에 기타를 치며 부를 만한 노래를 풍부하게 제공한) '크로스비, 스틸스, 내시 앤 영 Crosby, Stills, Nash & Young', 리오 라이저Rio Reiser(밴드 '톤 슈타이 네 셰르벤Ton Steine Scherben'에서 활동하던 시절부터 최후의 서정적 인 음반들까지), (최고로 꼽을 만한 라이브 체험을 선사한) 프린스 Prince를 말이다. 하지만 어떤 목록이든 제한이 불가피하지 않 은가.

나는 이 목록에서 두 가지 점을 흥미롭게 여긴다. 우선, 대 부분의 음반이 내 나이 열둘에서 스물다섯 사이에 나온 것들 이다. 나는 새로운 음악에 정말 개방적인 사람이다. 하지만 누구나 나이가 들면 '획기적'이라는 술어를 쉽게 사용하지 않 기 마련이다. 또 하나 흥미로운 것은 내가 확실히 좋아하는 몇 가지 장르가 아예 빠졌다는 점이다. 고전음악도 없고, 나 자신이 오랫동안 해온 음악, 예컨대 아카펠라나 블루스도 없 다. 우리는 나이가 들어도 여전히 새로운 것에 열광하겠지만, 음악이 우리 삶에 미치는 영향은 예전 같지 않다.

비텐-헤르데케Witten-Herdecke 대학에서 진행 중인 '마이 톱 텐My Top Ten'이라는 연구 프로젝트가 있다. 프로젝트의 명칭이 암시하는 바와 달리, 데이비드 알드리지David Aldridge가 이끄는 연구팀은 현재의 청소년들이 좋아하는 노래가 아니라 61세 이상 노인들이 살아오면서 좋아한 노래를 조사한다. 고등학생이거나 대학생인 젊은이들이 노인들과 대담하면서 그들의 음악적 이력을 조사하는 것이다. 조사의 목적은 이론적이지 않고 실용적이다. 연구 결과는 일차적으로 노쇠하거나 치매에 걸린 환자를 위한 치료에 적용될 것이다. 연구팀은 흘러간 유행가, 스윙, 민속음악을 담은 CD를 벌써 3장이나 만들었다. 말하자면 한 세대의 최대 히트곡들을 모은 셈인데, 그 곡들은 노인의 감정과 기억을 깨우고 기분을 밝게 만들 수 있는 음악의 후보다.

알드리지의 동료들은 여러 나라에서 음악적 이력을 수집한다. 그 결과로 예컨대 일본 노인들은 전통적인 일본 음악과 더불어 특히 비틀스를 즐겨 듣는다는 사실이 밝혀졌다.

독일 노인들은 2차 세계대전 중이나 그 이전에 태어났고, 이 시기는 당연히 그들의 음악적 취향에 영향을 미쳤다. 나치 치하에서 재즈 음악은 조롱거리였다. 그 시대의 대중음악은 독일 전통가요와 민속음악이었다. 그러나 나치 정권은 당연히 음악을 정치에 이용하기도 함으로써 당시에 아이였거나 청소년이었던 이들의 삶에 흔적을 남겼다.

1934년에 태어난 카를 포겔만Karl Vogelmann이 알드리지에게 보내온 사연은 그의 세대가 겪은 음악적 사회화에 초점을 맞춘다. 포겔만은 지금도 자신의 청소년기를 생각하면 솟아나는 감정을 묘사하면서 '양면적인 배경'을 언급한다.

"내가 솔직하게 굴려면 나의 애창곡 목록에 몇몇 노래들을 포함시켜야 마땅하다. 내가 지금 아무리 확고한 민주주의자라 하더라도, 나는 이 노래들을 좋아하오, 라고 공개적으로 밝히면 곤란해질 그런 노래들을 말이다. 나는 상상해본다. 과학 논문에 '젊은 민족 하나 돌격을 준비하고 일어나…Ein junges Volk steht auf, zum Sturm bereit…'와 같은 노래가 등장하면, 과연 어떤 일이 일어날 수 있을까(일어나게 될까)? 나는 이 젊은 민족의 노래를 오와 열을 맞춘 대열 속에서 열정적으로 함께 불렀다. 얼마나 열정적이었던지, 지금도 그 당시를 회상하면 소름이 돋는다… 나는 여전히 그 노래의 1절을 완벽하게 외운다. '독일, 독일, 모든 것 위에 독일…Deutschland, Deutschland uber alles…'로 시작하는 독일국가를 부를 때 우리의 가슴은 희생을 각오한 사랑으로 얼마나 벅차올랐던가… 오늘날의 열한 살짜리들은 상상조차 못하겠지만, 우리는 영웅답게 죽을 준비가 되어 있었다… 당시의 열 살짜리들에게 최고의 가치였던 것은 지금도 내 머릿속에 남아 있다. 물론 나는 나를 그릇된 길로 인도한 자들을 증오하지만 말이다."

이 상황은 제네시스가 어느새 "촌스럽다."는 평가를 받는다는 이유로 현재의 40대가 한때 그 밴드에 열광했던 일을 부끄러워하는 경우와는 차원이 다르다. 음악을 통해 특정 이데올로기에 물든 적이 있는 사람은 물론 이성적으로 그 이데올로기를 벗어날 수 있다. 그러나 그 음악과 결부되었던 감정의 격동은 그대로 존속한다. 또한 역설적이게도 그 노래들이 오늘날 법적으로 금지되어 있다는 사실이 되레 이런 감정적 연상의 존속을 부추긴다. 만약에 그 노래들이 라디오에서 매일 나온다면, 차츰 감정이 무뎌지면서 재평가가 이루어질 수도 있을 것이다. 그러나 문제는 그 노래들을 생각하기만 해도 불행한 과거가 단박에 떠오른다는 점이다.

동독 시절의 음악에 대해서도 비슷한 연구가 수행된 적이 있는지는 모르겠다. 하지만 나는 현재 40세에서 60세인 동독 출신자 중 다수가 청소년기에 부른 노래들에 대해서 포겔만과 똑같은 감정을 가지고 있으리라고 짐작한다. 그 시절의 음악(노동자 투쟁가들, 혹은 서독 출신자는 전혀 모르고 구동독 지역의 방송사 MDR도 특정 프로그램에서만 내보내는 동독 대중가요들)이 그들에게서 양가적인 감정을 일으키리라고 말이다.

우리는 청소년기에 부른 노래들을 유난히 잘 기억할까? 암허스트 대학의 매튜 슐킨드는 1999년에 이 질문을 탐구했다. 그는 18세에서 21세 대학생들의 기억력과 66세에서 71세 노인들의 기억력을 비교하기 위해 1935년에서 1994년 사이에 나온 히트곡들에서 발췌한 20초 길이의 녹음 파일들을 들려주었다. 선택된 노래들은 모두 해당 연도의 미국 인기순위에서 20위 안에 들었지만 1위나 2위는 아니었던 곡이었다. 각 연도에 특별히 부각되었던 곡을 선택하는 것이 중요했고 그 곡이 꼭 시대를 뛰어넘는 대히트곡일 필요는 없었다. 몇 곡을 예로 들자면, 1936년의 곡으로는 빌리 홀리데이Billie Holiday의 〈이 어리석은 것들These Foolish Things〉, 1967년은 낸시 시나트라Nancy Sinatra와 프랭크 시나트라의 〈바보 같은 말Somethin' Stupid〉, 1970년은 잭슨 파이브Jackson Five의 〈난 네가 돌아오길 바라I Want You Back〉가 선택되었다. 더 나중의 노래들로는 스타십Starship의 〈이제 아무것도 우리를 멈추지 못해Nothing's Gonna stop Us Now〉(1986)와 레드 핫 칠리 페퍼스의 〈다리 아래Under The Bridge〉(1992) 등이 뽑혔다.

녹음 파일을 듣고 곡의 제목을 알아맞히는 것이 피실험자의 과제 중 하나였으므로, 녹음 파일은 가사에 곡의 제목이 등장하지 않는 부분을 발췌하여 만들었다. 피실험자는 그 노래를 아느냐, 그 노래가 어느 해에 유행했느냐, 그 노래를 좋아했느냐, 그 노래와 결부된 기억이나 감정이 있느냐는 질문에 답해야 했다. 그리고 마지막으로 곡의 제목과 연주자를 맞히고 빈칸이 있는 가사를 완성해야 했다.

결과는 일단 그다지 놀랍지 않았다. 노인들은 옛날 노래들을 더 잘 기억했고, 젊은이들은 최신 노래들을 더 잘 기억했다. 1970년대의 노래들에서 노인과 젊은이가 얻은 점수는 대등했다. 1970년대는 실험에 참가한 대학생들이 태어나지 않았던 때지만, 이들은 '고전 록 음악'을 내보내는 다양한 라디오 프로그램에서 그 히트곡들을 접했으리라고 짐작할 수 있다. 젊은이들은 노인들보다 전반적으로 곡의 제목과 연주자를 더 잘 맞혔고 가사도 더 잘 암기했다.

노인이 노래와 결부된 구체적 사건을 보고하는 경우도 (5퍼센트 미만으로) 젊은이에 비해 훨씬 더 드물었다. 그런데 흥미롭게도 노인이 노래를 들으면서 감정적인 반응을 보일 경우, 노인은 훌륭한 기억력을 발휘했다. 하지만 슐킨드는, 이 결과가 다만 상관성을 보여줄 뿐이며 감정이 기억력 향상을 유발하는 것인지 아니면 피실험자가 단지 옛 노래를 알아들었기 때문에 기뻐하는 것인지는 불분명하다고 강조한다.

전체적인 데이터에 입각하여 슐킨드가 내리는 결론은 "인기 음악에 대한 기억은 평생 온전하게 유지된다는 생각을 그 데이터가 반박하지 않는다."는 것이다. 하지만 나는 이 생각을 의문시한다. 음악 기억은 대단히 개인적이다. 누구나 자기 고유의 사운드트랙을 가지고 있다. 그리고 당신이 정말 잘 아는 곡들은 당신이 라디오에서 배경음악 삼아 듣기만 한 곡들이 아니다. 내 '내면의 하드디스크'에는 비틀스의 방대한 작품들 중 대다수가 마지막 절 가사까지 저장되어 있는데, 이는 내가 그 노래들을 일일이 기타로 연습하고 불렀기 때문에 가능한 일이다.

이 문제는 세월이 만들어낸 또 다른 변화를 생각하게 한다. 개별 노래에 완전히 빠져드는 것은 비교적 최근에 생겨난 현상인 듯하다. 비텐-헤르데케 대학에서 사람들의 음악적 이력을 수집하는 데이비드 알드리지는 이렇게 말한다.

"좋아하는 노래 따위를 생각하게 된 것은 아마도 비교적 최근의 일이지 싶다. 오늘날 70대나 80대인 사람들은 히트곡 목록, 인기차트, 음반 판매 순위가 없는 세상에서 성장했다."

또한 무엇보다도 그들은 개별 노래를 미친 듯이 자주 반복해서 들을 길이 없었다. 전축은 사치품이었고 음반을 꽤 많이 소유한 사람은 거의 없었다. 음악을 들으려면 라디오를 틀어야 했다. 게다가 청소년의 주머니 사정은 시대를 막론하고 팍팍했다. 나와 또래 친구들은 라디오 앞에 카세트 레코더를 놓고 앉아서 〈히트퍼레이드〉를 녹음했다.—오늘날에는 어떤 곡이든지 인터넷에서 항상 들을 수 있다. 합법적인 경로도 얼마든지 있다. 푼돈을 지불하고 음원을 살 수도 있고, 간단히 유튜브에서 곡의 제목을 입력해도 된다.

개인의 음악적 이력은 아주 이른 시기부터, 출생 전부터 시작된다. 태아의 청각 시스템은 대략 임신 23주째에 완성된다.

자궁 속은 상당히 흥미로운 소리 극장일 것이 분명하다. 태아는 무엇보다도 먼저 어머니의 몸이 내는 소리를 듣는다. 심장이 뛰는 소리, 혈관이 맥동하는 소리, 소화 과정에서 발생하는 다양한 소음을 말이다. 하지만 음악을 비롯한 외부의 소리도 어머니의 몸과 양수를 거치며 약화된 채로 태아의 귀에 도달한다. 일부 부모는 태어날 자식에게 의도적으로 '귀한' 소리를 들려주어야 한다고까지 생각한다. 그래야 자식이 나중에 귀한 인물이 된다고 말이다. '모차르트 효과'에 대한 기대에서 비롯된 이런 행동은 바보짓에 가깝다(426쪽 참조). 그러나 음악이 태아의 청각에 영향을 미칠 수 있다는 사실만큼은 이론의 여지가 없다. 영국 켈레Keele 대학의 알렉산드라 라몬트Alexandra Lamont는 이 사실을 실험으로 입증했다. 영국에서 진행 중인 '우리 시대의 아동Child of our Time'이라는 이름의 연구는 20년 동안 지속될 예정이다. BBC가 지원하는 이 연구에 참여하는 여러 피실험자 가운데 임신부들은 연구진의 요청에 따라 임신 기간의 마지막 3개월 동안 특정한 곡을 매일 최소 30분간 들었다. 선택된 곡들은 백스트리트 보이스Backstreet Boys(미국 중창단—옮긴이)와 레게 밴드 UB40의 것부터 비발디와 모차르트의 것까지 아주 다양했다.

아기가 태어난 뒤에 부모는 그 특정한 곡을 듣지 말아야 했다(이 요청은 대체로 불필요했다. 왜냐하면 부모들은 각자에게 배정된 곡에 완전히 질려버렸기 때문이다). 아기들이 만 1세가 되었을 때 라몬트는 그들이 태중에서 들은 곡을 알아듣는지, 또 좋아하는지 알아보기 위해 검사를 실시했다. 그런데 한 살배기 아기가 음악을 좋아하는지 싫어하는지를 어떻게 알 수 있을까? 아기에게 물어볼 수도 없고 버튼을 누르라고 할 수도 없으므로, 과학자들은 적어도 음향 신호에 대한 호응을 판정하는 표준 검사법을 개발했다. 이 검사에서 연구진은 아기를 눕히고 왼쪽과 오른쪽에 스피커를 설치한다. 그리고 아기가 어느 한쪽으로 고개를 돌릴 때만 그쪽 스피커에서 음악이 나오도록 만든다. 아기들은 이 장치를 부리는 법을 아주 신속하게 학습한다. 따라서 연구진은 아기가 양쪽 스피커에서 나오는 신호 중에서 어느 것을 더 좋아하는지 알 수 있다.

결과는 명료했다. 아기들은 태중에서 들었던 곡을 더 좋아했다. 연구진은 예컨대 한쪽 스피커로 고전음악을 들려주면서 다른 쪽 스피커로는 레게 음악을 들려주지 않았다. 양쪽 스피커에서 항상 같은 장르의 두 곡이 흘러나왔다. 아기들은 동일 장르의 두 곡 가운데 하나를 더 선호한 것이다.

다시 1년 뒤에 알렉산드라 라몬트는 그 아기들을 상대로 또 한 번 실험을 했다. 이제 만 2세에서 2세 반이 된 그들은 전자 장치의 버튼을 눌러서 음악을 틀 수 있었다. 제공된 곡들은 장르가 다양했고, 그중 한 곡은 1년 전에 인기차트에 올랐으며 아기의 부모들이 자주 들었던 노래(로비 윌리엄스의 〈록 디제이Rock DJ〉)였다. 실험 결과, 이번에도 아기들이 그 히트곡을 선호한다는 점이 명백하게 드러났다.

이 놀라운 연구 결과들은 아기들이 특정 음악을 선호한다는 점만 보여주는 것이 아니다(아기들이 협화음을 좋아한다는 점은 다른 연구들에서 입증되었다. 298쪽 참조). 이 결과들을 보면, 아기들은 1년 전에 들은 음악을 기억하는 듯하다. 지금까지의 통설은 아기가 만 1세가 될 때까지는 한 달 넘는 과거의 일을 전혀 기억하지 못한다는 것이었다. 생후 3년 동안 뇌는 끊임없이 재구성된다. 이는 이른바 '유아기 기억상실infantile amnesia'의 원인이기도 하다. 나이를 먹은 뒤에 우리는 만 3세까지의 일들을 거의 기억하지 못한다. 또한 기억하더라도, 그 기억의 많은 부분은 부모의 이야기에서 비롯된 겉보기 기억이다. 그러나 음악은 처음부터 우리의 기억 장치에 흔적을 남기는 듯하다.

생후 3년이 지나면 아동기가 시작된다. 이 시기에 아동은 자신이 속한 문화권의 음악에 친숙해진다. 우리는 아동기에 음계에 대한 감각을 터득하고, 적어도 서양 국가들에서는 화음의 기본 규칙들도 배운다. 아동기의 음악 경험을 지배하는 것은 단순한 동요와 부모가 듣는 음악이다. 아이들은 단순한 노래를 좋아하지만 리듬이 '자유분방하고' 춤추기에 적합한 음악도 좋아한다.

개인적인 음악 취향이 형성되는 시기는 사춘기와 성인기의 초반, 즉 15세에서 25세까지의 기간이다. 음악 취향만이아니다. 이 시기에 개인의 고유한 인성personality도 형성된다. 이 시기를 특징짓는 것은 감정의 격동과 인생사의 여러 중요한 사건들, 예컨대 중등학교 졸업, 첫사랑, 부모의 집을 떠나기, 직업 선택 등이다. 이 시기는 훗날 우리의 기억에서 가장중요한 자리를 차지한다. 이 시기에 맺은 우정은 최소한 평생유지될 가능성이 있다. 심지어 이 시기에 겨우 두세 달 함께지낸 또래 친구가 더 나중에 사귀어 수십 년을 함께 보낸 친구보다 우리의 기억에서 더 중요한 자리를 차지하는 경우도흔하다.

음악도 마찬가지다. 이 시기에 나에게 중대한 영향을 끼친음반들은 저 앞에서 이미 이야기했다. 나는 지금 그 음반들을다른 음악보다 더 자주 듣지 않는다. 오히려 정반대로 드물게만 듣는다. 그러나 청소년기의 음악적 경험은 가장 깊은 인상을 남긴다.

청소년기는 당연히 해방과 반역의 시기다. 물론 청소년이라면 꼭 바리케이드 위로 올라가고 주택을 점거해야 한다는뜻은 아니다. 청소년은 부모로부터 해방되어야 한다. 부모의 가치관과 생활방식을 의문시하고 자기 고유의 생활방식을―적어도 잠정적으로―발견해야 한다. 그리고 오늘날 음악은 이를 위한 훌륭한 매개체다.

과거에는 사정이 달랐다. 20세기 이전에는 '청소년 음악'이라고 할 만한 것이 따로 없었다. 음악 양식의 전복은 자신의 시대를 뛰어넘은 기존 음악가에 의해 이루어졌다. 심지어 재즈 음악도 젊음의 반역이 아니었다. 재즈는 미국 흑인의 하층 문화에서 비롯되었다. 1950년대에 비로소 음악 산업은 청소년을 겨냥한 음악을 다양하게 제공하기 시작했다. 로큰롤은 특별히 청소년을 표적으로 삼은 최초의 음악이었다. 성인들의 세계에 충격을 주고 자신을 차별화하기 위해서 로큰롤은 의도적으로 '불량청소년'의 분위기를 풍겼다.

이후 모든 새로운 청소년 운동 각각은 고유의 음악을 동반했다. 비트 세대는 재즈를 들었고, 1960년대와 1970년대의 히피들은 포크와 록을, 모드들Mods(1960년대 중반에 절정에 이른 영국 청소년 하위문화 모드의 주역들―옮긴이)은 후The Who와 잼The Jam을 들었다. 펑크들Punks(1970년대 중반 영어권에서 발생한 청소년 하위문화 펑크의 주역들―옮긴이)은 고유의 강렬한 3화음 음악으로 상업화된 록에 맞섰다. 1980년대부터 청소년 문화는 도시적인 힙합 팬부터 대마초를 피우는 레게 팬과 더브dub 팬, 검은 옷을 입고 음울한 음악을 듣는 이모emo('감성적 하드코어emotional hardcore'의 준말로 하드코어 펑크의 한 부류를 가리킴―옮긴이) 팬과 고딕록gothic rock 팬까지 수많은 소규모 흐름으로 갈라졌다. 지금도 남은 것은 강한 리듬에 맞춰 제자리 뛰기를 반복하는 하드록 팬과 헤비메탈 팬, 그리고 좀 더 얌전한 얼터너티브록 팬이다.

당연한 말이지만, '반역적인' 음악을 듣는 사람이 반드시 반역을 실행하는 것은 아니다. 음악은 청자에게 특정한 세계관을 실천에 옮기지 않고도 그 세계관에 동화될 기회를 제공한다. 헤비메탈 팬의 대다수는 전혀 야성적이지 않다. 오히려 아주 얌전하고 내향적이고 차분하다. 적어도 영국 헤리엇―와트 대학의 심리학자 에이드리언 노스Adrian North는 그렇게 말한다. 그는 온라인 설문조사를 실시하여 전 세계 인터넷 사용자 3만 6000명의 응답을 받았다. 응답자들은 고전음악부터 솔Soul과 볼리우드Bollywood(인도 뭄바이 산 영화에 삽입된 음악―옮긴이)까지 다양한 음악 양식 가운데 어느 것을 좋아하는지 밝히고 본인의 성격에 관한 질문들에 답했다. 그 답들을 보면 응답자가 예컨대 자존감이 높은지/낮은지, 창의성이 높은지/낮은지, 외향적인지/내향적인지, 온화한지/공격적인지, 노동 강도가 높은지/낮은지 알 수 있었다.

설문 결과, 헤비메탈 팬은 창의적이고 비교적 내향적이며 자존감이 낮아서 고전음악 팬과 가장 유사함이 드러났다(단, 고전음악 팬은 자존감이 더 높다). "대중은 헤비메탈 팬을 우울하고 자살 성향이 있어서 자신과 사회에 위험한 인물로 여기는 경향이 있다.”라고 노스는 말한다. “그러나 헤비메탈 팬은 상당히 연약해서 마치 화초와 같다.”

힙합을 듣는 사람이라고 해서 꼭 여성을 혐오하는 마초인 것은 아니며, ‘이모’를 듣는 사람이라고 해서 사소한 일에 매번 눈물을 흘리는 것은 아니다. 미디어는 청소년의 폭력이나 자살을 즐겨 음악의 탓으로 돌린다. 예컨대 레드 제플린의 〈천국으로 가는 계단Stairway to Heaven〉을 거꾸로 돌리면 ‘악마의 메시지’가 나온다는 식의 주장은 지금도 줄기차게 제기된다(설령 그런 메시지가 들어 있더라도 우리가 그것을 들을 수 없다는 점은 음악심리학자들이 동의하는 바다). 오스트레일리아 퀸즐랜드 대학의 펠리시티 베이커Felicity Baker와 윌리엄 보어 William Bor는 포괄적인 연구를 거쳐 2008년에 다음과 같은 결론에 도달했다.

“연구 결과는 음악이 ‘반사회적 행동의’ 원인이라는 주장을 반박하고 음악 취향이 감성의 연약성을 반영함을 시사한다.”

요컨대 심리 상태가 먼저 있고, 그 다음에 그 상태에 어울리는 음악 취향이 있다. 또한 이미 언급했듯이 타인이 듣기에 우울한 음악이 그것을 듣는 당사자를 반드시 더 우울하게 만드는 것은 아니다. 오히려 그런 음악이 우울증 극복에 이로울 가능성도 충분히 있다.

대부분의 사람은 15세에서 25세에 얻은 음악 취향을 그대로 유지한다. 삶의 다른 영역에서도 마찬가지다. 예컨대 늙어가는 히피는 어느새 숱이 줄어든 머리를 여전히 길게 기른다. 하긴, 기르지 않을 이유도 없지 않은가? 예상대로 일어나는 일은 예측 가능성을 추구하는 뇌를 흡족하게 한다.

이런 '장르 취향의 보수성'을 이해하려면 '도식Schema'이라는 심리학 개념이 중요하다. 도식은 특정 음악 장르가 따르는 규칙들의 총체인데, 순수한 음악적 규칙 외에 사회적 규칙, 즉 그 음악을 어떤 상황에서 즐기느냐도 도식에 포함된다. 또한 음악적 규칙과 사회적 규칙 사이의 경계는 늘 유동적이다. 몇 가지 예를 살펴보자.

- 로큰롤은 12박으로 이루어진 기본 리듬과 세 가지 화음(으뜸화음, 버금딸림화음, 딸림화음. 253쪽 참조)을 기초로 삼는다. 소규모 밴드(기타, 베이스기타, 타악기)에 의해 연주되며, 흔히 피아노가, 때로는 색소폰이 가담한다. 물론 16박에 기초한 로큰롤도 있고, 전기 기타가 없는 로큰롤 밴드도 있다. 하지만 이런 경우들은 예외에 속한다.
- 딕실랜드Dixieland 재즈에서는 기타 대신에 밴조를 쓰며, 타악기 대신에 빨래판을 쓰는 것이 이상적이다. 나는 1970년대 말에 딕실랜드 재즈 밴드의 일원이 되었는데

밴조를 배우기를 거부했다. 그리하여 그 밴드의 도식은 차츰 스윙과 블루스 쪽으로 이동했다.

- 세부 장르와 상관없이 모든 재즈곡은 상당히 견고한 형식을 지녔다. 우선 밴드가 주제를 연주하는데, 대부분의 경우 이른바 스탠더드곡의 주제가 연주된다. 이어서 개별 연주자들이 그 주제를 바탕으로 삼아 독주를 하는데, 대개 관악기들이 먼저 나오고, 이어서 기타나 피아노가 (경우에 따라서 베이스나 타악기도) 나온다. 그리고 마지막으로 다시 밴드 전체가 주제를 연주한다.

- 교회에서 종교음악을 연주할 때에는 박수 치지 않는다.

- 팝송은 두 부분, 곧 절과 후렴으로 구성되는데, 경우에 따라 셋째 부분으로 이른바 '간주bridge'가 추가되기도 한다. 우선 1절이 나오고, 이어서 후렴이 나온다. 그 다음에는 경우에 따라 악기 연주가 삽입되고, 다음 절이 이어진다.

이런 도식들은 우리가 특정 음악에 접근할 때 예상하는 바의 총체라 할 수 있으며, 일곱 번째 장에서 설명했듯이 이 예상들이 대체로 실현될 때 우리는 만족을 느낀다. 하지만 도식을 우리가 학교에서 수학 시간에 배운 고전적인 집합처럼 생각하면 안 된다. 고전적인 집합의 경우에는 특정 대상이 집합에 속하는지 여부가 아주 명확하게 정해져 있다. 반면에 도식의 경우에는 그렇지 않다. 그래서 도식은 1980년대에 개발된 '퍼지 논리'의 집합과 더 유사하다. 한 노래나 음악가는 한 집합에 특정한 정도로 속하며, 이 정도는 0에서 1 사이의 수로 표현된다. 0은 전혀 속하지 않는다는 뜻이며, 1은 철저히 속한다는 뜻이다. 비틀스의 초기 곡들은 1의 정도로 팝송 집합에 속하고, 《화이트 앨범》에 수록된 많은 곡들은 여전히 어느 정도 팝송이지만 (주로 소음과 마구 이어붙인 악구들로 이루어진) 〈혁명 9 Revolution 9〉는 단언하건대 0의 정도로 팝송 집합에 속한다.

또 도식들은 서로 겹치기도 한다. 조 잭슨 Joe Jackson(영국 가수—옮긴이)은 재즈 음악가일까, 록 음악가일까? 나이젤 케네디 Nigel Kennedy(영국 바이올리니스트—옮긴이)는 고전 바이올리니스트일까, 팝 바이올리니스트일까? 경계를 넘나드는 음악가들, 그래서 그런 경계 초월에 전혀 흥미를 느끼지 못하는 대다수의 팬을 어리둥절하게 하는 음악가들이 계속 등장해왔다. 음악을 하면 할수록, 새로운 영역을 과감하게 개척하는 음악에 대해 더 열린 마음을 가지게 된다.

음악을 듣는 사람이 보수적인 태도를 보이는 것은 납득할 만한 일이다. 음악을 듣는다는 것은 어마어마한 감성적 힘을 지닌 음악에 무방비로 노출되는 것을 의미하니까 말이다. 샤워를 할 때에도 우리는 먼저 샤워기에서 더운물이 나오는지 아니면 찬물이 나오는지 확인한다. "음악을 귀 기울여 들을 때 우리는 어느 정도 우리 자신을 음악에 내맡기는 것이다." 라고 캐나다 음악학자 대니얼 레비틴은 말한다. 우리가 감성적 방어 메커니즘을 아무 음악가 앞에서나 해제하지 않는 것은 레비틴이 보기에 충분히 이해할 만하다. "우리는 우리의 연약성이 악용되지 않을 것임을 알고 싶어 한다."라고 말한 레비틴은 개인적인 예로 리하르트 바그너Richard Wagner의 음악을 든다. 그는 그 음악의 유혹에 넘어가고 싶지 않다. 왜냐하면 그는 바그너를 '혼란에 빠진 정신'으로 간주하고 그의 음악을 나치 정권과 관련짓기 때문이다.

그렇다면 새롭고 자극적인 도식의 음악에 친숙해지는 것은 어떻게 가능할까? 이 변화는 흔히 자동적으로, 단순히 그 음악에 노출되었기 때문에 일어난다. 자주 들으면 통계적 학습이 일어난다. 이는 어린 시절에만 국한된 이야기가 아니다. 특정 음악을 즐겨 듣는 친구를 새로 사귀면 당신도 그 음악을 즐겨 듣게 될 수 있다(거꾸로 우정이 깨지면, 친구가 즐겨 듣는 음악을 증오하게 될 수 있다). 어느 정도 나이를 먹은 자녀의 방에서 낯선 음악이 흘러나올 때, 어떤 부모는 그 음악을 통째로 거부하고, 또 어떤 부모는 그 음악을 적극적으로 공부한다.

하지만 마음먹고 새 도식들을 받아들일 수도 있다. 물론 새 도식이 기존 도식과 너무 거리가 멀면, 음반 한두 장을 구입하는 정도로는 새 도식과 친숙해지기 어렵다. 더 나은 방법은 새 도식에 관한 글을 읽고 그 도식에 익숙한 사람들을 만나고 연주회에 가는 것이다. 형식적 구조에 대한 약간의 지식은 음악에 대한 배경지식이 별로 없는 사람에게도 도움이 된다. 나는 재즈를 처음 들었을 때 구조가 없는 소음이라고 느꼈다. 하지만 재즈가 앞서 언급한 도식을 대체로 따름을 알면, 예컨대 색소폰 독주 부분에서 곡의 주제를 콧노래로 따라 부를 수 있고, 설령 독주자가 완전히 자유롭게 즉흥 연주를 하고 복잡한 리듬이 화음 구조를 분해하여 알아들을 수 없게 만들더라도, '지금이 어느 대목인지를' 항상 안다. 그러다가 독주가 마무리될 때라는 느낌이 들 즈음에 실제로 독주가 끝나고 다시 합주가 시작되면, 우리는 예상의 실현이 가져다주는 성취감을 느낀다.

지금 인터넷에는 이른바 '음악 추천 시스템'이 쌔고 쌨다. 그 시스템들은 새로 나온 CD에 관한 조언을 사용자의 취향에 맞게 제공한다. 작동 원리는 모두 유사하다. 음악 추천 시스템은 일부 사용자들이 이미 소유하고 있거나 긍정적으로 평가한 음악을 파악하고 그 사용자들과 유사한 다른 사용자들을 찾아내 그들에게 그 음악을 추천한다. 인터넷 사용자들은 이미 자신의 취향에 맞게 특화된 '음악 방송'을 찾아서 들을 수 있다. 비슷한 맥락에서 '개인 맞춤형 신문'도 등장했다. 이 컴퓨터 시스템은 독자가 과거에 어떤 기사들을 읽었는지 파악하여 그에 맞게 선별한 기사를 매일 아침 그 독자에게 제공한다.

나는 이런 유형의 서비스를 항상 심히 비판적으로 보아왔다. 여러 이유가 있겠지만, 무엇보다도 나는 언론인으로서 내 기사를 통해 독자들을 스스로는 주목하지 못할 주제로 이끄는 일에 보람을 느끼기 때문이다. 우리가 컴퓨터 알고리즘의 추천에 따라 음악을 듣는다면, 우리의 기대가 항상 충족되기만 할 위험이 있다. 대니얼 레비틴은 음악 추천 시스템에 '모험 버튼'을 설치할 것을 요구한다. 그런 버튼이 있다면, 기존 음악 취향을 벗어나보고 싶은 사용자가 그 버튼을 통해 원하는 모험의 강도를 설정할 수 있을 것이다.

누구나 자신의 도식을 벗어날 마음만 먹으면 원리적으로 모든 음악을 즐길 수 있을까? 데이비드 휴런은 『달콤한 예상』에서 이런 낙관적인 전망에 살짝 재를 뿌린다. 특히 낯선 문화의 음악을 수용하는 것에 대한 그의 견해는 비관적이다. 물론 통계적 학습은 우리를 세상의 모든 음악에 익숙해지게 만들 수 있다. 하지만 익숙해지는 것과 이해하는 것은 다른 문제다. 아마도 새로운 음향 도식은 비교적 신속하게 학습할 수 있겠지만, 우리가 이른 유년기에 학습한 음악적 견해는 훨씬

덜 유연하다. 한 예로 세 번째 장에서 다룬 음계들을 생각해
보라. 서양문화권의 사람들은 12음으로 이루어진 서양음계를
철저히 내면화했기 때문에 다른 음계를 사용하는 인도 음악
이나 아랍 음악을 들을 때에도 어쩔 수 없이 그 음악을 서양
음계에 끼워 맞춘다. 즉, 음악이 약간 이상해지는 것을 무릅
쓰고 음들을 약간 높이거나 낮춰서 우리가 예상하는 음들로
만든다.

이와 관련해서 언급할 만한 예로 한때 유행했던 '라운지 음
악Lounge music'이라는 것이 있다. 모음집 음반 시리즈 〈부다 바
Buddha Bar〉로 대표되는 그 음악의 특징은 이국적인 색채였다.
라운지 음악은 흔히 유럽 이외의 문화권에서 들여온 음악에 대
단히 저급한 서양식 신시사이저 양념을 부어 만들었다. 이 과
정에서 낯선 요소는 고작 색다른 음색으로 격하되었다. 라운지
음악은 다른 문화권과의 진지한 만남과는 거리가 멀었다.

나의 의도는 음악가들에게 도덕적 잣대를 들이대고 인종
의 순수성을 옹호하는 것이 아니다. 당연히 누구나 자기가 원
하는 바를 해도 된다. 자기가 원하는 음악을 들어도 되고, 온
갖 종류의 음악을 배경장식으로 사용해도 된다. 왠지 쿨하게
들리기 때문에 재즈를, 카페의 분위기와 잘 어울리기 때문에
아랍 음악을 배경음악으로 삼아도 된다. 휴런은 다만 한 가
지 형태의 문화적 제국주의를 지적할 뿐이다. 그 제국주의는

다른 어느 곳보다 이 배경음악들이 유래한 국가들에서 위력을 발휘한다. 한국 어린이가 주로 (서양음악의 언어에 기초한) 현대 한국 팝 음악을 들으며 성장하면 나중에 어른이 되었을 때, 한국어를 사용하고 한국의 신화와 역사와 정치와 종교를 잘 알더라도, 한국의 전통음악을 제대로 즐기기는 어려울 것이다. 전통음악의 흥을 느낄 수 있느냐는 지식에 달린 문제가 아니다. 바꿔 말해서, 한 문화권에서 성장하면서 음악 취향을 학습하지 않은 사람은 그 문화권의 음악을 결코 '제대로' 이해하지 못한다.

민족음악학자들ethnomusicologists이 낯선 음악들을 수집하고 보관하더라도, 언젠가는 그 음악들을 제대로 느낄 수 있는 사람이 더는 없게 될 것이다. 이런 면에서 음악 수집은 언어의 소멸을 막으려는 노력과 비슷하다. 소멸해가는 언어들은 최선의 경우 녹음테이프와 구술 기록으로 존속할 것이다. 그러나 아무도 그 언어들을 사용하지 않는다면, 그것들은 사실상 소멸한 언어이며 학자들의 관심을 끄는 화석일 뿐이다.

# 닥터, 닥터
## 음악과 건강

> 모든 병은 음악적 문제요, 치료는 음악적 해결이다.
> − 노발리스

음악에 치료 효과가 있다는 점은 플라톤의 시대 이래로 잘 알려진 사실이다. "음악과 리듬은 영혼의 가장 내밀한 곳까지 도달한다."라고 플라톤은 말했다. "음악이 있으면 만사가 더 잘 된다."는 속담이 있는가 하면, 음악이 몸과 마음의 건강에 이롭다는 것은 진부한 이야기에 가깝다. 둘러보면 거의 누구나 음악을 좋아하지 않는가. 환자의 취향에 맞는 음악을 적절히 선택하여 보조 수단으로 삼으면 어떤 치료든지 효과가 향상된다.

'음악치료'라고 불리는 치료법들은 혼란스러울 정도로 다양하다. 신비주의적인 예식부터 과학적 증거에 기초한 치료법,

즉 엄밀한 과학적 연구를 토대로 삼은 치료법까지 온갖 방법에 '음악치료'라는 명칭이 붙어 있다. 그 다양한 치료법들의 효과에 대한 과학적 연구는 최근까지도 없다시피 했다. 심리치료 연구자 클라우스 그라베Klaus Grawe는 1994년에 이 분야의 표준서 격인 자신의 저서『심리치료의 변천Psychotherapie im Wandel』에서 음악치료에 대한 연구를 "대단히 미흡하다."고 평가했다. 그러나 최근에 사정이 달라졌다. 물론 온갖 신비주의적 치료법이 여전히 잡초처럼 무성하지만, 많은 연구자들은 자신의 치료법을 경험적으로 정당화하려 애쓰고 있다.

## 신비주의와 과학적 증거 사이에서

독일에서 활동하는 음악치료사는 2006년에 약 2000명이었다. 그들은 여러 단체를 조직했는데, 가장 큰 것은 독일 음악치료협회DGMT다. 일반인은 음악치료의 다양성 앞에서 혼란을 느낀다. 많은 치료는 발명자의 이름을 따서 명명되었다. 예컨대 '오르프 음악치료Orff-Musiktherapie'가 그렇다. 또 '행동중심 음악치료'처럼 관련 심리치료에 따라 명명된 치료법들도 있다. 음악의 효과를 객관적으로 증명하려 애쓰는 치료사들은 소수에 불과하다. 음악은 심리치료를 위한 '배경음악'일 뿐일까, 아니면 실제로 독자적인 치료 효과를 발휘하는 것일까? 이를 판정하려면 정교한 실험을 고안해야 하는데, 극소수의 음악치료 옹호자들만이 이 일에 나선다. 독일 하이델베르크 대학의 심리학자 알렉산더 보르미트Alexander Wormit는 이렇게 말한다.

"경험적으로 검증된 치료 개념과 음악의 작용 원리가 필수적임에도 불구하고, 현재 독일에서 음악치료를 주도하는 것은 여전히 분파에 얽매인 생각과 최근에 강해진 절충주의다."

독일 막데부르크 대학의 토마스 뮌테Thomas Münte도 "음악치료계는 낭만적인 상상으로 가득 차 있다."고 말한다. 하노버 대학의 음악학자 에카르트 알텐뮐러는 음악치료가 현재의 굴레를 벗어나야 한다고 지적한다.

하이델베르크에 위치한 독일 음악치료 연구센터DZM의 목표는 과학적 증거에 기초한 음악치료, 즉 엄밀하게 통제된 연구의 대상이 되기를 꺼리지 않는 음악치료를 지원하는 것이다. 센터의 소장인 한스 폴커 볼라이Hans Volker Bolay는 다른 치료법들도 일리가 있음을 강조한다. "증거에 기초한 음악치료들이 고전심리학을 통해 그 가치를 입증받은 치료법들보다 일방적으로 우수할 수는 없다."라고 그는 말한다. 그러나 음악치료로 불리는 일부 방법들은 기껏해야 심리적 건강에만 도움이 됨을 볼라이도 인정한다.

"나는 그런 치료법을 음악적 민간요법이라고 부른다. 음악적 민간요법으로 큰돈을 벌 수는 있겠지만 치료 효과는 거의 얻을 수 없다."

볼라이는 음악치료를 세 부류로 나눈다. 첫째 부류는 증거에 입각한 의학 기법들을 활용하며 최근에는 음악이 뇌에 미치는 직접적인 영향을 확인하기 위해 영상화 기술까지 이용한다. 뇌졸중, 이명, 만성 통증에 대한 음악의 치료 효과는 훌륭한 데이터에 의해 입증되어 있다.

둘째 부류에서는 음악이 심리치료의 일환으로 쓰인다. 음악의 효과는 예컨대 대조군과 플라시보 효과 검증을 통해 과학적으로 평가된다.

마지막으로 셋째 부류는 음악을 이용하는 다양한 고전적 심리치료 분파들이다. 이 심리치료들은 주로 사례를 통해 자신의 효과를 입증하려 한다.

음악이 어떻게 쓰이느냐에 따라, 환자가 직접 음악을 하는 능동적 음악치료와 단지 음악을 듣기만 하는 수동적 음악치료가 구분된다. 이 구분은 중요하다. 능동적 음악 활동은 뇌의 구조를 변화시키는데, 이 사실은 특히 뇌의 가소성plasticity을 이용하고자 할 때 중요하다.

특정한 음악을 들으면 특정한 치료 효과가 발생한다고 장담하는 사람을 만나면 반드시 조심해야 한다. 현대의 모든 지식을 종합해서 판단할 때 음악의 효과는 개인의 문화적 경험에 의존하며 일반화할 수 없다. 우울증에는 고전음악이 좋다는 식의 신비주의적인 지침들은 한마디로 엉터리다.

다음 절에서 우리는 통제된 연구에서 그 효과가 실제로 입증된 몇 가지 음악치료를 살펴볼 것이다. 이 치료법들에서 음악은 단지 기분 전환용으로 쓰이는 것이 아니라 환자의 신체적 고통을 검증 가능하게 치유하고 경감한다. 이런 효과는 특히 음악의 도움으로 과거의 능력들을 회복하는—뇌졸중이나 퇴행성 질환으로 인한—뇌 손상 환자들에게서 뚜렷하게 나타난다.


### 처음에는 저리는 느낌이었다

하노버 메시아 교회Messiaskirche의 오르간 연주자 겸 쳄발로 연주자 에리히 파울 리히터Erich Paul Richter는 2007년 2월 1일에 저녁 늦은 시간까지 자택의 그랜드피아노 앞에 앉아 있었다. 그리고 의자에서 일어나다가 쓰러졌다. 하지만 그는 대수롭지 않게 여기며 침실로 갔다.

그의 실수였다. 리히터는 의사가 아니다. 만약에 의사였다면, 왼손등이 저리는 것을 미심쩍게 여겼을 것이다. 그것은 의사들이 보기에 명백한 징후다. 뇌졸중 발생 후 서너 시간 안에는 최악의 결과를 피할 가능성이 아직 열려 있다. 그러나 리히터가 잠든 사이, 그의 우뇌반구는 혈액을 공급받지 못해 돌이킬 수 없는 손상을 입었다. 현재 49세인 그 음악가는 이튿날 아침에 침대에서 일어나려다가 쓰러졌을 때 비로소 그 사실을 알았다. 몸의 왼쪽 절반이 그의 뜻을 따르지 않았다.

리히터는 입원 치료를 거쳐 신경학 재활병원으로 옮겨졌다. 그곳에서 처음에는 경직성 경련을 막기 위해 왼팔과 왼다리를 수동적으로 움직이는 치료를 받아야 했다. 그 다음에는 소근육 운동 능력을 다시 훈련하기 위해 지루한 물리치료를 받아야 할 터였다. 이를테면 성냥개비를 구멍에 꽂기, 유리구슬을 실에 꿰기, 병뚜껑 열기 따위를 연습하면서 말이다. 이 과정은 특히 정신이 멀쩡한 환자에게는 고역에 가깝다. 게다가 이 치료의 효과는 불확실하다.

다행히 리히터는 하노버 대학의 음악의학자 에카르트 알텐뮐러와 아는 사이였다. 알텐뮐러가 지도하는 박사과정 학생 자비네 슈나이더Sabine Schneider는 최근에 『신경학 저널Journal of Nuerology』에 새로운 유형의 뇌졸중 치료법에 관한 첫 논문을 발표한 바 있었다. 이 논문과 후속 논문에서 알텐뮐러와 슈나이더는 이른바 '음악의 지원을 받는 훈련Musikunterstütztes Training, MUT'이라는 치료의 효과를 보여주었다. 이 치료는 전통적인 방법들보다 더 효과가 좋다. 에카르트 알텐뮐러는 얼핏 역설적인 듯한 MUT의 원리를 다음과 같이 요약한다.

"나는 방금 인생 최대의 재앙을 겪었다. 그리고 지금 피아노를 배우러 간다."

이 치료를 위해 환자가 갖춰야 할 조건은 없다. 환자는 〈내 모든 꼬마오리들〉처럼 단순한 멜로디를 연주하는 법을 배운다. 처음에는 커다란 전자 드럼을 큰 동작으로 두드려서 연주하고, 나중에 손가락을 움직일 수 있게 되면 키보드로 연주한다.

잘나가던 직업 음악가가 인생을 송두리째 뒤흔든 사건을 겪은 뒤에 키보드로 동요를 더듬더듬 치면 기분이 좋을까? "물론 나는 다른 상상을 한다."라고 리히터는 말한다. "하지만 어쨌든 왼손을 다시 움직일 수 있다는 것이 기쁘다."

독일에서 뇌졸중을 겪는 사람은 매년 25만 명에 달한다. 이들의 90퍼센트는 운동 장애를 얻는다. 막데부르크 대학에서 MUT 연구의 임상 부문을 감독한 의사 토마스 뮌테는 이 운동 장애 환자들의 3분의 1에게 음악치료가 필요하다고 추정한다. 약 70만 명에게 필요하다는 뜻이다.

MUT 연구에서 주목할 만한 것은 이 연구가 증거에 기초한 의학의 기준을 충족한다는 점이다. 연구진은 60명이 넘는 뇌졸중 환자들을 대상으로 삼아 그중 절반에는 MUT를 적용하고 나머지 절반에는 전통적인 치료법들을 적용했다. MUT를 받은 환자들에서는 15회의 훈련이 진행되는 동안 주요 운동

지표들이 뚜렷하게 향상되었다. 반면에—재활병원의 입장에서는 난처하게도—전통적인 물리치료와 작업치료ergotherapy를 받은 환자들의 상태는 사실상 나아지지 않았다.

음악치료의 효과가 이토록 좋은 것은, 음악이 뇌 전체가 관여하는 현상이라는 점과 관련이 있다. 음악은 청각 기관과 운동 기관뿐 아니라 감정과 지성도 활성화한다. 잠깐만 음악을 해도 뇌는 측정 가능할 정도로 '재구성'되는 것으로 보인다 (432쪽 참조). 이 때문에 알텐뮐러는 음악을 뇌졸중 환자에 대한 치료에 적용하자는 생각을 품었다. 근육의 기본적인 운동 능력은 뇌졸중 발생 후에도 사라지지 않는다. 오히려 뇌졸중 환자는 경직성 경련을 겪는다. 이것은 근육이 너무 강하게 활동하고 수축하는 증상인데, 그 원인은 통제되지 않은 정보가 척수를 거쳐 근육으로 흘러드는 것에 있다.

치료의 목표는 손상된 뇌 부위가 담당하던 통제력을 회복하는 것이다. "통제의 99퍼센트는 정보 억제이며, 소근육 운동 능력은 대근육 운동을 억제하는 능력과 다름없다."라고 알텐뮐러는 말한다. 환자는 마치 어린아이처럼 새로운 뇌 구역을 훈련하여 신체 말단에 대한 통제력을 차츰 회복해야 한다.

이 과정은 지루하다. 음악치료도 성서에 나오는 기적을 일으키지는 못한다. 리히터가 뇌졸중을 겪은 지 1년 반이 지난 지금도 그의 손가락들은 참을성 있게 준비를 거쳐야만 간단한 멜로디를 연주할 수 있다. 먼저 팔을 특별한 받침대 위에 얹어서, 팔이 완전히 이완되고 리히터가 굽은 손가락들을 펼 수 있게 해야 한다. 그런 다음에야 비로소 리히터는 조심스럽게 연주를 시작한다. 그는 이 힘든 노력을 설명하기 위해 "마치 표정을 찡그리지 않고 말하려 애쓸 때처럼"이라는 표현을 덧붙인다. 그는 어느새 자신이 간단한 멜로디를 연주할 수 있을 뿐더러 폭넓은 음계를 연주하려면 필요한 엄지손가락 옮기기 기술도 터득했다는 사실을 자랑스러워한다. 과거에 그는 그 기술을 자면서도 완벽하게 구사했지만 말이다. 또한 그는 왼손의 역할이 많지 않은 곡들을 양손으로 연주하기 시작했다. 그의 오른손은 예나 지금이나 현란하게 움직인다.

보스턴 소재 하버드 의과대학의 고트프리트 슐라우크 Gottfried Schlaug 는 음악이 뇌졸중을 겪은 환자에서 뇌의 가소성을 확실히 촉진할 수 있음을 보여주는 또 하나의 인상적인 사례를 제시했다. 그는 실어증 환자, 즉 말하는 능력을 상실한 사람들을 연구한다. 이들은 좌뇌반구의 브로카 영역에 손상이 있다. 실어증 환자는 타인의 말을 이해할 수 있고 자신이 무슨 대답을 하려는지도 알지만, 그 대답을 발설할 수 없다. 슐라우크는 2003년에 뇌졸중을 겪은 70대 중반 남성의 동영상을 즐겨 제시한다. 그 동영상 속의 남성은 자신의 이름조차 말하지 못하며, 〈해피 버스데이〉의 가사를 묻자 전혀 알아들을 수 없는 웅얼거림만 내뱉는다. 그러나 슐라우크가 〈해피 버스데이〉를 부르라고 요청하자, 그 남성은 그 노래를 가사까지 완벽하게 부른다.

이 놀라운 상황은 우리가 노래의 가사를 우뇌반구의 한 구역에서 처리하기 때문에 발생한다. 요컨대 그 구역에도 말하는 능력이 깃든 것으로 보인다. 멜로디 억양 치료법Melodic Intonation Therapy, MIT은 파괴된 브로카 영역의 언어 능력들을 그 구역이 넘겨받게 하는 효과가 있다고 한다. 이 치료법은 일찍이 1973년에 보스턴의 의사 마틴 앨버트Martin Albert에 의해 개발되었지만 최근에야 통제된 연구에서 그 효과가 입증되었다.

치료 초기에는 치료사가 환자와 마주 앉아 환자의 왼손을 잡고 리듬에 따라 흔든다. 그러면서 환자와 함께 짧은 문장들을 두세 음으로 이루어진 단순한 멜로디에 맞춰 부른다. 이 멜로디는 문장의 자연스러운 억양(말의 멜로디)을 거스르지 않는다. 두 사람은 "I am thirsty(나는 배가 고프다)."를 저음-저음-고음-저음으로 부른다. 이것은 환자가 뇌졸중을 겪은 후 처음으로 발설해내는 문장이다. 이런 식으로 여러 주에 걸쳐 많은 문장들을 연습한다. 그러면서 차츰 노래를 다시 말로 바꿔간다. 75시간의 훈련을 거치고 나자 환자는 다시 완전한 문장들로 대화할 수 있다. 물론 여전히 말을 더듬고 발음도 약

음악 본능

간 이상하지만 말이다.

슐라우크는 전통적인 언어 교정 치료를 여러 해 동안 받았지만 효과를 보지 못한 환자들이 음악의 도움으로 말하기 능력을 회복하는 것을 보여줄 수 있었다. 또한 그의 연구팀은 멜로디 억양 치료를 받고 나면 환자의 우뇌반구가―정확히 브로카 영역의 맞은편이―더 활발하게 활동함을 뇌 스캔을 통해 보여주는 데 성공했다. 학습 효과는 치료가 끝난 다음에도 남아 2년 후에도 측정 가능했다.

30년이나 된 이 치료법이 오래전에 표준으로 자리 잡지 않았다는 점을 슐라우크는 놀랍게 여긴다. "어쩌면 치료사가 환자와 함께 노래를 부르는 것에 대한 거부감을 극복해야 하기 때문인지도 모른다." 그가 보기에 음악은 실어증 극복에 탁월한 효능이 있다. "모든 언어치료사가 이 치료법을 잘 알아야 마땅하다."

위에 언급한 두 가지 뇌졸중 치료법은 다음과 같은 공통점을 지녔다. 이 방법들의 효과는 입증되었지만, 음악이 정확히 어떻게 재활에 기여하는가에 대해서는 단지 추측만 가능하다. 리듬이 중요한 역할을 하는 것일 수도 있다. 미국 콜로라도 주립대학의 마이클 타우트가 수행한 연구의 결과를 보면, 리듬 청취는 뇌졸중 환자의 불안한 걸음걸이를 안정화하는 데 도움이 된다(167쪽 참조).

에리히 파울 리히터는 언젠가 다시 피아노를 '제대로' 연주할 수 있게 될까? 리히터는 이 질문을 물리치며 "우리는 예후를 이야기하지 않는다. 지금 나는 예후에 전혀 관심이 없다."라고 말한다. 그는 작은 학습 효과들에 기쁨을 느낀다. 에카르트 알텐뮐러도 "우울한 뇌졸중 환자는 피아노를 쳐도 즐겁지 않을 것이다."라면서 의욕이 성공의 열쇠라고 말한다. 어느새 리히터는 꽤 먼 거리를 걸을 수 있게 되었다. 휠체어 생활에 용이하도록 그의 집을 개조해주겠다는 제안을 받은 지 오래인데도 그는 걷기 연습에 열중한다.

리히터는 유튜브에서 위대한 피아니스트들의 연주를 즐겨 본다. 그들의 왼손이 근접 촬영된 장면을 보면, 혹은 자신의 과거 연주를 녹음으로 들으면 "내 손가락들은 저절로 움직이기 시작한다."

## 머릿속의 소리

거의 누구나 경험해보았겠지만, 예컨대 시끄러운 록 콘서트를 관람하고 나면 청각 기관이 혹사당한 탓에 귓속에서 불쾌한 휘파람 소리가 난다. 그런 소리는 청각 자극이 너무 적을 때도 발생할 수 있다. 완벽하게 고요한 방에 갇힌 피실험자의 90퍼센트는 5분 안에 그런 휘파람 소리를 듣는다.

그런 소리는 거의 항상 몇 분이나 몇 시간이 지나면 사라진다. 그러나 이명 환자들의 경우에는 그렇지 않다. 그들은 사실상 항상 머릿속의 휘파람 소리와 함께 산다. 이명은 삶 전체의 질을 떨어뜨린다. 중요한 과제에 집중하는 것을 방해할 뿐 아니라 음악을 듣는 것도 어렵게 만든다. 독일의 이명 환자는 약 100만 명에 달한다.

이명의 발생에 대한 지식은 아직 매우 빈약하다. 이명은 소음으로 인한 청각 기관 손상이나 돌발성 난청에 이어 발생할 수도 있고 속귀의 질환이나 고혈압의 결과일 수도 있다. 최근까지의 정설은 청각세포들이 오작동하여 머릿속 휘파람 소리를 '만들어낸다'는 것, 말하자면 거짓 신호를 뇌로 보낸다는 것이었다. 그러나 청각 경로, 즉 신경세포들과 뇌를 잇는 '전선'에서 아무 활동이 감지되지 않을 때에도 그런 휘파람 소리가 날 수 있음이 뇌 촬영을 통해 드러났다. 이는 그 소리가 속귀에서가 아니라 머릿속에서 발생함을 의미한다.

이명을 다스리는 치료법은 다양하지만, 효과가 입증된 방법은 아직까지 거의 없다. 강한 약물부터 온갖 대안 치료와 청신경 절단까지, 이명 환자들은 이미 수많은 처방을 받았지만, 똑 부러지는 성과는 여태 없다시피 하다. 현재까지 가장 효과적인 방법은 작은 음향기기가 내는 소음으로 머릿속 휘파람 소리를 덮어버림으로써 불쾌감을 줄이는 것이다.

그러나 하이델베르크 소재 독일 음악치료 연구센터DZM의 한스 폴커 볼라이가 이끄는 팀은 새로운 치료법을 개발했다. 그 치료법은 200명 가까운 이명 환자를 대상으로 실시한 임상연구에서 80퍼센트의 환자를 완치시키거나 대폭 호전시켰다. 이 괄목할 만한 성과의 배후에는 역시나 음악이 있다.

음악은 기존의 몇몇 이명 치료법에서도 동원되지만 대체로 이완을 위한 수단으로 쓰이거나 머릿속 휘파람 소리를 덮어버리는 구실을 한다. 반면에 하이델베르크 연구팀의 치료법은 환자로 하여금 이명을 외면하게 하기는커녕 정반대로 이명에 집중하고 듣기를 새로 학습하게 한다.

이 치료법의 기본 전제는 이명 환자가 듣는 소리가 특정한 음이라는 것이다. 전체 환자의 약 절반은 단지 넓은 주파수 범위의 소음을 듣지만, 나머지 절반은 한 음을 듣는데, 그 음은 대개 사인음파처럼 아주 청명하다. 이런 청명한 음을 듣는 환자들만이 볼라이 팀이 개발한 음악적 이명 치료를 받을 수 있다.

이 치료는 12회로 구성되며 대개 일주일 내에 완결된다. 우선 환자가 듣는 불쾌한 음을 정확히 파악하는 작업이 사인음파 발생기의 도움으로 진행된다. 이어서 그 음을 외부에서 반복적으로 들려준다. 그러면 '내부의' 음이 외부에서 들려오는 음에 자리를 내줄 수밖에 없다. "그 다음에는 이명 증상이 변덕스러워진다."라고 볼라이는 말한다. "이명 음의 음높이가 오르락내리락하고 머릿속 위치도 바뀌기 시작한다."

이제 환자는 자신의 고유한 이명 음에 맞게 제작된 음악을 듣는다. 이 음악은 '아름다운' 음악이 아니라 그 불쾌한 음 주위를 맴도는 음들과 화음들의 연쇄다. 환자는 이 음악을 들으면서 그 특정 주파수 범위를 듣는 능력을 새로 훈련하는 것이다. 또한 환자는 자신의 이명 음을 스스로 발성하여 공명을 일으키는 훈련도 한다.

이 음악치료는 기존 치료들보다 훨씬 더 효과가 좋았다. 심지어 이명 음이 완전히 사라지지 않은 경우에도 이 치료법은 최소한 환자의 불편함을 덜어주었다. 즉, 환자가 자신의 이명 음을 능동적으로 줄이고 주의를 다른 데로 돌리는 방법을 가르쳐주었다.

"사람은 듣기를 학습한다."라고 한스 폴커 볼라이는 말한다. "이와 마찬가지로 사람은 이명 음 듣기를 학습할 수도 있고 재학습을 통해 이명 음을 떨쳐낼 수도 있다."


## 감정 장애

음악은 감정과 밀접한 관련이 있다. 그러므로 음악이 체계적 감정 장애를 지닌 사람들에 대한 치료에도 적용된다는 것은 놀라운 일이 아니다. 특히 서로 정반대에 가까운 증상을 보이는 두 질환, 곧 자폐증(여기에서 '자폐증'이란 이른바 자폐 스펙트럼 장애 전체를 가리키므로 아스퍼거 증후군Aspergers syndrome 도 포함한다. 자폐 스펙트럼은 경미한 행동 이상부터 심각한 정신적 장애까지를 아우른다. -저자)과 이른바 윌리엄스 증후군 Williams syndrome의 치료에 음악이 쓰인다. 자폐증 환자란 타인과의 사회적 상호작용에 심각한 장애가 있는 사람을 말한다. 이들은 공감하는(타인의 입장에 서는) 능력이 부족하며 얼굴을 보고 감정을 읽어내는 일을 어려워한다. 그래서 사회적 상황을 기피하고 자기 안으로 움츠러든다. 반면에 윌리엄스 증후군 환자는 낯선 사람에 대한 거리낌이 사실상 없다. 이들은 누구에게나 유쾌하게 접근한다. 이들에게 부족한 것은 '건강한 의심'이다. 윌리엄스 증후군 환자는 흔히 음악을 몹시 좋아하는 반면, 자폐증 환자는 음악에 관심이 없다.

경미한 자폐증을 지닌 사람들도 얼마든지 사회적인 '구실'을 할 수 있다. 그럼에도 그들은 타인과의 교류를 어색하게 느낀다. 미국 과학자 템플 그랜딘Temple Grandin은 대중강연도 문제없이 해내는 유명한 자폐인이다. 그녀는 인간적인 가축 사육 방법을 연구한다. 그녀는 많은 사람들 틈에 끼어 있을 때면 자신이 화성에 있는 인류학자 같다고 느낀다. 신경학자 올리버 색스는 이 표현에 착안하여 한 저서의 제목을 '화성의 인류학자'로 붙였다.

음악 본능

자폐인은 음악성이 없다는 말을 흔히 들을 수 있지만 꼭 그런 것은 아니다. 많은 자폐인은 실제로 음악에 관심이 없지만, 음악에 매혹된 자폐인도 있다. 예컨대 템플 그랜딘은 바흐 음악의 복잡한 구조에 감탄할 줄 안다. 그러나 그 음악을 즐기느냐고 색스가 묻자, 그녀는 그 음악을 들으면 지적인 쾌감을 느낀다고만 대답한다. 바흐의 음악이 그녀의 심금을 울리지는 않는 것이다.

　일부 자폐인은 이른바 '사반트savant'다. 사반트란 특정한 지적 분야에서 믿기 어려울 정도의 재능을 나타내는 사람을 말한다. 예컨대 어떤 사반트는 큰 수들의 곱셈을 엄청나게 잘한다. 멜로디를 아주 잘 외우는 '음악적 사반트'도 있다. 하지만 '평범한' 자폐아의 대부분도 평균 이상의 음악적 재능을 지녔다. 예컨대 자폐아의 과반수는 절대음감의 소유자다. 몇몇 연구자들은 자폐아가 음악의 '국소적' 속성들, 즉 개별 음들을 이를테면 멜로디의 기복과 같은 '광역적' 속성보다 더 잘 지각하는 것에서 절대음감이 비롯된다고 해석했다(삶의 다른 영역에서도 자폐아는 세부에 빠져들기를 즐기고 큰 맥락을 보지 못한다). 하지만 이 해석은 실험에서 입증되지 않았다. 이사벨 페레츠가 몬트리올 대학에서 실시한 음악 시험에서 자폐아들은 같은 나이의 대조군보다 전반적으로 더 높은 점수를 받았다. 개별 음에 대해서나 멜로디에 대해서나 자폐아들의 음악적 재능이 더 우수했다.

반면에 대니얼 레비틴은 음악의 감정적 특징을 받아들이는 방식에서 큰 차이를 발견했다. 역시 몬트리올에 위치한 맥길 대학에서 그는 음악의 표현적 요소, 즉 연주자가 가미하는 표현이 자폐인에게 전달되는지 여부를 연구했다. 이를 위해 그는 한 피아노곡의 녹음 버전 4개를 준비했다. 하나는 음악적 표현이 가미된 버전, 또 하나는 모든 음을 동일한 세기로 치고 리듬을 기계처럼 정확하게 지키는 '기계적인 버전', 셋째는 이 둘의 중간에 해당하는 버전, 마지막은 음악적 악센트가 무작위하게 들어간 버전이었다. 피검사자에게 주어진 과제는 이 네 버전을 음악적 표현을 기준으로 나열하는 것이었다. 슈테판 쾰시의 실험(324쪽 참조)과 유사한 이 연구에서 '정상적인' 아이들로 이루어진 대조군은 과제를 아주 잘 해냈다. 반면에 자폐아들에게는 그 과제가 벅찼다. 그들은 그 음악이 마음에 들었지만 감정적 측면은 포착하지 못했다. "우리는 이 결과를 자폐 증후군을 지닌 개인들이 음악의 표현적 혹은 감정적 측면보다 구조적 측면에 더 많이 끌림을 보여주는 증거로 받아들인다."라고 대니얼 레비틴은 말한다.

그럼에도 불구하고 음악치료는 언어를 통해서는 거의 다가갈 수 없는 자폐인과 접촉하는 길의 구실을 할 수 있다. 오랫동안 자폐아를 연구해온 런던 대학의 파멜라 히턴Pamela Heaton

음악 본능

은 "우리가 비언어적이며 효과적인 음악 수업을 개발할 수 있다면, 자폐아들이 어떻게 학습하고 정보를 처리하는지를 어쩌면 더 잘 이해하게 될 것이다."라고 말한다.

자폐 장애의 원인은 대체로 밝혀지지 않았지만, 윌리엄스 증후군의 원인은 잘 알려져 있다. 이 장애는 7번 염색체의 유전적 결함에서 비롯된다. 윌리엄스 증후군을 지닌 아동은 인지 능력이 떨어지고(평균 지능지수가 60) 흔히 눈과 손의 협응에 문제가 있다. 전문가는 윌리엄스 증후군 아동을 요정을 닮은 특유의 용모에서 금세 알아볼 수 있다.

그러나 윌리엄스 증후군 아동들은 몇 가지 분야에서 평균 이상의 능력을 발휘한다. 이들은 타인의 얼굴을 잘 기억하고 '사회적 지능'이 높고 언어에 재능이 있으며 음악을 대단히 좋아한다. 올리버 색스는 이들을 '엄청난 음악성을 지닌 종족'이라고 부르면서 자신의 저서 『뮤지코필리아』에서 언젠가 매사추세츠에서 열린 윌리엄스 증후군 환자들의 여름캠프를 방문했던 일을 이렇게 서술한다.

"다들 특이하게 다정하고 관심이 많은 인상을 풍겼다. 캠프 참가자들 가운데 내가 만났던 사람은 아무도 없었는데도, 그들은 나에게 더없이 즐겁고 친숙하게 인사했다. 내가 낯선 사람이 아니라 오랜 친구나 삼촌이라도 되는 듯했다. 그들은 수다쟁이처럼 수많은 질문을 쉴 새 없이 던졌다. 오는 길이 어땠느냐, 나에게 가족은 있느냐, 어떤 색과 음악을 좋아하느냐는 식으로 말이다. 수줍음을 타는 사람은 없었다. 심지어 낯선 사람 앞에서 수줍음이나 불안을 느낄 나이의 어린아이들도 그렇지 않았다. 그들은 천진하게 다가와 내 손을 잡았고 내 눈을 응시하면서 그들의 나이가 믿어지지 않을 정도로 유창하게 대화했다."

이어서 색스는 그 캠프에서 있었던 다양한 음악 활동에 대해서 이야기한다. 사실상 끊임없이 음악이 연주되었다. 장애 때문에 신발 끈을 묶거나 웃옷의 단추를 꿰는 일조차 어려워하는 아이들도 놀라운 솜씨로 악기를 연주했다. 윌리엄스 증후군 환자의 음악적 재능은 자폐 스펙트럼 장애를 지닌 음악적 사반트의 재능과 전혀 다르다고 색스는 지적한다.

"왜냐하면 사반트들을 보면, 그들의 재능이 처음부터 완성되어 있고 기계적이며 학습이나 연습을 통한 강화를 거의 필요로 하지 않으며 대체로 타인의 영향에 의존하지 않는다는 인상을 흔히 받기 때문이다."

반면에 윌리엄스 증후군 아동은 항상 타인과 함께 또한 타인을 위해 연주하려 한다. 이들에게 음악은 어디에나 있는 사회적 접착제다. 자신과 타인을 결합하는 접착제 말이다. 대니얼 레비틴은 자신의 실험실에서 윌리엄스 증후군 환자들을 뇌 스캐너 안에 눕히고 음악을 들려주었다. 그리고 이들의 경우에는 정상인의 경우보다 훨씬 더 큰 뇌 부위가 활성화되는 것을 발견했다. 레비틴은 이 결과를 이렇게 요약했다.

"그들의 뇌는 허밍을 했다."

오하이오 주립대학의 데이비드 휴런이 보기에 자폐증과 윌리엄스 증후군은 주로 사회적 행동에 영향을 끼치는 '상보적인' 장애들이다. 전자의 핵심은 타인과 감정적으로 접촉하는 능력의 부재고, 후자의 핵심은 타인과 거리를 두는 능력의 부재다. 이 상보성은 이들이 음악을 지각하는 방식에서도 드러난다. 휴런에 따르면, 자폐증 및 윌리엄스 증후군과 음악의 상관관계는 음악의 원초적 기능이 사회적인 것이며(48쪽 참조) 우리는 음악을 통해 타인과 유대를 형성하고 유지한다는 이론이 옳음을 시사한다.

지금까지 보았듯이 음악이 아주 다양한 의학적·심리학적 치료에 적합한 것은 음악이 지닌 여러 속성 때문이다. 음악은 뇌 전체의 활동을 유도하기 때문에 뇌 부분들의 협응에 문제가 있는 환자의 치료에 적합하다. 음악은 감정과 밀접한 관련이 있기 때문에 다양한 심리치료의 보조 수단으로 적합하다. 마지막으로 음악은 사람들을 연결하는 접착제이기 때문에 사회적 장애에 대한 치료에도 적합하다.

음악은 실제로 치료 효과를 발휘한다. 이는 모든 이에게 음악을 권해야 할 또 하나의 이유다.

# 세상에 노래를 가르치고 싶어
## 음악 수업의 효과

뉴욕의 관광객: 카네기 홀에 가려면 어떻게 해야 하나요?
대답: 연습, 연습, 또 연습해야죠.
− 작자 미상의 유머

작가 말콤 글래드웰Malcolm Gladwell은 특별히 성공한 사람들의 경력을 서술하는 저서 『아웃라이어Outliers』에서 초기 비틀스의 이야기를 들려준다. 1960년에 그들은 리버풀에서 활동하는 수많은 무명 밴드 가운데 하나였는데 우연히 독일 함부르크에서 일자리를 얻었다. 대규모 홀에서 연주회를 열어 객석을 가득 메운 10대 소녀들을 줄줄이 기절시킨 것은 아직 아니었다. 비틀스는 레퍼반Reeperbahn가의 스트립 클럽들에서, 마음이 딴 데 가 있어 신생 영국 밴드의 음악은 듣는 둥 마는 둥 하는 관객을 앞에 놓고 연주했다. 그러나 그들은 많이 연주했다. 한 번에 8시간 동안 연주할 때도 있었다.

존 레넌은 이 시절에 대해서 "리버풀에서 우리는 항상 한 시간씩만 무대를 맡았고 가장 잘하는 곡들만 연주했다. 늘 똑같은 곡들이었다. 함부르크에서는 8시간 동안 연주해야 했다. 따라서 새로운 연주 방식을 발견해야 했다."라고 말했다.

글래드웰은 비틀스가 함부르크에 머문 1960년부터 1962년까지 얼마나 많은 라이브 공연을 했는지 계산한다. 그들이 무대에 선 날수는 총 270일, 하루 연주 시간은 최소 다섯 시간이었다. 그러므로 1964년에 세계적인 스타가 될 때까지 비틀스가 소화한 라이브 연주는 시간으로 따져서 총 1200시간이 넘는 셈이다. 오늘날의 밴드들은 결성될 때부터 해체될 때까지의 기간을 다 따져도 이 정도로 많은 라이브 연주를 하는 경우가 거의 없다.

비틀스는 비록 전성기(곧 해체 직전)에는 라이브 공연을 드물게만 했지만, 이 초기의 경험은 그들에게 지대한 영향을 미쳤다. 비틀스의 평전『샤우트 Shout』를 쓴 필립 노먼Philip Norman 은 함부르크 시절을 이렇게 서술한다.

"함부르크로 갈 때 그들은 무대 위에서 훌륭하지 못했지만 돌아왔을 때는 아주 훌륭해져 있었다. 그들이 배운 것은 인내만이 아니었다. 그들은 또한 엄청나게 많은 곡을 배워야 했다. 로큰롤뿐 아니라 약간의 재즈까지 온갖 곡을 말이다. 이 시절 이전에 그들은 공연 훈련이 전혀 되어 있지 않았다. 그

러나 함부르크에서 돌아왔을 때 그들의 연주는 어느 누구와
도 비교할 수 없을 정도였다. 함부르크 시절이 비틀스를 만들
었다."


## 1만 시간의 연습

앞선 장들에서 나는 거의 누구나 음악성을 지녔음을 보여
주려 애썼다. 그러면서 대체로 아주 기초적인 음악성에 논의
를 국한했다. 즉, 우리 모두에게 우리 문화권 음악의 내적인
규칙, 곧 문법이 내면화되어 있음을 보여주는 일에 주력했다.

하지만 정말 뛰어난 음악적 성취는 어떨까? 거의 누구나
거장 반열의 고전 바이올린 연주자나 한 양식을 대표하는 재
즈 트럼펫 연주자, 모차르트나 비틀스 같은 예외적인 음악가
가 될 수 있을까? 적어도 이 문제에서만큼은 재능이 중요하
다고, 대다수의 사람들은 특별한 재능과 거리가 멀다고 일부
독자는 생각할 것이다. 과연 그럴까?

재능이라는 것이 정확히 무엇이냐를 놓고 심리학자들은 지
난 수십 년 동안 뜨거운 논쟁을 벌여왔다. 결국 이 논쟁은 우
리의 능력들 중에서 무엇이 선천적이고 무엇이 사회적 환경
에 의해 결정되느냐에 대한 토론과 맞물린다. 우리가 타고
나는 것은 무엇이며 태어난 뒤에 비로소 애써 습득해야 하는

것은 무엇이냐에 대한 토론과 말이다. 이를 영어에서 'nature versus nurture(자연 대 양육)' 논쟁이라고 하는데, 한 가지 분명한 것은 인간이 가진 거의 모든 능력은 온전히 '자연'에 기인하지도 않고 100퍼센트 '양육'에 기인하지도 않는다는 점이다. 진실은 중간쯤에 있다. 그러나 명인은 하늘에서 뚝 떨어지지 않는다, 연습이 명인을 만든다, 노력이 없으면 보람도 없다, 천재는 1퍼센트의 영감과 99퍼센트의 땀으로 이루어진다는 옛 속담이 점점 더 입증되는 경향이 있다.

스포츠에서는 탁월한 성취의 기반이 타고난 자질과 오랜 훈련의 조합임을 누구나 잘 안다. 훌륭한 농구선수가 되려는 사람은 키가 어느 정도 되어야 한다. 왜냐하면 농구에서 큰 키는 어마어마한 장점이기 때문이다. 키가 크면 림에 더 접근할 수 있고 말하자면 작은 경쟁자들의 머리 위에서 놀 수 있다. 무엇이 장점인지는 스포츠 종목마다 다르다. 올림픽에서 100미터 달리기와 1만 미터 달리기를 보면, 두 종목 모두에서 최고의 선수들은 흑인인데, 단거리선수는 대개 어깨가 넓고 근육질인 반면, 장거리에서는 케냐와 에티오피아의 키 크고 홀쭉한 선수들이 대세임을 알 수 있다. 여자 체조선수는 대개 키가 작고 섬세하다. 그런 선수가 투포환을 오래 연습한다 해도 좋은 성적을 내기는 어려울 것이다.

과거에 동독을 비롯한 동유럽 국가들에서는 스포츠에 재

능이 있는 학생들을 발굴하여 육성했다. 다양한 종목의 인재들을 발굴하는 과정에서 특히 중시된 것은 신체적 조건이었다. 그러나 신체적 조건이 성공을 위한 조건들 중 하나일 뿐이라는 점도 명백했다. 발굴에 이어 훈련이 시작되었다. 동유럽 국가들이 수많은 금메달을 딴 이유는 그곳에 예외적인 신체조건을 지닌 사람들이 많아서가 아니라 선수들을 이른 나이부터 발굴하여 세계적인 수준으로 훈련시켰기 때문이었다. 그 대가로 일부 선수들은 부상으로 영구적인 장애를 얻었지만 말이다.

하지만 이런 전제 조건들은 우리가 지금 거론하는 재능과 근본적으로 다르다. 누군가가 에티오피아 고원지대에서 태어났고 다리뼈의 모양이 장거리달리기에 적합하다는 사실은 우리가 이야기하는 재능의 범주에 들지 않는다. 우리가 말하는 재능은 개인이 날 때부터 가지고 태어나는, 신비롭다고 할 만한 능력이다. 특히 음악 분야에서 이런 재능은 구체적으로 무엇일까?

이 질문을 탐구하기에 앞서 다음과 같은 더 근본적인 질문을 던져야 한다. 음악성(음악적 재능)은 단일한 속성일까? 우리는 음악성이 있다는 술어를 능력이 천차만별인 사람들에게 공통으로 붙인다. 악보를 볼 줄 모르는데도 피아노를 탁월하게 연주하는 사람이 (물론 소수지만) 있다. 즉흥 연주를 전혀 못하는 고전 바이올린 연주자가 있는가 하면, 노래를 하면 음정이 틀리는 기타 연주자, 노래도 못하고 악기 연주도 못하는 지휘자도 있다.

이뿐만 아니라 본인은 작곡이나 연주를 전혀 못하지만 타인의 음악에 대한 감각은 아주 좋아서 우리의 길잡이 노릇을 하는 음악평론가도 있다. 2004년에 사망한 영국 라디오 디제이 존 필John Peel은 웬만한 음악가보다 더 중요하게 팝 음악의 발전에 기여했다. 왜냐하면 젊고 유망한 밴드들을 일찌감치 알아보았고 혁신적인 사운드와 스타일에 대한 감각이 있었기 때문이다. 새 음반을 두세 번만 들으면 아주 정확하면서도 간결한 평론을 쓸 수 있는 평론가들은 나에게도 늘 감탄의 대상이었다. 훌륭한 평론가—예컨대 〈디 차이트Die Zeit〉에서 활동하다가 2009년에 너무 일찍 세상을 뜬 콘라트 하이드캄프Konrad Heidkamp—는 자신의 평가를 뒷받침하는 근거를 댈 수 있다는 점, 주관적인 차원을 말하자면 한 단계 높은 일반적 차원으로 격상시킨다는 점이 특징이다.

우리가 감탄해야 마땅한 이 모든 음악 전문가들과 천재들의 공통점은 무엇일까? 명인 수준의 악기 연주 솜씨도 아니고 감동적인 연주도 아니고 음악에 대한 이론적 통찰이나 폭넓은 지식도 아니다. 영국 킬 대학의 음악학자 존 슬로보다John Sloboda는 간결하게 말한다. "음악적 능력이란 음악을 '의미 있게 만드는make sense' 능력이다." 내가 'make sense'라는 영어 표현을 병기하는 것은 이 표현을 독일어로 번역하기가 아주 어렵기 때문이다. make sense는 무언가를 이해한다는 뜻일 수도 있지만 타인이 보기에 '이치에 맞는' 무언가를 만들어낸다는 뜻일 수도 있다. 음악성을 지닌 사람은 음악의 언어 안에서 자신 있게 움직인다. 타인의 음악적 표현을 이해하거나 타인이 이해하는 음악적 표현을 스스로 만들어낼 수 있다(음악에서 표현이란 언제나 타인에게 감정적으로 접근하는 작업이다).

이런 식으로 정의한 음악성은 수동적인 음악 청자의 (이 책에서 누누이 강조한) 놀라운 능력들부터 연주자들과 작곡가들의 탁월한 능력까지 넓은 스펙트럼을 아우른다. 대중의 음악성은 우리가 이미 충분히 다뤘다. 그 음악성을 계발하기 위해 필요한 것은 음악에 충분히 오래 노출되는 것뿐이다. 나머지는 뇌가 자동으로 해낸다. 존 슬로보다는 "전문성의 수준은 해당 인지 활동을 한 기간에 비례하는 듯하다."라고 말한다. 그는 이 견해를 모든 인지적 뇌 과정에 적용한다. 연습은 기억을 다지고 뇌에 패턴을 새긴다.

하지만 슬로보다의 견해는 능동적인 음악가들에게도 타당할까? 일단 그들은 음악 활동을 하지 않는 사람들보다 훨씬 더 많이 또한 그들과 다른 방식으로 음악을 다룬다는 점에서 유리한 입장에 있다. 그러나 능동적인 음악가들에게도 연습이 전부일까? 연습 말고도 대중과 음악적 '천재'를 구분 짓는 이른바 '재능'이 추가로 있어야 하지 않을까? 이 질문에 합리적으로 답하기 위해 슬로보다와 심리학자 동료들은 재능이라는 개념에 함축된 특징들을 네 가지로 정리했다.

1. 재능은 유전적인 원인을 가진다. 재능은 타고나는 것이며, 사람이 보유하거나 보유하지 못한 무언가다.
2. 아이가 탁월한 성과를 내기 전에 일찌감치 아이의 재능을 간파하고 의도적으로 육성하는 방법들이 있다.
3. 이 조기 발견은 신뢰할 만하다. 재능 있는 아이는 재능 없는 아이보다 해당 분야에서 더 크게 성공한다.
4. 재능을 보유한 사람은 항상 드물다. 이것은 말하자면 재능이라는 개념의 본질에서 귀결된다. 우리는 재능을 소수 엘리트만 보유한 것으로 정의한다. 비록 지금은 체스 프로그램이 거의 모든 인간 체스 선수를 이기지만, 재능 있는 체스 선수란 무엇인가에 대한 우리의 생각은 바뀌지 않았다. 재능 있는 체스 선수란 대다수의 사람들보다 체스를 더 잘 두는 소수에 속하는 사람이다.

이 특징들을 전제하면, 누군가가 스포츠에 재능이 있다는 말은 무슨 뜻일까? 저 앞에서 거론한 선천적인 신체 조건을 갖췄다는 뜻만 남는다. 반면에 요기 뢰프Jogi Löw(독일 축구대표팀 감독—옮긴이)가 독일 청소년 축구팀들에서 '재능 있는 선수'를 발굴하려 할 경우, 그는 이미 10년 정도의 강도 높은 훈련을 거치면서 축구를 인생의 중심으로 삼은 지 오래인 청소년들을 둘러보게 된다. 그런 청소년들의 능력은 대부분 훈련의 결과라고 보는 것이 타당하다.

학습 성적에 대해서는 실제로 좋은 지표들이 있다. 5세 이하의 아이들이라 하더라도 일반적인 지능검사를 해보면 학교에서 좋은 성적을 비교적 쉽게 얻을 아이들을 골라낼 수 있다. 따라서 일반적인 인지 '재능'을 거론할 수도 있을 것이다. 하지만 음악에 대해서는 어떨까? 여섯 살짜리 아이가 나중에 훌륭한 음악가가 될지 여부를 어떻게 알아낼 수 있을까? 신체 조건에서 알아내기는 거의 불가능하다. 손이 큰 피아니스트가 있는가 하면 손이 작은 피아니스트도 있다. 뚱뚱한 가수도 있고, 마른 가수도 있다. 의욕은 예상의 근거로서 늘 믿을 만하다. 음악을 좋아하는 아이는 음악적 능력을 익히기 위해 더 많은 시간과 에너지를 들일 것이다.

하지만 다른 모든 근거들은 신뢰할 만하지 않다. 우리는 음악성을 나중에야 알아챈다. 예컨대 16세의 피아니스트 키트 암스트롱Kit Armstrong이 고전음악 곡들을 (클라우스 슈판Claus Spahn이 〈디 차이트〉에 실은 글에서 사용한 단어를 빌리자면) 놀랄 만큼 '성숙한' 표현으로 연주할 때, 비로소 우리는 그의 음악적 재능을 알아챈다. 하지만 그 16세 소년도 이미 수천 시간의 연주를 했다. 아마도 동년배 피아니스트들보다 더 많이 연주했을 것이다.

타고난 능력과 학습한 능력을 구분하려면 어린 아이들을 오랫동안 관찰하면서 그들의 연습 시간을 파악하고 결국 누가 음악가로 성공하는지 보아야 할 것이다. 하지만 이런 장기 연구는 아직 이루어지지 않았다. 대신에 성인 음악가들에게 이제껏 살아오면서 얼마나 많은 연습을 했는지 묻고 그들의 연습 시간과 연주의 질을 비교하는 연구는 몇몇 연구팀에 의해 이루어졌다. 연구 결과, 매번 놀랄 만큼 밀접한 연관성이 드러났다.

가장 먼저 던져야 할 질문은 이것이다. 훌륭한 음악가와 그렇지 않은 음악가를 어떻게 구분할 것인가? 악기를(가수의 경우에는 목소리를) 다루는 기술이 능수능란해야 한다는 것은 당연히 필수적인 조건이다. 세르게이 라흐마니노프Sergei Rachmaninoff가 작곡한 특정한 곡의 어느 복잡한 대목을 지정된 빠르기로 연주할 수 없는 사람은 훌륭한 음악가로 분류될 자격이 애당초 없다. 이 평가는 피겨스케이팅 경기에서 매기는 '기술 점수'에 해당한다. 3회전 토 루프toe loop 점프에서 엉덩방아를 찧는 선수는 높은 점수를 받을 수 없다.

그러나 기술이 전부는 아니다. 특히 아무리 어려운 피아노 곡이라도 컴퓨터로 연주할 수 있는 오늘날에는 더욱더 그렇다. 그런 컴퓨터 연주는 기술적으로 완벽하지만 혼이 들어 있지 않다. 사람들은 인간의 연주와 기계의 연주를 아주 정확하게 구분한다(323쪽 참조). 음악성은 '의미 있게 만들기'와 관련이 있다는 정의를 진지하게 받아들이면, 훌륭한 피아니스트란 순수한 기술을 넘어서 자신의 해석을 통해 곡에서 감정적 내용을 끌어낼 수 있는 연주자다. 피아니스트 아르투르 슈나벨Arthur Schnabel은 이런 말을 남겼다.

"음들을 다루는 것에서는 내가 다른 피아니스트들보다 더 나을 것이 없다. 음들 사이의 여백—거기에 예술이 깃든다!"

그럼에도 하노버 음악 공연 대학의 연구자들은 연주의 정확도를 기준으로 삼아 피아니스트들의 수준을 평가했다. 연구에 참여한 피아니스트들은 불규칙성을 오히려 권장하는 해석적 연주 대신에 음계 연습곡을 쳐야 했다. 음계 연습은 때때로 지루하지만 피아니스트가 되려면 아마 누구나 거쳐야 하는 과정일 것이다. 음계 연습에서 터치의 규칙성을 측정하기는 음악적 감정이입 능력을 측정하기보다 더 쉽다. 또한 본격적인 연주에서 리듬을 능숙하게 조절하고자 하는 사람은, 우선 규칙적인 터치를 숙달해야 한다.

한스—크리스티안 야부시Hans-Christian Jabusch가 지휘한 연구팀의 목표는 다음 질문에 답하는 것이었다. 청소년 피아니스트의 손가락 운동 능력과 음악적 이력 사이에서 상관성을 발견할 수 있을까? 연구자들이 주목한 매개변수는 한편으로 음계 연주의 정확도(정확한 터치 순간에서 평균적으로 얼마나 벗어나는가를 밀리초 단위로 측정한 값), 다른 한편으로 피아니스트들의 연습 시간, 음악에서 느끼는 재미를 수량화한 값 등이었다. 연구 결과, 대단히 뚜렷한 상관성이 드러났다. 연구자들은 심지어 아래 공식까지 얻었다.

$$A = 44 - 0.97J - 0.6SP_u - 1.2H + 2.9SP_K - 0.93E - 1.6SP_M$$

$A$는 평균적인 리듬 편차(단위는 밀리초), $J$는 피아노 교습 기간(단위는 년), $SP_u$는 연습할 때 느끼는 재미(최소 1에서 최대 5까지), $H$는 연습 빈도, $SP_K$는 학교 미술 수업에서 느끼는 재미, $E$는 부모가 피아노 연습을 감독하는 정도, $SP_M$은 음악 전반에서 느끼는 재미를 가리킨다.

물론 이것을 정확한 공식으로 간주해야 하는 것은 아니지만, (미술 수업에서 느끼는 재미를 제외한) 모든 요소들이 연주의 정확도를 향상시킴을 알 수 있다. 예컨대 10년의 피아노 교습은 정확도를 10밀리초 향상시킨다. 피아노 교습을 15년 받았고 나머지 모든 값들이 최적인 청소년의 평균 리듬 편차는 5.7밀리초에 불과하다. 위 공식에는 '재능'을 가리키는 항(이를테면 T)이 들어 있지 않다.

이런 측정은 청소년 '음악 로봇'의 육성을 옹호한다고 반론하고 싶은 독자는 미국 플로리다 주립대학의 스웨덴 심리학자 K. 안데르스 에릭손K. Anders Ericsson의 연구들을 참조하기 바란다. 1990년대에 선풍을 일으킨 그 연구들의 결론은 이른바 '1만 시간의 법칙'인데, 간단히 말하면 다음과 같다. 한 분야에서 세계적인 수준에 오르려는 사람은 10년 동안 1만 시간의 연습을 해야 한다.

에릭손과 동료들은 독일 베를린 예술대학의 음악교수들에게 의뢰하여 나중에 세계적인 독주자가 될 자질이 있는 바이올린 전공 학생 10명을 추천받았다. 또 교수들이 '좋은 연주자'로 지목한 10명도 추천받았다. 마지막으로 직업 음악가가 될 포부가 없고 대신에 음악교사가 되고자 하는 학생 10명도 연구에 참가시켰다. 세 집단 각각은 여학생 7명과 남학생 3명으로 구성되었다. 이처럼 학생들을 수준별로 분류하는 작업은 어떤 측정이 아니라 대학교수들이 전문가로서 내린 평가에 의거했다.

연구에 참가한 대학생들은 여러 질문을 받았는데 그중에는 언제부터 바이올린을 연주했고 얼마나 많은 시간을 연습에 투자했느냐는 것도 있었다. 거의 모든 대학생이 5세 정도에 교습을 시작했다고 대답했다. 그러나 연습 시간은 현격한 차이가 있었다. 포부가 작은 셋째 집단의 학생들은 총 연습 시간이 4000시간 정도이고 '좋은 연주자들'은 약 8000시간인 반면, 최고의 바이올리니스트가 될 성싶은 학생들은 이미 20년 동안 1만 시간의 연습을 거친 것으로 드러났다.

1만 시간은 길다. 아주 길다. 10년 동안 1만 시간의 연습을 채우려면, 1년에 1000시간, 다시 말해 매일 세 시간씩 하루도 빠짐없이 연습해야 한다. 게다가 첫째 집단 학생들의 연습 시간은 일정하지 않았다. 그들도 처음에는 음악 교습을 받는 여느 아이들처럼 일주일에 2~3시간 연습했다. 그러나 나중에는 선생의 요구는 그대로인데도 그들의 연습 시간은 매년 대폭 늘어났다. 그들은 열 살 때 주당 6시간, 열다섯 살 때 주당 16시간, 스무 살 때는 무려 주당 27시간 연습했다.

당신도 생업과 잠을 제외한 어떤 활동에 이토록 많은 시간을 들이는가? 만일 그렇다면 당신은 아마도 그 분야의 전문가 축에 들 것이다. 왜냐하면 에릭슨을 비롯한 심리학자들에 따르면, 1만 시간의 법칙은 음악뿐 아니라 다른 많은 분야에도 적용되기 때문이다. 체스선수, 축구선수, 스케이트선수, 심지어 도둑도 마찬가지다. 10년 동안 1만 시간의 연습─이 것이 진정한 전문성의 조건이다.

1만 시간의 법칙은 누구나 어떤 식으로든 1만 시간을 한 활동에 투자하면 자동으로 세계 최고 수준에 오른다는 뜻이 아니다. 이 법칙은 사람들이 제각각 다른 능력을 가지고 시작한다는 점, 학습 속도가 다르다는 점을 부정하지 않는다. 이 법칙이 말하는 바는 단지 이만큼 시간을 투자하지 않으면 성공은 거의 불가능하다는 것이다. 요컨대 노력이 없으면 보람도 없다. 말콤 글래드웰은 예외적인 재능을 발휘한 사람들에 관한 자신의 저서에서 "뛰어난 사람이 연습하는 것이 아니다. 연습이 뛰어난 사람을 만든다."라고 말했다.

그렇다면 꼬마 때부터 피아노를 치고 이른 나이에 걸작을 작곡하는 신동들은 무엇일까? 두 말이 필요 없는 신동 모차르트는 어떻게 가능할까? 모차르트의 성취를 꼼꼼히 연구한 많은 연구자들이 모두 다음과 같은 동일한 결론에 이르렀다. 이론의 여지가 없는 음악적 천재 모차르트도 1만 시간의 법칙을 벗어나지 않는다.

모차르트는 꼬마 때부터 당대에 가장 유명한 음악교사였던 아버지 레오폴트에게 음악 교습을 받았다. 그는 만 네 살 때 작곡을 시작했고, 만 일곱 살 때 유럽 순회 연주를 했으며, 만 여덟 살 때 첫 번째 교향곡을 작곡했다. 이 경이로운 이력은 오로지 연습이 명인을 만든다는 취지의 모든 주장을 거짓말로 만들지 않을까?

당시에는 음악 신동이 많았고, 음악 신동이 만든 곡이 악보로 기록되는 일도 전혀 드물지 않았다. 문제는 나중에 명인이 된 모차르트가 어린 나이부터 악보를 그렸느냐 하는 것이 아니다. 중요한 것은 언제부터 사람들이 모차르트의 작품을 최고 수준으로 평가하기 시작했느냐 하는 것이다. 『창조력과 재능: 모차르트, 아인슈타인, 피카소와 우리가 공유한 것

*Kreativität und Begabung: Was wir mit Mozart, Einstein und Picasso gemeinsam haben*』을 쓴 로베르트 바이스베르크Robert Weisberg는 모차르트가 첫 번째 걸작인 피아노협주곡 9번(쾨헬번호 271)을 21세에 작곡했다고 말한다. 모차르트의 초기 작품들은 비록 지금은 작품번호를 달고 가지런히 정리되어 있지만 대부분 호기심거리에 불과하며 공개적으로 연주되는 일은 거의 없다.

모차르트가 음악적으로 '성숙한' 나이를 21세로 보면, 그는 오히려 늦깎이로 분류될 만하다. 그의 아버지가 시킨 교육을 감안할 때, 그는 1만 시간의 연습을 아마도 사춘기 전에 마쳤을 테니까 말이다.

새로운 장르를 개척하는 전위 예술가는 어쩌면 1만 시간의 법칙에 구애받지 않는 유일한 예외일 것이다. 일부 전위 예술가는 비교적 쉽게 성공에 이른다. 1976년경에 완고한 록 음악 산업에 맞서 반역을 일으킨 최초의 펑크 음악가들은 실제로 악기 연주 솜씨가 일반인과 다를 바 없었다. 그들은 말 그대로 화음 세 개만 연주할 줄 알았다. 앤디 워홀Andy Warhol이

1960년대에 자신의 '공장Factory'에서 주최한 해프닝happening
들은 예술가에게 애써 습득해야 하는 능력을 요구하지 않았
다. 최초의 힙합 가수들은 운율 맞추기를 정식으로 배우지 않
은 채로 비교적 천진하게 시를 지어 젖혔다.

　하지만 전위 예술가의 시대는 새로운 음악 장르가 개발되
는 시기에 잠깐 동안 찾아오기 마련이다. 조만간 그 새로운
장르에도 표준과 관습이 생기고, 많은 음악가들이 참여하면
옥석이 가려지고, 초심자는 표준을 익히기 위해 연습 시간을
투자해야 한다. '섹스 피스톨스Sex Pistols'를 위시한 여러 밴드
의 원초적인 펑크가 발휘한 매력은 몇 년 가지 못했고, 그 다
음에는 펑크도 여러 갈래로 나뉘었다. 노래들은 더 복잡해졌
고, 조 잭슨, 엘비스 코스텔로Elvis Costello, 더 클래시 등은 다
른 많은 장르에도 손을 댔다.

　"예술은 실력에서 나온다."라는 속담은 소위 전위 예술에
대한 근본적 회의를 함축한다. 수공업적인 솜씨는 포기해도
된다고 믿으면서 독창적인 아이디어에 중점을 두는 전위 예
술을 대중은 의심한다. 무대 위에(또는 이젤 앞에) 선 사람의
실력이 나보다 나을 것이 없다는 확신이 들면, 관객은 조롱당
하는 느낌을 받는다. 관객은 자신이 고유의 직업에서 경험을
통해 전문가가 된 것처럼 예술가도 어떤 식으로든 전문가일
것을 기대한다.

당연한 말이지만 1만 시간의 법칙은 대략적인 어림 규칙일 뿐이다. 중요한 것은 연습 시간을 채우는 것만이 아니다. 연습 시간을 의미 있게 이용하는 것, 좋은 선생으로부터 동기를 부여받는 것, 활동에 재미를 느끼는 것도 중요하다. 존 슬로보다는 강도 높은 훈련에 다른 요소들도 추가되어야 함을 강조한다. "형식적인 훈련은 성과를 지나치게 강조함으로써 음악적 능력의 발전을 방해한다." 에카르트 알텐뮐러도 일부 음악 전공 대학생들이 연습을 너무 많이 한다고 지적한다. 적잖은 직업 음악가들은 성과를 내야 한다는 압박과 스트레스에 시달리고 자신이 세간의 기대를 충족하지 못할까 봐 불안해하다가 결국 의사나 심리치료사를 찾는다.

경험에 의하면, 너무 많은 연습을 하는 음악가는 특정 시점부터 오히려 퇴보한다. 음악적 능력이란 궁극적으로 비非기계적이고 비기술적인 능력이다. 흥미롭게도 이런 능력을 체계적으로 가르치는 곳은 거의 없지만 말이다. 음악적 능력은 음악에 대한 사랑이라고도 할 수 있을 것이다.


'모차르트 효과'

요새 아이들은 이른 나이부터 성과 스트레스에 시달린다. 조기 교육은 점점 더 일찍, 초등학교에 들어가기 훨씬 전부터 시작된다. 한 집에 아이가 하나뿐인 경우가 많고, 그런 외동 아이는 부모의 온갖 기대를 충족해야 한다. 아이에게 미래의 삶을 위한 최선의 기회를 제공하겠다는 좋은 뜻에 입각하여 거의 모든 놀이는 아이의 지능과 인성의 발전을 위한 교육의 일환으로 취급된다.

이런 분위기 속에서 음악이 주목을 받는 것은 놀라운 일이 아니다. 음악 교습은 본격적인 수학교육이나 언어교육보다 훨씬 더 일찍 시작할 수 있다. 아이들은 자연적으로 음악을 좋아한다. 또한 내가 이제껏 서술한 대로, 음악은 뇌의 발달 및 감성적·사회적 '지능'에 좋으면 좋았지 나쁘지 않다. 그러나 문제는 이것이다. 음악교육의 긍정적 효과를 다른 분야로도 확산시킬 수 있을까? 에카르트 알텐뮐러의 표현을 빌리면, 음악을 통해 개통한 '신경 고속도로'를 다른 목적으로도 활용할 수 있을까? 음악이 아이를 더 영리하게 만들까?

음악을 좋아하는 (음악학자의 대다수를 비롯한) 사람들은 이 질문들을 못마땅하게 여긴다. 당연히 그들은 음악의 긍정적 작용을 믿지만 또한 다른 한편으로 음악을 다른 목적을 위한 수단으로 삼는 것을 거부한다. 음악 자체를 위해서 음악을 해야지, 이를테면 비례식 계산 능력의 향상에 도움이 되기 때문에 음악을 해서는 안 된다는 것이다. 베를린의 철학자 랄프 슈마허Ralph Schumacher는 이렇게 말한다.

"사람들은 예컨대 독일어 수업에서는 아이들이 읽기와 쓰기를 배울 것이라고 기대하는 반면, 음악 수업에서는 노래와 피아노 연주만 배우는 것이 아니라 덤으로 음악 외적인 인지 능력의 향상도 일어나리라고 기대하는 경우가 많다."

슈마허는 독일 연방 교육과학부의 의뢰로 '모차르트가 지능 향상에 이로울까Macht Mozart schlau?'라는 제목의 소책자를 편집했다. 음악이 아동의 정신적 능력 전반을 향상시키는 데 적합한가라는 질문을 깊이 있게 다루는 그 소책자는 1993년에 저명한 과학 잡지 〈네이처〉에 발표된 한 논문을 계기로 제작되었다. 그 논문은 '모차르트 효과'라는 핵심어로 유명해졌다. 이—이른바—효과의 역사는 빈약한 과학적 성과가 어떻게 과장되고 위조될 수 있는지를 아주 잘 보여준다.

언급한 〈네이처〉 논문은 본래 '음악과 공간적 과제 수행'이라는 제목의 짧은 연구 보고서에 불과했다. 이 보고서에서 미국 캘리포니아 대학의 프랜시스 라우셔Frances Rauscher와 고던 쇼Gordon Shaw는 모차르트의 음악이 대학생들의 인지 능력을 단기적으로 향상시킨다는 연구 결과를 얻었다고 발표했다. 이들은 (아마도 심리학 전공) 대학생 36명을 세 집단으로 분류했다. 한 집단은 모차르트의 피아노 소나타를 들었고, 둘째 집단은 긴장 해소를 위한 일반적인 지침을 들었으며, 셋째 집단은 아무것도 듣지 않고 조용히 시간을 보냈다. 그런 다음에 대학생들은 공간 표상 능력을 측정하는 시험을 치렀다. 일반 지능검사의 한 부분인 그 시험에서 대학생들은 종이를 여러 번 접고 가위로 여러 군데를 자른 다음에, 종이를 펼치면 어떤 모양이 나올지를 미리 말해야 했다.

모차르트를 들은 집단은 두 대조군보다 평균 8점에서 9점 높은 점수를 받았다. 그러나 효과는 그리 오래가지 않았다. 10분에서 15분이 지나자 모차르트 집단과 대조군들 사이의 점수 차이는 다시 사라졌다.

이 연구 결과에서 "모차르트가 지능을 향상시킨다."는 결론을 끌어내는 것은 실은 여러 이유에서 타당하지 않다. 첫째, 피실험자들은 실제로 지능이 향상된 것이 아니라 단지 아주 단기적인 성적 향상 효과만 얻었다. 둘째 이 연구는 음악 교육이 뇌에 미치는 효과를 검증하는 데 전혀 적합하지 않다. 그 효과를 검증하려면 피실험자 각각의 개인사를 알아야 할 것이다. 또한 셋째, 논문의 저자들은 유독 모차르트의 음악만 효과를 발휘하는지에 대해서 아무 말도 하지 않았다. 모차르트를 예컨대 바흐나 헤비메탈과 비교하지 않은 것이다.

그럼에도 모차르트라는 이름은 언론의 관심을 사로잡았다. '모차르트 효과'라는 정형화된 개념까지 미디어에 등장했다. 사기꾼으로 의심되는 돈 캠벨Don Campbell이라는 인물은 이 개념의 창시자로 자처하고 나서서 이후 여러 책과 CD로

큰돈을 벌었다. 라우셔와 쇼도 자신들의 연구가 일으킨 유행에 편승하여 '음악 지능 신경 발달 연구소Music Intelligence Neural Development Institute(MIND)'를 설립했다. 쇼는 '모차르트를 마음에 담아두기Keeping Mozart in Mind'라는 제목의 책을 출판했다. 정치가들도 재빨리 나섰다. 미국 테네시 주와 조지아 주의 주지사는 관내의 모든 신생아에게 모차르트 CD를 선물했다.

라우셔는 고전음악의 인지적 효과를 심지어 동물계에서 입증하려 했다. 1998년에 그녀는 출생 전후의 새끼 쥐에게 모차르트의 음악을 들려주는 실험의 결과를 보고했다. 모차르트를 들은 새끼 쥐들은 그렇지 않은 대조군보다 미로 탈출 과제를 더 잘 수행했다는 내용이었다. 라우셔는 고전음악의 이로운 효과를 심지어 해부된 쥐의 뇌에서 입증하려 했다.

늦어도 이 대목에서 모순이 불거졌다. 미국 애팔래치안 주립대학의 심리학자 케네스 스틸Kenneth Steele은 태어나지 않은 쥐에게 음악을 들려준 것은 쓸데없는 짓이라고 지적했다. 왜냐하면 쥐는 청력이 없는 상태로 태어나기 때문이다. 또한 다자란 쥐도 피아노 소나타에 쓰이는 주파수 범위의 대부분을 듣지 못한다.

그뿐만 아니라 라우셔와 쇼의 원래 연구도 거센 비판에 직면했다. 여러 연구자가 이들의 실험을 어느 정도 성공적으로 재현한 것은 사실이었다. 그러나 무엇보다도 라우셔와 쇼가

음악 본능

내린 일반적인 결론들이 비판의 도마 위에 올랐다.

토론토 대학의 심리학자 글렌 스켈렌버그는 곧바로 모차르트 효과에 관한 일련의 실험을 했다. 그는 실제로 모차르트 효과를 재현할 수 있었지만 또한 동일한 강도의 슈베르트 효과도 확인했다. 그뿐만 아니라 추리소설을 좋아하는 학생들에게 흥미진진한 이야기를 읽어주면, 단기적인 '스티븐 킹 효과'가 발생했다.

스켈렌버그는 성적 향상의 원인을 모차르트의 음악에서 찾을 것이 아니라 그 음악이 학생들의 기분을 좋게 하고 각성 수준을 높였다는 사실에서 찾아야 한다는 결론을 내렸다. 각성 수준이 높아지면 인지 능력이 향상된다는 것은 여러 연구에서 밝혀진 사실이니까 말이다. 이 결론을 검증하기 위해 스켈렌버그는 바로크 음악가 토마소 알비노니Tommaso Albinoni의 슬프고 느린 곡 하나를 들려주는 실험을 했다. 그 결과, '알비노니 효과'는 나타나지 않았다.

대신에 영국 팝 밴드 블러Blur의 팬들에서는 '블러 효과'가, 취학 연령 이전의 아이들에서는 '동요 효과'가 나타난다. 일반적으로 청자의 나이와 취향에 맞는 경쾌한 음악은 잠깐 동안 정신 능력을 향상시키는 것으로 보인다.

정작 '모차르트 효과'를 발명한 인물들 중 하나인 프랜시스 라우셔는 많은 이들이 그녀의 첫 실험을 보고 품었던 드높은 희망을 어느새 상대화한다. 그녀는 2006년에 빈에서 발행되는 주간지 〈팔터Falter〉와 대담하면서 "모차르트의 음악이 우리를 일반적으로 더 영리하게 만든다고 주장한다면, 이는 확실히 틀린 주장일 것이다."라고 말했다. 라우셔는 태아의 지능을 향상시킨다는 CD를 구매하지 말라고 조언한다. 그녀에 따르면, 태아가 들으라고 임신부의 배를 직접 겨냥해 음악을 트는 것은 바람직하지 않다. 왜냐하면 태아의 수면 리듬이 교란되기 때문이다. 또 헤비메탈을 좋아하는 여성은 임신 중에도 헤비메탈을 듣는 것이 바람직하다. 왜냐하면 태아에게 가장 좋은 것은 어머니의 만족과 좋은 기분이기 때문이다.

요컨대 수동적인 음악 듣기가 지능을 향상시킨다는 주장은 별로 타당성이 없다. 그럼 능동적인 음악 활동은 어떨까? 우리가 악기를 배우거나 합창단에서 활동하면, 우리의 뇌에서는 큰 변화가 일어난다. 따라서 그 변화가 다른 분야들에서의 능력 향상도 가져올 수 있으리라는 생각을 해볼 만하다.


뇌를 위한 건축 훈련

여러 해 동안 운동 부족으로 살아온 당신이 헬스클럽에 등록한다고 해보자. 첫 운동 시간에 참가해보니 모든 동작이 몹시 힘들다. 하지만 저녁에 집에 돌아오니, 배우자가 말한다.

"어머 세상에, 벌써 효과가 보이네!"

이런 일이 근육 운동에서 실제로 일어나리라고 기대하는 사람은 없을 것이다. 한 번 운동한 다음에는 현미경으로 관찰하더라도 근육량의 변화를 포착할 수 없을 것이다. 그러나 음악 활동에서는 처음 한 시간만으로도 우리의 '음악근육', 곧 뇌에 눈에 띄는 변화가 일어난다.

덤벨을 들어올리는 사람의 목표는 특정 근육을 국소적으로 키우는 것이다. 헬스클럽에는 신체 부위 각각을 위한 훈련 기구가 따로 갖춰져 있다. 특정 기구를 이용하면 특정 부위를 훈련할 수 있다. 요컨대 목표는 근육의 성장이며, 이를 위해서는 시간이 필요하다.

반면에 우리가 이미 보았듯이 뇌에서 음악은 국소적인 현상이 아니다. 일반적으로 음악의 효과는 특정한 뇌 구역을 성장시키는 것이 아니다(일반적으로 뇌 구역을 성장시키는 것은 매우 제한적으로만 가능하다. 특히 중년과 노년에는 더욱더 그러하다). 오히려 음악을 하면 우리가 이미 활발하게 사용하는 뇌 구역들이 새로운 방식으로 연결된다.

이 사실은 피아노 연주에서 뚜렷하게 드러난다. 손가락으로 특정한 건반을 누르는 동작이 특정한 음과 연결된다. 피아노 연습을 충분히 오래하면, 한 음을 떠올리는 행동과 해당 손가락 운동의 연결이 자동화되어 이 연결을 따로 생각할 필요가 전혀 없게 된다. 이 연결은 몇 년 동안 연습을 한 사람뿐 아니라 짧은 연습을 마친 사람에서도 확인된다. 하노버 음악 공연 대학의 에카르트 알텐뮐러와 하버드 의과대학의 마크 뱅거트Marc Bangert에 따르면, 20분이라는 아주 짧은 연습 뒤에도 그 연결이 포착된다. 이들은 피아노를 배우는 학생들의 학습 성과를 뇌 전도를 통해 검증하는 연구의 결과를 2003년에 발표했다.

피실험자 집단 하나는 이제껏 악기를 연주해본 적이 없는 사람(여담이지만, 현재 독일에는 이런 사람이 드물다) 17명으로 구성되었다. 연구진은 이들을 키보드 앞에 앉히고 '눈 감고' 연주하기를 가르쳤다. 즉, 이들은 건반을 보지 못하는 상태에서 단순한 멜로디들을 듣고 똑같이 연주해야 했다. 이렇게 시각을 차단한 이유는 뇌에서 불필요한 '잡음'이 발생하는 것을 막기 위해서였다. 연구진이 보려는 것은 청각과 운동의 연결이었으니까 말이다. 피실험자들은 20분씩 10회에 걸쳐 연습을 했다.

둘째 집단에는 훨씬 더 난감한 과제가 주어졌다. 이들도 시각이 차단된 상태에서 여러 멜로디를 차례로 듣고 따라 연주해야 했는데, 한 가지 차이는 멜로디가 바뀔 때마다 건반들과 음들의 대응이 무작위로 달라진다는 점이었다. 즉, 새 멜로디가 주어질 때마다 피실험자는 우선 어떤 건반에서 어떤 음이

나는지 알아내야 했다.

이 대조군은 최선을 다했지만 장기적인 학습 성과를 낼 수 없었다. 이들에게 필요한 것은 건반 배치를 잠시 기억해두는 것뿐이었다. 그 다음에는 곧바로 건반 배치가 바뀌니까 말이다. 우리도 한 번만 걸어야 하는 전화번호를 이런 식으로 잠시만 기억한다. 그런 전화번호는 대개 몇 분도 지나지 않아 잊힌다. 반면에 자주 거는 중요한 전화번호는 몇 번만 걸고 나면 장기적으로 저장된다. 이런 전화번호는 경우에 따라 수십 년 뒤에도 기억난다.

연구진은 연습을 마친 두 집단의 피실험자들에게 음악을 들려주면서 그들의 뇌 활동을 뇌 전도로 측정했다. 그러자 금세 차이가 드러났다. '정상적인' 건반에서 연습한 피실험자들이 음악을 들을 때는 뇌의 운동 중추도 활동했다. 이 활동은 첫 연습을 마친 뒤에도 벌써 포착되었다. 요컨대 이들은 들려오는 멜로디를 상상 속의 키보드로 따라 연주한 것이다. 건반 배치가 무작위로 바뀌는 키보드에서 연습한 피실험자들에서는 이런 효과가 포착되지 않았다.

또한 반대 방향의 효과도 발견되었다. 첫째 집단의 피실험자들이 전원이 꺼진 키보드의 건반을 누를 때는, 그 건반의 음을 처리하는 청각 중추도 활성화되었다.

이 실험은 우선 이른바 뇌의 '가소성'을 입증한다. 즉, 뇌가 끊임없이 재건축됨을 보여준다. 성인의 뇌는 별로 변화하지 않으며 단지 퇴화할 뿐이라는 과거 수십 년 동안의 통설은 최근에 여러 실험에서 반박되었다. 특히 음악과 관련해서는, 꼬마 한스가 배우지 못하는 것을 어른 한스는 배울 수 있다. 배움에는 너무 늦은 나이가 없다. 중년과 노년에도 얼마든지 배울 수 있다. 물론 언어와 마찬가지로 음악에서도 뇌의 수용력이 특히 강한 시기가 있는 것으로 보인다. 만 7세 이전에 음악 교습을 시작한 사람의 뇌에서 특히 두드러진 변화가 일어난다는 사실이 여러 연구에서 일관되게 확인된다. 그러나 그렇다고 해서 만 7세 이후의 음악 교습이 무의미한 것은 아니다.

또 하나 주목할 만한 결과는 연결이 신속하게 형성된다는 점이다. 이 결과는 연구자들 자신에게도 뜻밖이었다. 악기를 배우고 나서 예컨대 텔레비전에서 연주 장면을 본 적이 있는 사람이라면 누구나 이 현상을 안다. 기타를 배우기 전에는, 텔레비전에 나온 기타 연주자가 왼손 손가락들을 기타의 목에 대고 이리저리 놀리는 것만 보이지만, 기타를 배우고 나면, 연주자가 무슨 코드를 짚는지가 보인다. 심지어 화면을 안 봐도 무슨 코드인지 알아들을 수 있는 경우도 많다(피아노 연주를 들으면서 코드를 알아채려면 절대음감이 필요하지만, 기타 연주를 들을 때는 꼭 그렇지는 않다. 왜냐하면 기타로 연주하는 기본 화음들은 소리의 특색이 뚜렷하게 구분되기 때문이다. 예컨대

음악 본능

기타에서 G메이저 코드와 D메이저 코드는 전혀 다르게 들린다).

기타 연주가 숙달되면, 귀와 손이 말하자면 직통으로 연결되어 처음 듣는 노래를 반주할 때에도 맞는 코드를 곧바로 짚게 된다. 내 경험에 의하면, 초심자들(또한 음악교육을 정식으로 받았지만 즉흥 연주를 배우지 않은 일부 고전음악가들)은 이런 즉흥 반주에 가장 크게 감탄한다.

음악 활동으로 인한 뇌의 변화는 신속하게 일어나지만 오래 유지된다. 과학자들은 사망한 유명인들(예컨대 아인슈타인과 레닌)의 뇌를 살펴보면서 특별한 지능이나 기타 탁월한 정신적 속성의 흔적을 찾아봤지만 대부분의 경우 성과를 내지 못했다. 예컨대 뇌의 총 질량은 그 소유자의 지능과 거의 무관하다. 그러나 음악가들은 예외인 듯하다. 2007년에『뮤지코필리아』를 출판한 베스트셀러 저자이자 신경학자인 올리버 색스는 "음악의 힘을 뇌에서 확인할 수 있다."고 말한다. "미술가, 작가, 수학자의 뇌를 식별하는 일은 오늘날의 해부학자에게 어려운 과제다. 그러나 직업 음악가의 뇌는 금세 알아맞힐 수 있다."

색스가 주로 언급하는 것은 미국 하버드 대학에서 가르치는 독일 뇌과학자 고트프리트 슐라우크가 1995년에 발표한 연구 결과들이다. 거기에서 드러났듯이, 직업 음악가의 뇌에서는 이른바 관자엽널판Planum Temporale─청각피질 뒤쪽에 위치하며 언어 및 음악의 처리에 깊이 관여하는 부위—의 좌우 비대칭성이 일반인에 비해 더 심하게 나타난다. 특히 절대음감을 소유한 음악가의 경우에는 좌측 관자엽널판이 우측 관자엽널판보다 훨씬 더 크다.

과학자들은 이 사실에 입각하여, (대략적으로 설명하자면) 경험 많은 음악가는 음악을 처리할 때 '합리적인' 좌뇌를 더 많이 사용하고 '감정적인' 우뇌를 덜 사용한다는 결론을 내렸다. 어쩌면 이렇게 바꿔 말할 수 있을 것이다. 직업 음악가들에게 음악은 총체적인 종합 인상이라기보다 낱낱의 요소들로 합리적으로 분해할 수 있는 언어에 더 가깝다. 따라서 이들의 뇌에서는 음악 처리 작업의 일부가 좌뇌로, 그중에서도 언어 중추로 이전된 것이다.

이 대목에서도 나의 개인적인 경험을 이야기할 만하다. 스무 살 때쯤에 나의 음악 취향은 단순한 팝에서 제네시스를 비롯한 밴드들의 약간 겉멋 든 '아트록'을 거쳐 존 매클롤린John McLaughlin, 칙 코리아Chick Corea 등의 최신 재즈록jazz-roc(오늘날의 명칭은 '퓨전fusion')으로 옮겨가 있었다. 전위적인 재즈와 록의 융합인 재즈록은 재즈 천재 마일즈 데이비스의 영향으로 발생했는데, 나는 이 음악을 야성적인 에너지뿐 아니라 대단히 복잡한 화음 및 리듬 구조 때문에 좋아했다. 몇몇 곡의 11/8박자 리듬을 세어보거나 화음들을 기타로 '재구성'하는 작업이 지적으로 재미있었던 것이다.

　이런 취향의 부작용으로 우리는 꽤 거만해져서 단순한 팝 음악을 얕잡아봤다. 한 번 듣고 따라할 수 있는 곡은 그다지 가치가 없다고 믿었다(당시에 나의 연주 솜씨가 미숙했음을 생각하니, 미국 코미디언 그루초 막스Groucho Marx의 다음과 같은 말이 떠오른다. "나를 회원으로 받아주는 클럽에는 가입할 생각이 없다.") 음악은 갈수록 더 복잡해졌고 흔히 지적인 작위에 빠져 음악의 본질인 감정을 잃었다.

　그러던 어느 날 한 친구가 전혀 다른 음반들을 들려주었다. 음반 한 면이 부족할 정도로 긴 곡들이 흔한 팝과 재즈의 지적인 작위성에 맞서 일어난 새로운 펑크와 뉴웨이브의 기수들, 곧 '섹스 피스톨스', '버즈콕스', '토킹 헤즈'의 음반이었다. 이들은 달랑 화음 세 개만 사용하지만 에너지와 감정으로 가득 찬 2분 30초짜리 곡들을 연주했다. 나 역시 열광했다. 실제로 나는 얼마 지나지 않아 음악을 '분석적으로' 듣는 습관에서 벗어날 수 있었다. 나는 들려오는 화음의 이름을 모조리 댈 수 있었지만 그러지 않기로 마음먹었다. 당시에는 뇌 스캐너가 아직 없었지만, 만약에 그때 나의 뇌를 스캔했다면, 아마도 음악 처리 작업의 일부가 좌뇌에서 다시 우뇌로 이전된 것을 볼 수 있었을 것이다.

　좌뇌반구와 우뇌반구는 이른바 뇌들보(뇌량)에 의해 연결된다. 고트프리트 슐라우크의 연구팀은 음악가들의 뇌량이 일반인의 그것보다 훨씬 더 큼을 보여줄 수 있었다. 요컨대 능동적인 음악 활동은 좌뇌와 우뇌 사이의 소통을 촉진하는 것으로 보인다.

오늘날의 과학자들은 뇌 검사를 통해서 피검사자가 연주하는 악기가 무엇인지까지 거의 알아맞힐 수 있다. 예컨대 기타와 달리 바이올린의 목에는 음높이를 정확히 결정해주는 가늘고 긴 금속 조각, 곧 프렛fret이 없다. 따라서 바이올린 연주자는 음높이 '미세 조정'을 항상 스스로 해야 한다. 음감이 나쁜 바이올리니스트의 연주는 듣기에 몹시 괴로울 수 있다. 그러나 반대로 바이올린 연주가 음감 향상에 도움이 되는 것도 사실이다. 정확히 말해서, 바이올린을 연주하면 미세한 음높이 차이를 감지하는 능력이 발달한다.

요컨대 음악가의 뇌는 '평범한 뇌'와 다르다. 이 차이는 음들을 처리하는 방식의 차이를 시사하며, 음악에 관여하는 뇌구역들에서는 실제로 질량의 차이까지 확인된다(음악가의 뇌에서 해당 구역의 질량이 더 크다). "신경의 재구성을 유발하는 자극 가운데 우리가 아는 가장 강한 자극은 음악이다."라고 에카르트 알텐뮐러는 말한다.

음악이 일으키는 뇌의 변화는 크게 세 과정의 산물이다. 첫째, 운동 중추와 청각 중추의 연결, 둘째 음악에 대한 분석적 이해력 증가, 셋째 (특히 자기가 연주하는 악기의 소리에 대한) 청각의 발달이 그 과정들이다.

음악을 할 때 뇌가 이처럼 유연하게 변화한다면, 이 변화는 수동적으로 음악을 향유할 때와 달리 다른 인지 능력들에도 영향을 미치지 않을까? 음악 교습의 반가운 부수 효과로 이를테면 언어 능력이나 수학 실력이 향상될 수도 있을까?

대답하기 어려운 질문이다. 무엇보다도 적당한 피연구자들을 구하기 어렵다는 점이 문제다. 음악 교습은 대개 여러 해에 걸쳐 진행되는데다가, 악기를 배우는 아동 몇 명과 음악 교습을 받지 않는 대조군 아동 몇 명을 구하더라도 통계학적으로 적절한 표본을 확보했다고 자신할 수 없다. 연구의 질을 높이려면 경제적 형편을 비롯한 다른 조건들은 동등하고 음악 교습 여부만 다른 두 아동 집단을 구해야 할 텐데, 그렇게 하기가 쉽지 않다. 왜냐하면 지금도 주로 서민의 자제가 아니라 소득과 교육 수준이 높은 부모의 자식이 음악 교습을 받기 때문이다.

이미 모차르트 효과의 상대화에 기여한 바 있는 글렌 스켈렌버그는 이 주제에 관한 비교 연구를 여러 차례 수행했다. 첫 연구에서 그는 6세 아동 144명을 대상으로 삼아 초등학교 입학 전에 지능검사를 하고 1년 뒤에 다시 지능검사를 했다. 아이들은 네 집단으로 분류되었다. 첫째 집단은 키보드 교습을 받았고, 둘째 집단은 노래 부르기 교습을 받았으며, 셋째 집단은 연극을 했고, 넷째 집단은 교과 공부만 했다. 1년이 지나자 네 집단 모두에서 지능지수 상승이 확인되었다. 이는 누구나 아는 학교 교육의 효과다. 그런데 음악 교습을 받은 아이들의 지능지수가 다른 두 집단보다 더 많이 상승했다.

음악 교습을 1년 받은 뒤의 상황이 이러하다면, 몇 년 동안 받고 나면 어떻게 될까? 두 번째 연구에서 스켈렌버그는 대학 신입생 150명을 대상으로 삼아 지능검사를 하고 그 결과와 그들이 받은 음악교육의 기간을 비교했다. 그러면서 가족의 소득과 부모의 교육 수준 등의 조건에서는 차이가 없도록 유의했다. 이 연구에서도 지능지수와 음악 활동 기간 사이에 관련성이 있다는 결과가 나왔다. 비록 그 관련성은 초등학교 1학년생을 대상으로 한 연구에서보다 더 약했지만 말이다.

스켈렌버그는 자신의 연구 결과들을 아주 조심스럽게 해석한다. 일반적으로 교습은 지능지수를 향상시키므로, 음악 교습을 받은 학생은 단지 여가 시간에 이를테면 스포츠 활동을 한 학생보다 더 많은 '교습' 활동을 했기 때문에 지능지수가 더 많이 향상된 것일 수도 있다. 그러나 음악이 학생의 뇌를 변화시켜서 지능지수 향상이 일어났을 가능성도 당연히 있다. 아무튼 음악을 단지 지능지수를 몇 점 높이기 위한 수단으로 삼는 것은 그리 효율적인 선택이 아니다. 음악 교습은 지루하고 비용이 많이 들기 때문에 냉정한 비용편익 분석의 관점에서 보면 합리적인 투자 방법이라고 하기 어렵다.

"종합적으로 볼 때, 음악 활동이 기타 인지 능력에 미치는 긍정적 효과에 관한 연구들의 성과는 실망스럽다."는 점을 에카르트 알텐뮐러도 인정한다. 그러나 이것은 거의 모든 연구가 지능지수를 잣대로 삼기 때문일 수도 있다. 실제로 음악 활동은 인성(예컨대 사회적 행동)에도 영향을 미친다. "개인 내면의 지능과 개인 간 관계에서의 지능을 어떻게 하면 효과적으로 측정할 수 있을까?"라고 알텐뮐러는 묻는다. "통제하기 어렵고 매우 역동적이며 수많은 영향에 노출된 생물학적 시스템—곧 아동—을 대상으로 한 장기 연구에서 '창조적 잠재력', '자신감', '장기적인 목표의식', '미적인 감각', '다정함'을 과학적으로 정확하게 파악하려면 어떻게 해야 할까?"

음악 애호가라면 누구나 음악 활동을 통한 감성 교육을 찬양하지만, 이에 대한 의문도 제기되었다. "노래가 들리는 곳에서는 편히 쉬어라. 나쁜 사람은 노래를 부르지 않으니까."라는 속담을 반박하는 사례는 충분히 많다고 빈의 심리학자 올리베르 피투흐Oliver Vitouch는 강조한다. "낭만적인 표정으로 몰입해서 베토벤과 바그너를 듣는 여린 감성의 나치 추종자도 진부할 정도로 흔하다." 이제껏 음악이 나쁜 사람을 선한 사람으로 만든 사례는 없지 싶다.

늦바람

지금까지 나는 평균적인 사람의 음악성에 대해서 많은 이야기를 했다. 우리의 뇌에 음악을 향한 강박적 욕구가 있다는 점, 음악 활동의 여러 긍정적 효과, 아이들에게 음악의 재미를 일깨우는 일은 아무리 서둘러도 지나치지 않다는 점을 이야기했다. 그럼 아동기와 청소년기에 음악의 재미를 깨달을 기회를 얻지 못한 사람들은 어떨까? 이들은 때를 놓쳤으므로 이제 악기를 배우거나 노래 실력을 향상시킬 수 없을까? "꼬마 한스가 못 배우는 것은 어른 한스가 절대로 못 배운다."는 속담은 이들에게 타당할까?

내가 두 번째 장에서 소개한 '흄' 이론의 창시자 스티븐 미슨도 이 질문을 화두로 삼았다. 고고학자인 그는 음악이 우리의 유전자에 들어 있을 뿐 아니라 계통발생적으로 언어보다 훨씬 더 멀리까지 거슬러 올라간다고 확신한다. "그럼에도 나는 음과 리듬을 맞추지 못한다."라고 미슨은 〈뉴 사이언티스트〉에 실린 한 기사에서 말한다. 그가 연구 과정에 알게 된 음악자 친구들은 당연히 다들 그것은 그가 어린 시절에 음악을 접하지 못했기 때문이라고 했다. 이제 그는 40대 중반이지만 여전히 노래를 배울 수 있다고 그들은 말했다.

미슨은 실험을 해보기로 결심했다. 1년 동안 노래 교습을 받으면서 자신의 성취를 기록하기로 한 것이다. 구체적인 기록 방법은 교습 전후에 뇌를 스캔하는 것으로 결정했다. 영국 셰필드 대학의 뇌과학자 래리 파슨스Larry Parsons가 실험을 돕기로 했고, 팜 칠버스Pam Chilvers가 노래 선생 역할을 맡았다. 미슨이 배우려는 노래는 존 루터John Rutter의 〈축복의 노래 A Gaelic Blessing〉와 게오르크 프리드리히 헨델Georg Friedrich Händel의 〈울게 하소서Lascia ch'io pianga〉였다.

2006년 6월에 첫 스캔을 하기 전에 미슨은 두 차례 교습을 받았는데, 그 자신의 말에 따르면, 노래 선생은 그의 형편없는 실력에 충격을 받았다. 미슨은 fMRI 검사가 '으스스한 경험'이었다고 말한다. 그는 스캐너 안에 누운 채로 눈앞에 놓인 화면 속의 악보를 보며 노래를 불렀다.

그리고 1년 동안 노래 연습이 진행되었다. 처음에는 절망적이었다. 미슨은 자신의 책에서 음악의 사회적 결합 기능을 찬양했는데, 정작 그의 가정에서는 그의 야간 노래 연습이 불화를 일으켰다. 특히 아이들의 항의가 심했다. 그러나 차차 상황이 나아졌고, 때때로 그는 아내와 함께 노래했다. 그러면서 미슨 부부는 음악을 매개로 한 친밀감을 느꼈다. 물론 그가 노래를 틀리지 않을 때만 말이다.

1년 뒤에 실시한 두 번째 스캔은 덜 힘들었다. 노래 교습에서 그는 올바른 자세와 호흡을 배웠지만 스캐너 안에 부자연스럽게 누워 있으니 배운 바를 전혀 써먹을 수 없었다. 그는 실망하고 지쳐서 스캐너 밖으로 기어 나왔다. 그래서 래리 파슨스가 보여준 스캔 결과에 더욱 놀랐다. 음높이 및 화음 지각을 담당하는 뇌 구역들의 활동이 두 번째 스캔에서 더 향상되었던 것이다. 미슨은 자신의 발전이 미미하다고 느꼈지만, 그의 뇌에서는 음악적 활동의 향상이 뚜렷하게 포착되었다.

이 대목에서 나는 스티븐 미슨을 성인도 음악적 능력을 발전시킬 수 있음을 보여주는 실례로 내놓고 싶었지만, 안타깝게도 그는 요새도 노래를 하느냐는 나의 물음에 다음과 같은 짧은 이메일을 보내왔다.

"포기했습니다. 정말 많이 연습했는데, 내 솜씨는 정말 형편없었거든요."

미슨 같은 사람이 한둘이 아니다. 늘그막에 다시 한 번 음악 교습을 받기 시작한 많은 사람들이 얼마 후에 실망하면서 포기한다. 또 한 번 내 경험을 이야기하겠다. 나는 마흔 살 때 멋진 중고 피아노를 샀다. 다시 한 번 피아노를 배워볼 작정이었다. 나는 열 살부터 열두 살까지 2년 동안 피아노를 배웠고 그 후에도 늘 간단한 곡들을 쳐왔지만, 이제 다시 본격적으로 배우고 싶었다. 나는 함부르크 출신의 일류 여성 재즈 피아니스트를 선생으로 모셨다. 그녀는 일주일에 한 번 우리 집을 방문했다. 나는 명확하게 재즈를 목표로 삼았으므로 개략적인 악보만 있는 곡들을 연주했다. 나는 재즈 피아노 즉흥 연주를 배우고 싶었다. 그것이 나에게 딱 맞는 방향이라고 생각했다. 이론적 지식은 이미 충분히 갖췄으므로 이제 연습만 하면 될 텐데, 그건 그리 어렵지 않으리라고 상상했다.

그러나 처음부터 연습이 문제였다. 선생은 매주 찾아와서 연습을 얼마나 많이 했느냐고 물었고, 나는 직장에 이러이러한 중요한 일이 있어서 안타깝게도, 정말 면목 없게도 화음과 음계를 딱 한 번 연습했다고 기어들어가는 소리로 고백할 수밖에 없었다. 성인, 특히 업무 부담이 많고 가정까지 있는 성인은 극심한 시간 부족에 시달리기 마련이고, 가장 먼저 뒤로 밀려나는 것은 당연히 음악 연습이다. 1만 시간의 연습이 명인을 만든다는 이야기를 다시 떠올려보라. 1만 시간은 고사하고 2000시간만 채워서 잘 하는 아마추어가 되려 해도 거의 10년 동안 매일 반 시간씩 연습해야 한다. 그것도 아동의 뇌에 비해 가소성이 떨어지는 성인의 뇌를 가지고 말이다.

내가 피아노 교습을 다시 포기한 것에는 또 다른 이유도 있었다. 내가 세운 목표가 터무니없이 높았던 것이다. 성인은 이미 수십 년에 걸쳐 음악적 사회화를 겪은 뒤여서 흔히 단순하지 않은 음악을 좋아한다. 그래서 아이들은 나이에 맞는 간단한 곡을 가지고 악기 연주의 첫걸음을 즐겁게 뗄 수 있지만, 성인 초심자들의 경우에는 연주하고 싶은 음악과 연주할 수 있는 음악 사이의 간극이 훨씬 더 크다. 그들은 많은 것을 바라지만, 그들의 손가락이 그 바람에 꼭 부응하는 것은 아니다. 게다가 음계도 문제였다. 재즈를 배우려면 수많은 음계를 숙달해야 한다. 그것도 12가지 조성 각각에 대해서 말이다.

아무튼 올 것이 오고야 말았다. 나는 발전하지 못했고, 실망했고, 결국 포기했다. 다행히 음악 전체를 포기하지는 않았다. 노래는 나의 즐거운 취미로 남았다.

늦은 나이에 악기를 배우기 시작한 사람의 예를 하나 더 살펴보자. 미국 신경학자 프랭크 윌슨Frank Wilson은 1986년에 출판한 저서 『음치에다 손재주도 없다고?Tone Deaf And All Thumbs?』에서 자신의 음악 교습 경험을 이야기한다. 책 제목에 나오는 두 가지 영어 표현은 독일어로 옮기기가 거의 불가능하다. 'tone deaf(음치)'는 앞에서도 언급했듯이 직역하면 '음 귀머거리'에 해당하며, 음들을 구분하지 못하는 (아주 드문) 사람을 뜻한다. 'all thumbs'는 마치 다섯 손가락이 다 엄지손가락처럼 뭉뚝하기라도 한 것처럼 손재주가 없다는 뜻이다. 이 두 속성을 모두 가진 성인은 음악성을 발전시킬 수 없을 법한데, 윌슨의 책은 바로 이 선입견을 반박한다.

윌슨은 열한 살 먹은 딸이 피아노를 치는 것을 지켜보면서, 어떻게 이 아이는 이토록 빠르게 손가락을 놀릴 수 있을까, 하는 의문을 품었다. 그의 딸은 피아노 교습을 6년 동안 받은 뒤였다. 윌슨은 자신이 직접 피아노를 배워보자는 획기적인 생각에 이르렀다. 그러지 않아도 그는 손의 운동에 매혹된 차였다(나중에 그는 손의 운동에 관한 책을 써서 큰 성공을 거뒀다). 위에 언급한 책에서 그는 능숙한 피아니스트가 슈만의 토카타 C장조(작품번호 7)를 연주할 때 10개의 손가락으로 초당 24.1개의 음을 친다는 계산을 제시한다. 이 수준에 도달할 때까지 초보자 윌슨은 당연히 오랫동안 애써야 했다. 그러나 그후에 그의 삶은 과거와 달라졌다고 윌슨은 말한다. 나는 여기에서 그의 오랜 연습이나 무대 공포증(그는 첫 공개 연주에서 완전히 실패했다)에 대해서 구구절절 이야기할 생각이 전혀 없다. 대신에 능동적인 피아노 연주가 어떻게 윌슨에게 다른 세계로 통하는 창을 열어주었는지 보여주는 그의 글을 인용하고자 한다.

"내가 드뷔시의 〈가라앉은 대성당La Cathedrale Engloutie〉을 연습할 때였다. 갑자기 피아노가 그때까지 내가 들어보지 못한 소리, 상상만 해본 소리를 냈다. 피아노와 내가 창밖의 허공을 떠다니는 듯한 기분, 드뷔시와 내가 시간을 초월하여 그가 그 곡을 쓸 때 마음속에서 창조한 화음에 사로잡힌 채로 방안에 함께 있는 듯한 기분마저 들었다. 나는 내 귀가 나를 속이지 않았음을 확인하기 위해 그 화음을 몇 번 더 연주했다. 그러고는 밖으로 나가 한 시간여 동안 나무들을 바라보았다. 음악은 이런 식으로 당신을 놀라게 할 수 있다. 음악은 당신으로 하여금 인간의 본성이나 불멸의 개념을 숙고하게 한다."

음악 활동에서 경험하는 바를 말로 표현하기는 거의 불가능하다. 많은 이들이 음악을 하지 않는 것은 그래서 더더욱 안타까운 일이다. 현재 중년인 프랭크 윌슨이 첫 피아노 교습을 받은 것은 25년 전이었다. 나는 지금도 여전히 음악과 피아노에 정성을 쏟느냐는 질문을 그에게도 던졌다. "우리 가족이 이사를 했는데, 피아노는 가져올 수 없었다."라고 윌슨은 답장에서 말했다. "가족 중에 진짜 피아니스트는 우리 딸인데, 그 아이가 3미터짜리 그랜드피아노를 팔아서 두카티 모터사이클을 샀다. 지금은 우리 모두가 모터사이클을 탄다."

요컨대 윌슨 역시 음악 활동에 소홀해진 모양이다. 그러나 적어도 그는 몇 년 동안 피아노를 연주하면서 새롭고 소중한 경험들을 축적했다.

윌슨은 저서에서 늦깎이로 음악을 시작한 이들에게 초심을 유지하는 방법에 관하여 몇 가지 조언을 건넨다. 먼저 자신이 카네기 홀을 비롯한 음악의 전당에 입성할 가망은 없음을 잘 알아야 한다. 왜냐하면 그런 수준에 이르기에는 연습 시간이 터무니없이 부족하기 때문이다. 또 관건은 직업 음악가로서의 경력이 아니므로, 연습을—아마추어 음악가들은 아주 드물게만 하게 되는—공연을 위한 준비로만 간주할 것이 아니라 그 자체를 목적으로 취급하는 것이 바람직하다. 말하자면 길이 곧 목적지인 셈이다. '아마추어'는 지난 두 세기 동안에 욕설처럼 되어버렸지만, 18세기에는 어떤 활동을 좋아하고 그 자체를 위해서 하는 모든 사람을 아마추어라고 불렀다. 오로지 좋아하기 때문에 음악을 하고 업계의 완벽주의에 종속되지 않는 것은 오히려 축복일 수 있다. 또한 점점 더 많은 음악 선생들이 깨닫고 있듯이, 성인을 음악으로 안내할 때는 일곱 살짜리 아이를 안내할 때와는 다른 방식이 필요하다. 이에 따라 성인에게 적합한 음악 교습이 갈수록 증가하는 추세다.

물론 악기를 배울 시간을 도저히 낼 수 없는 사람들도 있을 것이다. 그러나 그들에게도 노래라는 대안이 있다. 이 대안은 특히 샤워할 때나 운전할 때 즐겨 노래를 부르지만 사람들 앞에서 노래할 용기를 내본 적은 없는 사람들에게 유효하다. 이들에게도 약간의 발성 교습은 필요하다. 그러나 이들의 경우에는 청각 중추와 발성 기관의 근육을 연결하는 신경 경로가 이미 잘 발달되어 있어서 노래 솜씨가 쉽게 향상된다.

많은 사람들은 여전히 합창단에서 노래하는 것을 고루하게 여긴다. 그러나 합창은 초보자를 능동적 음악 활동으로 이끄는 최선의 길이다. 현재 독일의 모든 도시에는 수준과 성향이 다양한 여러 합창단이 있다. 재즈를 부르는 합창단이 있는가 하면, 교회음악 합창단, 독일어나 영어로 팝을 부르는 합창단, 바흐부터 현대까지의 고전음악을 부르는 합창단도 있다.

초보자도 받아주는 합창단이 있고, 직업 음악가에 버금가는 실력을 요구하는 합창단도 있다. 요컨대 합창단이라고 해서 반드시 민속음악만 불러야 하는 것은 아니다. 독일 음악협회 Deutscher Musikrat는 4년마다 독일 합창대회를 개최한다. 이 대회의 최종 단계에 참여하여 온갖 스타일과 연령대의 남녀 합창단원들이 도시 하나를 완전히 점령한 상황을 목격한 적이 있는 사람은 이 책을 읽을 필요가 거의 없다. 그런 사람은 음악이 어떤 힘을 발휘할 수 있는지를 온몸으로 느껴보았을 테니까 말이다.

평생학습은 최근 들어 점점 더 많이 거론되는 주제다. 하지만 대부분의 평생학습은 직업에 필요한—예컨대 기술의 진보로 끊임없이 변화하는—조건을 갖추는 것을 목적으로 삼는다. 당신이 사무실에서 컴퓨터를 가지고 일하는 사람이라면 아마도 2년마다 신형 소프트웨어를 배워야 할 것이다. 또한 당신은, 처음에는 각각의 메뉴와 단축키를 의식적으로 외워야 하지만 3개월만 지나면 새 프로그램이 몸에 익어 모든 기능을 본능적으로 활용하게 되리라는 점을 알 것이다. 이런 변화는 기술과 친하지 않은 사람들도 잘 이끄는 유능한 트레이너의 도움을 받을 때 특히 순조롭게 일어난다. 이 같은 과정과 행동의 '자동화'는 음악 교습에서도 일어난다. 또한 당연히 음악에서도 평생학습이 가능하다. 단, 직업과 달리 음악에서는 강요가 없다. 음악 평생학습은 우리의 결정에 좌우된다. 우리 자신의 결정이 우리를 즐거운 아마추어로 만들고 새로운 세계로 통하는 창을 우리 앞에 열어준다.


## 인기 없는 과목

독일 청소년에게 가장 좋아하는 여가 활동이 무엇이냐고 물으면 여성의 63퍼센트, 남성의 50퍼센트가 음악 듣기라고 대답한다. 여성 청소년의 경우, 음악 듣기가 친구 만나기에 이어 선호 순위 2위다. 그러나 가장 좋아하는 교과과목의 목록에서는 음악이 한참 뒤로 밀린다. 심지어 그 인기 없다는 수학보다 더 뒤처진다.

뭔가 앞뒤가 안 맞는다. 왜 학교에서 음악 과목은 이토록 인기가 없을까? 왜 누구나 음악에 대해 가진 원초적인 호감이 학교 수업에는 반영되지 않는 것일까?

학교에서 음악은 홀대받는 과목이다. 국제학업성취도평가 PISA가 화제인 요즘, 중요한 것은 표준화된 교육이다. 청소년은 현실에서의 치열한 경쟁을 위한 조건을 갖춰야 한다. 이런 분위기에서 음악은 교육 정책의 우선순위에서 맨 뒤로 밀려난다. 음악 수업이 없는 학교가 많을 뿐더러, 있는 경우에도 학생들은 할 수만 있으면 기꺼이 음악을 수강 목록에서 제외한다. 함부르크에서 김나지움(독일의 인문계 중등학교—옮긴이) 고학년생 중에 음악 수업을 듣는 비율은 8퍼센트에 불과하고, 바이에른에서는 하우프트슐레Hauptschule(중등학교의 일종—옮긴이) 학생의 90퍼센트가 7학년 때부터는 음악을 수강 목록에서 뺀다.

나는 독일 학교의 음악교육을 오래전에나 접했으므로 현재의 문제를 어른의 관점에서만 안다. 그러므로 음악학자 겸 저술가 베아테 데틀레프스–포르스바흐Beate Dethlefs-Forsbach가 묘사한 김나지움의 전형적인 풍경을 인용하겠다.

"6b반에서 음악교사 마이어가 오래전부터 유지해온 〈피터와 늑대Peter und der Wolf〉 수업을 진행한다. 학생들에게 음악을 들려주면서 듣기 태도에 점수를 매긴다. 디르크와 마리오가 말 울음소리를 내기 시작하고, 다른 학생들은 고양이 울음소리나 개 짖는 소리를 낸다. 간간이 요란한 당나귀 울음소리도 들린다. 마이어 씨는 제발 경청하라고 여러 차례 타이르다 지쳐 CD 플레이어를 끄면서 앞으로 이 반에서는 음악 감상을 하지 않기로 결심한다. 함께 노래 부르기는 벌써 반 년 전에 포기했다. 그는 강의 계획서를 흘끗 보고 나서 다음 시간에는 장음계와 단음계를 조표가 3개 붙은 것까지 가르치기로 마음먹는다…

슐체 부인이 교생 고바흐 양과 함께 10a반에서 현재의 음악

음악 본능

에 대해 스스로 공부하는 프로젝트를 진행한다. 학생들은 신이 나서 팀을 짜고 주제를 정한다. CD와 비디오와 각종 자료를 가져온다. 한 팀은 도서관에 가고, 다른 팀은 교내를 돌아다니며 모든 학년 학생들에게 설문지를 돌린다. 그러나 교무부장은 고바흐 양에게 다음번 공개수업에서는 '제대로 된 음악 수업'을 할 것을 요구한다."

〈피터와 늑대〉라… 우리 모두가 학교에서 배웠던 작품이 아닌가? 그래, 베버의 오페라 〈마탄의 사수Der Freischütz〉와 모차르트의 여러 소나타도 배웠다. 음악 과목이 인기가 없는 것은 필시 교향곡의 소나타 형식이 현재 청소년들의 삶과 별로 관계가 없기 때문일 것이다. 음악 수업은 주로 고전음악에 초점을 맞춘다. 물론 방학을 앞둔 마지막 수업에서는 학생들이 좋아하는 CD를 살짝 짜증을 내는 교사와 함께 듣기도 하지만 말이다.

물론 아이들의 음악 취향에 아부하는 것이 학교의 임무일리는 없다. 예컨대 청소년들이 힙합에 열광한다고 해서 한 학기 동안 힙합을 가르쳐야 하는 것은 아니다. 오히려 음악 수업은 학생들의 청취 지평을 확장하고 들어보지 못한 것을 들려줘야 한다. 다만 교사 자신이 귀가 막혔고 새로운 음악에 대해 개방적이지 않다는 인상을 종종 풍기는 것이 문제다.

다른 과목 교사와 달리 음악교사는 (특히 고학년을 상대할 때) 학생들의 수준이 천차만별이라는 점 때문에 애를 먹는다. 일부 학생은 벌써 몇 년째 악기를 배웠고 학교 밖에서 매우 광범위하고 또한 전문적인 음악 지식을 습득했다. 반면에 다른 학생은 4분의 4박자를 손뼉으로 따라 치는 것조차 어려워한다. 사정이 이러하니 교사는 음악적으로 불만스러운 수업은 그저 의무로 취급하고 학교 교향악단에 에너지를 집중하여 학예회에서 교양 있는 학부모들의 칭찬을 받자는 생각을 자연스럽게 하게 된다.

그러나 음악이 성공적인 대학 생활과 직업에 필수적이며 국제학업성취도평가에 늘 포함되는 핵심 과목이 아니라는 점은 오히려 기회이기도 하다. 음악 수업은 교사와 학생이 함께 많은 것을 시도하고 프로젝트를 수행하고 여러 과목을 넘나드는 활동을 할 터전일 수 있다. 음악을 분석하기만 하지 말고 각자 자신의 수준에 맞게 음악을 한다면 말이다. 다른 어떤 과목보다도 음악에서는 진정한 의미의 놀이 학습이 가능하다. 이를 위해서는 아동과 청소년의 경험 세계를 출발점으로 삼아 이들에게 새로운 세계를 열어주어야 할 것이다. 따라서 음악교사의 역할도 새롭게 정의되어야 한다. "음악 수업의 한 가지 전제는 교사가 낯설고 이색적인 음악을 기꺼이 수용하는 것, 색다른 음악 취향을 가진 학생들을 관용하고 수업에 끌어들이는 것"이라고 베아테 데틀레프스−포르스바흐는 말한다.

이 책에서 나는 음악이 우리의 뇌에 끼치는 영향에 관한 뇌과학의 새로운 지식을 많이 언급했다. 교육학자들과 교사들은 그 새로운 지식을 유치원과 학교에 적용하는 작업에 이제막 착수했다. 중요한 지식의 예로 아무리 일찍 시작해도 지나치지 않다는 것이 있다. 앞 절에서 나는 40세 이상의 독자들에게 음악 교습을 받으라고 격려했지만, 늦은 나이에 음악을 배우는 일은 결코 어릴 때만큼 수월하지 않다. 최선은 만일곱 살이 되기 전에 시작하는 것이다. 아이가 악기와 친해지게 만드는 일은 지금까지 거의 전적으로 부모의 몫이었다. 이 때문에 음악적 재능과 아무 상관이 없는 사회적 불평등이 굳어졌다. 독일의 몇몇 주에서는 이 사실을 인식하고 초등학생들에게 바이올린이나 첼로 같은 고전음악 악기를 제공한다. '모든 아이에게 악기를Jedem Kind ein Instrument'이라는 이 프로젝트는 2007년에 노르트라인베스트팔렌 주에서 시작되었고, 2010년에는 루르 지방의 모든 아이가 악기를 배울 수 있게 된다고 한다. 악기를 구입할 형편이 안 되는 가정이 많기 때문에 이 프로젝트는 많은 비용이 들고 여러 재단의 지원을 받는다. 어느새 불씨는 다른 주로도 날아갔으며, 마을과 학교 단위에서도 프로젝트가 진행되고 있다.

이런 프로그램을 시작한 교사들의 보고는 한결같다. 다름 아니라 '교양과 거리가 먼 계층'의 아이들, '이주민 가정'의 아이들이 악기를 배울 기회를 열광적으로 반기고 낯선 악기를 소중히 다룬다. 악기를 일부러 손상하는 경우는 거의 없다.

아동과 청소년을 능동적인 음악 활동으로 이끄는 새로운 프로젝트가 학교 밖에도 많이 있다. 예컨대 함부르크에는 사회적 뇌관으로 유명한 구역을 운행하는 '야믈리너Jamliner'라는 버스가 있다. 청소년들은 이 버스 안에 차려놓은 녹음실에서 음악을 하고 그 결과를 CD로 녹음하여 가져갈 수 있다. 유치원을 방문하는 '노래 대부代父'들도 있다. 노래 대부는 꼬마들에게 옛날 민속노래를 불러준다. 그 노래들 중 일부는 꼬마들의 부모조차 잊어버린 곡이기 때문에 꼬마들에게는 아주 색다르게 느껴진다. 작곡가 기노 로메로 라미레즈Gino Romero Ramirez를 비롯한 유명 음악가들은 초등학교에 찾아가서 이주민 가정의 아이들에게 바이올린을 가르친다. 기록영화 〈바로 리듬이야!Rhythm is it!〉는 베를린 교향악단과 그 지휘자 사이먼 래틀Simon Rattle이 진행한 프로젝트를 보여준다. 그 프로젝트에서 아이들은 6주 만에 스트라빈스키의 발레 음악 〈봄의 제전Le sacre du printemps〉을 익혀 연주했다.

이 모든 활동의 목적은 모든 아이를 나중에 음악가로 만드는 것이 아니다. 일부 아이들은 프로젝트가 끝나자마자 음악 교습을 그만둘 테고, 다른 아이들은 계속 배우고 1만 시간의 연습을 채워서 마침내 거장급 연주자가 될 것이다. 또 이 양극단 사이의 아이들은 나와 비슷한 음악적 이력을 갖게 될 것이다. 나는 수많은 악기에 손을 댔다가 포기했다. 어쩌면 그러는 바람에 피아노나 기타나 노래에서 진정한 최고가 될 기회를 놓쳤는지도 모른다. 그럼에도 나는 평생 음악을 해왔고 이런 경험을 마다하는 모든 사람을 안타깝게 여긴다.

음악을 하는 사람은 설령 천재의 반열에 들지 않더라도 커다란 공동체의 일원이 된다. 최근에 80세가 되었으며 흔히 지나치게 저평가되는 밴드 리더 제임스 라스트James Last는 〈차이트마가진Zeitmagazin〉(주간지 〈차이트〉의 한 섹션—옮긴이)과 한 대담에서 그 공동체를 다음과 같이 멋지게 표현했다.

"언젠가 저승의 큰 무대에서 공연을 마친 뒤에 모차르트, 바흐, 존 레넌, 커트 코베인, 듀크 엘링턴과 함께, 그리고 자신의 음악으로 우리에게 큰 선물을 준 다른 모든 이들과 함께 천국의 커다란 바에 앉아 한잔 마시면서 몇 소절을 흥얼거린다고 상상해보라. 참으로 아름다운 상상이 아닌가."

『수학 시트콤』과 『물리학 시트콤』에서 대단한 유머 감각을 보여준 저자 크리스토프 드뢰서가 이번에는 일반인을 음악의 세계로 이끄는 전도사로 나섰다. 책의 성격이 전작들과 사뭇 다르다 보니 웃음이 터지기를 기대하면서 책장을 넘기는 독자들은 조금 실망할 수도 있겠다. 하지만 다른 장점들을 주목하자.

우선 이 책은 한 주제를 다양한 관점에서 복합적으로 다룬다는 것이 무엇인지 보여주는 모범이라고 할 만하다. 음악이라는 문화 현상을 물리학, 해부학, 진화생물학, 심리학, 의학, 교육학의 관점에서 두루 살핀다. 거기에 기초적인 음악학과 간략한 20세기 대중음악사도 추가된다. 음악을 다루는 책이라면 교양 있는 독자층을 겨냥하여 이른바 '클래식'에 상당한 분량을 할애할 법한데, 흥미롭게도 이 책은 그 장르를 최소한으로만 다루고 주로 대중음악에 초점을 맞춘다. 이 특징은 저자가 자부한 음악 전도사 역할과 관련이 있는 것으로 보인다.

드뢰서는 음악계의 울타리를 최대한 낮추려 한다. 아니, 그 울타리가 실은 존재하지 않는다고 선언한다. 이 책에서 그가 누누이 강조하는 메시지는 "우리는 누구나 음악성이 있다."는 것이다. 흔히 모차르트는 일반인이 감히 범접할 수 없는 신비로운 천재로 거론되지만, 드뢰서는 오히려 모차르트가 막대한 조기 교육과 피나는 연습에도 불구하고 뒤늦게 성과를 낸 '늦깎이'일 가능성을 지적한다. 더불어 그는 음악을 따로 배우지 않아도 사람이라면 누구나 갖춘 어마어마한 음악적 재능을 강조한다. 그러니 수동적인 음악 듣기로 만족하지 말고 능동적인 음악 활동에 당장 뛰어들라는 것이 그의 권유다.

또 하나 눈에 띄는 것은 저자가 독일 사람인데도 서양음악이 특권적인 지위를 차지할 정당한 이유가 있다는 미신을 깨는 데 주력한다는 점이다. 그는 서양음계가 간단한 정수비에 근거를 둔다거나 가장 자연스럽다거나 합리적이라는 생각이 옳지 않다는 점을 설득력 있게 설명한다. 또 화음이라는 한 측면을 제외하면, 서양음악이 세계 곳곳의 다양한 음악들보다 더 복잡하거나 정교한 것도 아니라고 지적한다. 사실, 한국 음악의 풍부한 장단과 미묘한 가락을 아는 사람이라면 대번에 고개를 끄덕일 만한 이야기지만, 서양 고전음악을 숭배하는 분위기가 이 땅에서 상당한 대세인 것을 생각하면, '뻣뻣한 앵글로색슨 멜로디'를 꼬집는 드뢰서가 퍽 신선하게 느껴진다.

결국 이 책은 음악이 특별하다는 통념에 저항한다. 그러므로 음악에 대한 지식을 특별히 고상한 교양으로 장착하려는 독자에게는 부적합할 수 있다. 오히려 객석의 구경꾼으로 머물지 않고 무대 위로 올라가 스스로 춤추고 노래해볼 생각을 품어본 사람에게 어울린다. 그런 사람—추측하건대 우리 모두—에게, 특별한 능력이나 서양문화 따위는 필요 없으니 당장 올라가라고 격려하는 것이 이 책의 목적이다. 전문가들의 영역으로 간주되는 음악을 우리 모두의 판으로 개방하는 셈이다.

나는 이렇게 울타리를 없애는 것이 우리 일반인뿐 아니라 고도의 훈련으로 전문가의 경지에 오른 음악가들에게도 이로운 방향이라고 확신한다. 마치 생명체가 환경을 상대로 끊임없이 물질을 교환하듯이, 각종 전문 분야도 일반인의 출입이 활발할 때만 생명을 유지할 수 있을 것이다.

물론 전문 분야와 일상생활 사이에 어느 정도 간극이 있는 것은 불가피하지 싶다. 다만, 그 간극이 얼마나 크냐, 또 그 간극을 확고한 진입 장벽으로 삼느냐가 문제일 것이다. 이를테면 싸구려 영상물에서 과학자가 흔히 입는 흰색 가운은 과학자와 일상인의 차별화를 위한 소품이다. 어쩌면 그 유명한 아인슈타인의 사진에서 헝클어진 머리카락과 쑥 내민 혀도 비슷한 역할을 하는 듯하다. 과학과 일상 사이의 간극을 강조하는—혹은 창조하는—소품과 분장. 평범한 일반인과 특별한 전문가를 구별 짓는 온갖 자격증, 직함, 간판.

어떤 의미에서 그런 간극을 더 환영하는 쪽은 오히려 일반인인 것 같다. 특히 일반인이 구경꾼으로 자처할 때 그렇다. 일반인은 어두운 객석에 앉아서 조명 밝은 무대 위의 전문가를 바라보며 그가 무언가 색다른 것을 보여주기를 기대한다. 그러고 보니 교향악단 지휘자의 헤어스타일에도 나름의 전형이 있는 듯하다. 정명훈과 오자와 세이지의 머리카락도 아인슈타인처럼 길고 덥수룩하다. 머리를 길러본 사람이라면 다 알겠지만, 그런 헤어스타일을 유지하기는 결코 쉽지 않다. 그들은 미디어와 대중의 기대에 부응하기 위해 공을 들이는 모양이다.

하지만 전문가와 일반인은 과연 달라야 할까? 객석과 무대 사이에 장벽이 있어야 할까? 실험실과 일상의 공간은 달라야 할까? 아마 많은 사람들이 그렇다고 대답할 테고, 거듭되는 말이지만 나는 그들의 입장에 부분적으로 동의한다. 그러나 더 깊은 진실은 정반대일 수 있음을 염두에 둘 필요가 있다.

몸을 움직이는 솜씨로 일가를 이룬 사람들, 그러니까 탁월한 운동선수나 춤꾼이 한결같이 이야기하는 비법이 있다. '걷는 것처럼 자연스럽게'가 그것이다. 몸이 온전한 사람이라면 누구나 할 줄 아는 걷기 동작이 그 전문가들이 꼽는 최고의 모범이다.

음악 본능

비록 전문가에는 턱없이 못 미치는 수준이지만, 나도 한때 태권도를 했기에 이 비법의 의미를 조금 안다. 일정한 수준에 도달하고 나면, 새로운 자세와 동작을 추가로 장착하는 것이 아니라 이미 주렁주렁 매달린 불필요한 요소들을 제거하는 것이 연습의 관건이 된다. 태권도깨나 배웠다고 거들먹거리느라 생긴 겉멋, 화려한 동작을 더 화려하게 만드느라 생긴 위험천만한 버릇, 특별히 강한 공격이나 빠른 동작을 하려 할 때 온몸 구석구석에 쓸데없이 들어가는 힘을 쫙 빼야 한다. 그 단계에서 늘 되새기는 원리가 '걷는 것처럼 자연스럽게'다. 이 원리를 체현한 태권도선수나 춤꾼의 움직임은 어떻게 보일까? 나는 장터에서 막걸리 한잔 걸치고 터벅터벅 돌아오는 시골 노인의 모습을 상상해보지만, 이 비유마저도 〈취권〉 따위의 무술영화를 연상시킬까 봐 걱정스럽다. 핵심은 그냥 일상적인, 너무나 일상적인 움직임이다.

노래하는 사람들, 더 나아가 악기를 연주하는 사람들에게도 이와 비슷한 비법이 있다고 들었다. 다름 아니라 '말하는 것처럼 자연스럽게'다. 노래를 잘하려면 배에 힘을 줘야 한다는 이야기를 흔히 듣지만, 그건 가장 낮은 수준에서만 유익한 조언이다. 노래하겠다고 작심하고 배에 힘까지 줘가면서 하는 노래는 거북하게 들리기 마련이다. 오히려 1980년대 풍의 술자리에서 실컷 떠들다가 내친 김에 불러 젖히는 노래가 훨씬 더 듣기 좋다. 정말 노래다운 노래는 내가 어디에 힘을 주는지, 어떻게 음높이를 맞추는지, 어떻게 발음을 제어하는지 의식하지 못할 때 나온다. 일상에서 모어母語를 구사할 때, 우리는 누구나 그렇게 한다. 바로 그 자연스러움을 연주 중에 구현하기 위해서 악기를 다루는 사람들도 '말하는 것처럼 자연스럽게'를 끊임없이 되새긴다. 그러다 보니 글렌 굴드 같은 피아니스트는 거의 항상 끙끙거리는 입소리를 내면서 연주하지 않는가. 여기에서도 핵심은 그냥 일상적인, 너무나 일상적인 소통이다.

나는 전문가들의 경탄할 만한 솜씨를 우리의 일상생활과는 전혀 다른 신비로운 출처에서 나온 것으로 떠받드는(즉, 머나먼 저편으로 귀양 보내는) 낡은 낭만주의적 통념은 전문가와 일반인 모두에게 해롭다고 확신한다는 점에서 이 책의 저자와 한편이다. 그들의 솜씨는 결국 걷기와 말하기의 연장일 따름이라는 생각이 진실에 더 가까울 뿐더러 우리 모두의 삶을 더 풍요롭게 할 것이다.

겉멋도 교양도 다 부질없다고 느끼는 분, 특별한 재능이나 전문성도 대부분 허구라고 의심하는 분, 그냥 걷고 말하듯이 춤추고 노래하는 것이 전부라고 생각하는 분이라면 이 책을 재미있게 읽을 수 있을 것이다. 또 누구라도 이 책을 읽다 보면 그런 느낌과 의심과 생각을 자연스럽게 품게 될 것이다.

Bruhn, H. / R. Kopiez / A. C. Lehmann (Hgg.) (2008): *Musikpsychologie*. Reinbek: Rowohlt.

Hornby, N. (2003): *31 Songs*. London: Viking.

Huron, D. (2006): *Sweet Anticipation*. Cambridge / Mass., London: MIT Press.

Levitin, D. J. (2009): *Der Musik-Instinkt*. Heidelberg: Spektrum.

Mithen, S. (2006): *The Singing Neanderthals*. Cambridge / Mass.: Harvard University Press.

Patel, A. D. (2008): *Music, Language, and the Brain*. New York, Oxford: Oxford University Press.

Sacks, O. (2008): *Der einarmige Pianist*. Reinbek: Rowohlt.

Spitzer, M. (2002): *Musik im Kopf*. Stuttgart: Schattauer.

진화의 산물

Gray, P. M., B. Krause, J. Atema, R. Payne, C. Krumhansl, L. Baptista (2001): The music of nature and the nature of music. In: *Science* 291, p. 52~54.

Huron, D. (2001): Is music an evolutionary adaptation? In: *Annals of the New York Academy of Sciences* 930, p. 43~61.

잘 들어봐, 바깥에서 무슨 소리가 들려오는지

Koelsch, S., W. A. Siebel (2005): Towards a neural basis of music perception. In: *Trends in Cognitive Sciences* 9, p. 578~583.

Peretz, I., M. Coltheart (2003): Modularity of music processing. In: *Nature Neuroscience* 6, p. 688~691.

천국으로 이어진 계단

Grahn, J. A., M. Brett (2007): Rhythm and beat perception in motor areas of the brain. In: *Journal of Cognitive Neuroscience* 19, p. 893~906.

피아노 정도는 칠 줄 알아야 한다는데

Ayotte, J., I. Peretz, K. Hyde (2002): Congenital amusia. A group study of adults afflicted with a music-specific disorder. In: *Brain* 125, p. 238~251.

Bigand, E., B. Poulin-Charronnat (2006): Are we 'experienced listeners'? A review of the musical capacities that do not depend on formal musical training. In: *Cognition* 100, p. 100~130.

Cuddy, L. L., L. Balkwill, I. Peretz, R. R. Holden (2005): Musical difficulties are rare: A study of 'tone deafness'among university students. In: *Annals of the New York Academy of Sciences* 1060, p. 311~324.

Dalla Balla, S., J. F. Giguère, I. Peretz (2007): Singing proficiency in the general population. In: *Journal of the Acoustical Society of America* 121, p. 1182~1189.

Levitin, D. J. (1994): Absolute memory for musical pitch: Evidence from the production of learned melodies. In: *Perception & Psychophysics* 56 (4), p. 414~442.

Pfordresher, P. Q., S. Brown (2008): Poor-pitch singing in the absence of 'tone-deafness'. In: *Music Perception* 25, p. 95~115.

느낌

Huron, D. (2005): The Plural Pleasures of Music. In: *Proceedings of the*

*2004 Music and Music Science Conference.* Hg. v. Johan Sundberg & William Brunson. Stockholm: Kungliga Musikhögskolan & KTH, p. 1~13.

Juslin, P., D. Västfjäll (2008): Emotional responses to music: The need to consider underlying mechanisms. In: *Behavioral and Brain Sciences* 31, p. 559~575.

Langner, G. (2007): Die zeitliche Verarbeitung periodischer Signale im Hörsystem: Neuronale Repräsentation von Tonhöhe, Klang und Harmonizität. In: *Zeitschrift für Audiologie* 46, p. 8~21.

논리적인 노래

Limb, C. J., A. R. Braun (2008): Neural substrates of spontaneous musical performance: An fMRI study of jazz improvisation. In: *PLoS ONE* 3 (2): e1679. doi:10.1371 / journal.pone.0001679.

Maess, B., S. Koelsch, T. C. Gunter, A. D. Friederici (2001): Musical syntax is processed in Broca's area: an MEG study. In: *Nature Neuroscience* 4, p. 540~545.

Perani, D., M. C. Saccuman, P. Scifo, D. Spada, G. Andresolli, R. Rovelli, C. Baldoli, S. Koelsch (2008): Music in the first days of life. In: *Nature Precedings*, http://hdl.handle.net/10101/npre.2008.2114.1.

너를 내 머릿속에서 떨쳐낼 수 없어

Schulkind, M. D., L. K. Hennis, D. C. Rubin (1999): Music, emotion, and autobiographical memory: They're playing your song. In: *Memory & Cognition* 27, p. 948~955.

Saffran, J. R., E. K. Johnson, R. N. Aslin, E. L. Newport (1999): Statistical learning of tone sequences by human infants and adults. In: *Cognition* 70, p. 27~52.

닥터, 닥터

Argstatter, H., T. K. Hillecke, J. Bradt, C. Dileo (2007): Der Stand der Wirksamkeitsforschung – Ein systematisches Review musiktherapeutischer Meta-Analysen. In: *Verhaltenstherapie & Verhaltensmedizin* 28, p. 39~61.

Argstatter, H., C. Krick, H. V. Bolay (2008): Musiktherapie bei chronisch-tonalem Tinnitus. In: *HNO* 56, p. 678~685.

Mottron, L., I. Peretz, E. Melnard (2000): Global processing of music in highfunctioning persons with autism: Beyond central coherence? In: *Journal of Child Psychology and Psychiatry* 41, p. 1057~1065.

Schlaug, G., S. Marchina, A. Norton (2008): From singing to speaking: Why singing may lead to recovery of expressive language function in patients with Broca's aphasia. In: *Music Perception* 25, p. 315~323.

Schneider, S., P. W. Schönle, E. Altenmüller, T. F. Münte (2007): Using musical instruments to improve motor skill recovery following a stroke. In: *Journal of Neurology* 254, p. 1339~1346.

Wormit, A. F., H. J. Bardenheuer, H. V. Bolay (2007): Aktueller Stand der Musiktherapie in Deutschland. In: *Verhaltenstherapie & Verhaltensmedizin* 28, p. 10~22.

세상에 노래를 가르치고 싶어

Ericsson, K. A., R. T. Krampe, C. Tesch-Römer (1993): The role of deliberate practice in the acquisition of expert performance. In: *Psychological Review* 100, p. 363~406.

Bundesministerium für Bildung und Forschung (Hg.): Macht Mozart schlau? Die Förderung kognitiver Kompetenzen durch Musik. Bonn, Berlin 2006.

Rauscher, F. H., G. L. Shaw, K. N. Ky (1993): Music and spatial task performance. In: *Nature* 365, p. 611.

Schellenberg, E. G. (2005): Music and cognitive abilities. In: *Current Directions in Psychological Science* 14, p. 317~320.

Schlaug, G., L. Jäncke, Y. Huang, H. Steinmetz (1995): In vivo evidence of structural brain asymmetry in musicians. In: *Science* 267, p. 699~701.

Steele, K. M., K. E. Bass, M. D. Crook (1999): The mystery of the Mozart effect: failure to replicate. In: *Psychological Science* 10, p. 366~369.

## 도판의 출처

이 책의 장에 실린 미술작품

12쪽 구스타프 클림트, 〈음악〉, 캔버스에 유채, 37×44.5cm, 1895

28쪽 윌리엄 블레이크, 〈춤추는 요정들과 함께 있는 오베론과 티타니아와 퍼〉, 그래파이트와 수채, 47.5×67.5cm, 1786

64쪽 펠릭스 발로통, 〈왈츠〉, 캔버스에 유채, 60.5×50cm, 1893

104쪽 바실리 칸딘스키, 〈구성 8〉, 캔버스에 유채, 140×201cm, 1923

178쪽 구스타프 클림트, 〈피아노 앞의 슈베르트 2〉, 캔버스에 유채, 150×200cm, 1899

218쪽 아메데오 모딜리아니, 〈첼리스트〉, 캔버스에 유채, 130×80cm, 1909

270쪽 앙리 루소, 〈행복한 사중주〉, 캔버스에 유채, 60.3×94.6cm, 1902

332쪽 앙리 드 툴루즈 로트레크, 〈음악홀의 로이 풀러〉, 마분지에 유채, 46×32cm, 1892

386쪽 폴 고갱, 〈만돌린을 들고 있는 자화상〉, 캔버스에 유채, 61×50cm, 1889

408쪽 피에르 오귀스트 르누아르, 〈피아노 레슨〉, 캔버스에 유채, 1889

그 밖의 사진과 이미지

17쪽 Wikigallery

34쪽 ⓒⓕⓞProgramme HURO

39쪽 ⓒⓕⓞJosé-Manuel Benito

49쪽 Wikigallery

67쪽 (위) ⓒⓕⓞch-info.ch

옮긴이 전대호

서울대학교 물리학과와 동 대학원 철학과에서 박사과정을 수료했다. 독일 쾰른 대학교에서 철학을 공부했다. 1993년 조선일보 신춘문예 시 부문에 당선되어 등단했으며, 현재는 과학 및 철학 분야의 전문번역가로 활동 중이다. 저서로는 『가끔 중세를 꿈꾼다』『성찰』등이 있으며, 번역서로는 『더 브레인』『알고리즘이 지배한다는 착각』『스파이크』『로지코믹스』『위대한 설계』『스티븐 호킹의 청소년을 위한 시간의 역사』『수학의 언어』『아인슈타인의 베일』『푸앵카레의 추측』『동물 상식을 뒤집는 책』『수학 시트콤』『물리학 시트콤』『뇌의 가장 깊숙한 곳』등이 있다.

음악 본능: 우리는 왜 음악에 빠져들까?

1판 1쇄 2015년 10월 30일
1판 4쇄 2023년 12월  1일

지은이 크리스토프 드뢰서
옮긴이 전대호
펴낸이 김정순
책임편집 김소희 허영수
디자인 이혜령
마케팅 이보민 양혜림 손아영

펴낸곳 (주)북하우스 퍼블리셔스
출판등록 1997년 9월 23일 제406-2003-055호
주소 04043 서울시 마포구 양화로 12길 16-9(서교동 북앤드빌딩)
전자우편  henamu@hotmail.com
홈페이지 www.bookhouse.co.kr
전화번호 02-3144-3123
팩스 02-3144-3121

ISBN 978-89-5605-416-2 03400

본문에 포함된 이미지 등은 가능한 한 저작권자와 출처 확인 과정을 거쳤습니다.
그 외 저작권에 관한 사항은 해나무 편집부로 문의해주시기 바랍니다.

해나무는 (주)북하우스 퍼블리셔스의 과학 브랜드입니다.